令和04年
ITパスポート
合格教本

シラバス5.0/6.0対応

Information Technology Passport Examination

岡嶋 裕史 著

技術評論社

本書中に記載の会社名、製品名などは一般に各社の登録商標または商標です。
本文には ™、® マークは明記していません。
なお、「試験問題を解いてみよう」内で掲載する問題は、IPA で公開された当
時のまま記載しております。

はじめに

　国の情報処理技術者試験推しが、とどまるところを知りません。

　もともと「IT人材が足りない」とは、ずっと言われ続けてきたので、何を今さらと思われるかもしれませんが、相次ぐセキュリティ関連事故、人口減少に伴う生産性向上への焦躁から、ちょっと本気を出してきた気がします。

　2013年に創造的IT人材育成方針（IT総合戦略本部）が、業務やビジネスにITを活かせる人材を創出するためにITパスポート試験の活用を促す、と明記したのを皮切りに、2014年には世界最先端IT国家創造宣言（閣議決定）で、ITに関する基礎知識を問う国家試験（ITパスポート試験）の活用促進等を行うと謳われ、新・情報セキュリティ人材育成プログラム（情報セキュリティ政策会議決定）でも、スキルの修得状況について客観的に示せるよう、ITパスポート試験の活用方法を示していく考えが明らかにされています。

　これを受けて、就職活動におけるエントリーシートに、ITパスポート合格の有無を書かせる企業も出てきました。国家公務員の採用でも、情報セキュリティに関するスキル修得状況を確認するために、採用面接時にITパスポート合格の有無を確認することがあります。

　わたしたち受験者にとって永遠の悪夢は、努力が水の泡になることです。報われないかもしれないから試験勉強は辛いのです。報われることが確実なら、もう少し試験勉強は楽しいものになることでしょう。上記の状況を鑑みると、少なくとも「受かってはみたものの、思ったほど役に立たなかった」という失望は味わわなくてすみそうです。

　行政は、情報処理技術者試験を英検やTOEICのような試験に育てようとしています。これらで高得点をマークすれば、キャリアにおいてまずムダになることはありません。関係者は「情報も英語と同等に重要なスキルであるのに、なんで英検くらいの受験者を集められないの！」と歯噛みする思いなわけです。今後も各種の後押し施策が登場するでしょう（個人的にはジュニア情報処理試験をやるといいと思うのですが、実現しなさそうです）。

　ITパスポート試験は、徐々にですが、持っていることの「あたりまえ」化が進行しようとしています。それ以前に、ITが生活の隅々まで浸透したこの社会で、ITを知らずに生きていくことは、ゲームのマニュアルを読まずにボスキャラに特攻するようなもので、ちょっと無防備です。内申書、推薦入試、有資格者入試、就活、昇格……、と動機はいろいろあるでしょうが、この試験の合格証書は、きっと支払った努力に見合ったご褒美をあなたの手元に運んでくれることでしょう。ご自身の輝かしいキャリアの最初のステップとして、ITパスポート試験に挑戦してみてください。

岡嶋裕史

目次

受験の手引き 9　　　本書の使い方 15　　　学習の進め方 16

1章 企業活動 17

1.1 会社のお金にまつわるあれこれ 19
1.1.1 損益分岐点 19
1.1.2 財務諸表 22
1.1.3 在庫管理と発注方式 29
1.1.4 減価償却 30
試験問題を解いてみよう 34

1.2 会社の組織と責任 36
1.2.1 そもそも、会社ってどんな組織？ 36
1.2.2 PDCA 41
1.2.3 会社が負うべき責任 43
1.2.4 社員の「育て方」と「働き方」 46
試験問題を解いてみよう 55

1.3 あたらしい必須科目「データサイエンスとAI」 56
1.3.1 「データ活用」が社会の中核に！ 56
1.3.2 データの種類と可視化 59
1.3.3 基本的な統計手法 67
1.3.4 AI 70
1.3.5 AIで使われる技術 74
試験問題を解いてみよう 78

1.4 社会人ならおさえたいルール 79
1.4.1 知的財産権 79
1.4.2 個人情報保護 84
1.4.3 セキュリティ法規 86
1.4.4 標準化 90
試験問題を解いてみよう 94
コラム│どんな勉強法がいいの？ 95

2 章 経営戦略 97

2.1 会社の現状を分析しよう　99
2.1.1 「自社」のこと、ちゃんとわかっていますか？　99
2.1.2 お金を使うなら強みか、弱みか　104
2.1.3 自社で「提供するモノ」を把握する　107
試験問題を解いてみよう　116

2.2 強みをつくる戦略　118
2.2.1 マーケティングに関するあれこれ　118
2.2.2 MOT　126
試験問題を解いてみよう　132

2.3 IT で変わっていく世の中　133
2.3.1 社会を支える IT システム　133
2.3.2 身の回りでよく見るシステムあれこれ　135
2.3.3 組込みシステムから IoT へ　140
2.3.4 IT とこれからの社会　146
試験問題を解いてみよう　152

2.4 企業が業務に使うシステム　154
2.4.1 電子商取引　154
2.4.2 会社全体の生産性を高める　158
2.4.3 システム開発をめぐる動き　162
試験問題を解いてみよう　169
コラム｜IPA ってどんな組織なの？　171

3 章 システム開発 173

3.1 システムを作るときの進め方を考える　175
3.1.1 システム開発プロセス　175
3.1.2 開発手法　187
試験問題を解いてみよう　193

3.2 プロジェクトマネジメントとは何か？　194
3.2.1 プロジェクトマネジメント　194

3.2.2 スケジュール管理のサポートツール　199
試験問題を解いてみよう　204

3.3 システムは開発するだけじゃダメ　205
3.3.1 サービスマネジメント　205
3.3.2 システム監査　210
試験問題を解いてみよう　216
コラム│テキストって何冊買えばいいの？　217

4章　コンピュータのしくみ　219

4.1 コンピュータにまつわる計算を攻略しよう　221
4.1.1 二進数　221
4.1.2 集合と論理演算　226
4.1.3 確率　229
試験問題を解いてみよう　234

4.2 動画も音声も扱えれば、仕事も楽しい？　235
4.2.1 情報量と情報の表し方　235
4.2.2 機械とヒトをつなぐ「情報」をデザインする　241
4.2.3 マルチメディア　244
試験問題を解いてみよう　248

4.3 コンピュータへの指示の出し方を考える　249
4.3.1 データの構造　249
4.3.2 アルゴリズム　252
4.3.3 プログラミング言語　257
4.3.4 擬似言語によるプログラム　260
試験問題を解いてみよう　270

4.4 コンピュータはなにで構成されている？　272
4.4.1 五大機能　272
4.4.2 OSとファイルシステム　284
試験問題を解いてみよう　290

4.5 仕事ならではのコンピュータの特徴　292
4.5.1 会社のコンピュータは家のとどう違う？　292
4.5.2 故障対策や費用はどうなってるの？　300

試験問題を解いてみよう　307

コラム｜ITパスポートを取ると入試や就職に有利ってほんと？　309

5 章　ネットワークとセキュリティ　311

5.1　ネットワークの基本　313
5.1.1　ネットワークってなんだ？　313
5.1.2　「無線」でインターネットにつながるしくみ　317
5.1.3　通信の約束事　321
試験問題を解いてみよう　324

5.2　ネットワークを支える下位層　325
5.2.1　データリンク層　325
5.2.2　ネットワーク層　328
5.2.3　トランスポート層　337
試験問題を解いてみよう　339

5.3　身近な上位層とそのほか関連知識　341
5.3.1　アプリケーション層（メール）　341
5.3.2　アプリケーション層（Web）　345
5.3.3　アプリケーション層（DNS）　349
5.3.4　アプリケーション層（そのほか）　351
5.3.5　ネットワーク分野の総仕上げ　352
試験問題を解いてみよう　358

5.4　セキュリティの基本　360
5.4.1　リスクは3つの要素で成り立つ　360
5.4.2　リスク管理　363
試験問題を解いてみよう　371

5.5　具体的なセキュリティ対策（その1）　373
5.5.1　人的リスクの対策　373
5.5.2　物理的リスクの対策　379
試験問題を解いてみよう　382

5.6　具体的なセキュリティ対策（その2）　384
5.6.1　技術的リスクの対策　384
5.6.2　コンピュータウイルス　399

試験問題を解いてみよう　403

5.7 暗号化とデジタル署名　405

5.7.1 暗号化　405
5.7.2 デジタル署名と認証局　411
試験問題を解いてみよう　415
コラム｜ITの勉強って、やっぱりしておいたほうがいいのかな？　417

6 章　データベースと表計算ソフト　419

6.1 データベースはシステムの基本　421

6.1.1 関係データベース　421
6.1.2 データのモデル化　426
試験問題を解いてみよう　432

6.2 もしものためのバックアップ　434

6.2.1 データを壊さないために　434
試験問題を解いてみよう　441

6.3 表計算ソフトでらくらく計算　443

6.3.1 相対参照と絶対参照　443
6.3.2 関数　449
試験問題を解いてみよう　454
コラム｜ITパスポートを取ったあとはどうすればいいの？　456

索引　458

DEKIDAS-Webについて　471

受験の手引き

どんな試験？

　ITパスポート試験は、国家試験である情報処理技術者試験の1つで、もっとも基礎的な試験です。受験資格や年齢制限などはありません。

　受験対象は、技術系の社会人、理系の学生だけではなく、事務系の社会人、文系の学生なども対象となります。

　2021年4〜9月の統計では、応募者の割合として、社会人は71.8％、学生が28.2％でした。社会人の内訳は、IT系企業より非IT系企業の割合が高くなっています。

合格率は？

　2021年4〜9月の統計では、全体の合格率は55.8％でした。うち社会人の合格率は61％ですが、学生の合格率は42.6％となっており、社会経験の有無が合格率の差に出ているようです。

　そうでもなくて、大学生だけで見ると53.9％ほど合格しています。超難関というわけではなく、たとえ社会人経験がないとしても、試験対策書籍などで学習すれば、合格の栄冠をつかむことができますよ！

試験範囲は？

　職業人としてだれもが備えておくべき情報技術に関する基礎知識が問われます。大きく3つの分野に分かれています。

　◎ストラテジ系　全体の32問程度出題
　　・企業活動や関連業務、経営戦略やビジネスインダストリに関する知識
　　・問題分析や問題解決手法や、情報関連法規に関する知識など

◎マネジメント系　全体の18問程度出題
　・情報システムの開発や運用に関する知識など

◎テクノロジ系　全体の42問程度出題
　・コンピュータシステムやネットワークに関する知識
　・オフィスツールを活用できる知識
　・情報セキュリティに関する知識など

計92問…。なんかハンパじゃないですか？

　実際には100問出題されて、採点対象は上記の92問です。残り8問については、のちほど13ページでくわしく説明しますね。

合格基準は？

　スコアは1000点満点で、以下の①②を両方満たした場合に合格となります。

①総合得点が満点の60％以上
②3つの分野ごとにそれぞれ満点の30％以上

　ここでのミソは②です。全体で600点以上とればいい！　というわけではなく、どの分野でもまんべんなく点数を取らないと合格できません。
　極端な不得意分野は作らないように勉強しましょう。

出題形式は？

　所定の会場で随時行われるCBT形式です(CBT:Computer Based Testing)。CBTでは、パソコン画面に表示された試験問題に対して、マウスなどを使って解答します。
　多肢選択式（四肢択一）で100問出題されます。試験時間は120分（2時間）です。

受験までの流れは？

パソコンを使うんですか！
自宅でも受験できちゃいます？

残念ながら世の中そう甘くはなく、試験会場で受験します。

具体的には、まず試験センターのWebページから受験を申し込みます。試験会場や試験日は表示されるリストから選択します。クレジットカードの場合は、会場の席が空いていれば、試験日の前日正午まで申し込みが可能です。コンビニ支払の場合は、最短で5日前の申し込みとなります。なお、三か月先まで予約が可能です。

会場は、全国すべての都道府県に1か所以上設置されており都道府県によっては複数設置されます。試験会場により実施回数は異なり、週に1回の会場や、月に1回の会場もあります。また、試験開始時間は午前、午後、夜の3パターンですが、1日1回のみ実施の会場もあります。

受験料は令和4年4月1日から値上がりします。もし令和4年3月31日までに受験する場合は「5,700円」、令和4年4月1日以降に受験する場合は「7,500円」になります（いずれも消費税込み）。

5,700円で受験料を支払った方が、あとから受験日・時間・会場を変更する場合、令和4年3月31日までに受験しなければならない点には注意してください。

受験申込をすると、「受験番号」「利用者ID」「確認コード」が書かれた受験確認票が発行されます。これらは試験会場で入力する必要があるため、プリントアウトするなどして当日持参します。

受験日当日は？

受付は30分前からおこなわれます。万一遅れても入場できますが、そのぶん試験時間は短くなってしまいます。

受験確認票と、顔写真のついている身分証明書が必要になります。会場には筆記用具などは持ち込めませんが、計算問題対策として、シャープペンとメモ用紙などが貸与さ

れます。持ち込みできるのは、ハンカチ・ティッシュ・目薬です。

　試験会場に持ち込めない荷物は、備え付けのロッカーに入れます。ロッカーのない会場の場合は、座席の足元など、試験監督員に指示された場所に鞄を置きます。

　座席についたら、受験番号、利用者ID、確認コードを入力してログインし、試験時間になるまで待機します。

　試験時間になったら、[試験開始]のボタンをクリックすることで試験が開始されます。[試験終了]ボタンをクリックすることで、試験時間より早く試験を終了できます。

じゃあ、みんなにプレッシャーを与えるために、だれよりも早く退出します！

　そんなことしても合格の確率は高くならないので、まちがいのないように丁寧に解答して、しっかり見直しましょう。

　その場で採点され、得点が即時判明します。試験結果は、家でダウンロードして印刷できます。合格証書は後日郵送されます。

情報公開は？

　年1回、これまでおこなわれたCBTの問題の中から1回ぶんの試験問題が公開されます（以前は年2回公開されていたのですが、令和2年度から年1回の公開になっています）。これにより、出題傾向などをつかむことができます。

CBT対策は？

　知識を問う問題では、特別なCBT対策は不要です。ただ、試験問題に直接書き込めないので、計算問題などは、貸与されるメモ用紙に書き写して考えます。

　受験時には、[後で見直すためにチェックする]機能を活用しましょう。問題を後回しにしたいとき、マークをつけておいて後でジャンプできます。

　なお、「ITパスポート試験疑似体験用ソフトウェア」は試験センターのHPからダウンロードできます。次図のような画面で試験本番の受験画面や操作方法を確認できます。

ITパスポート試験

受験番号：IP1401 A001　　残り時間：**119** 分 **56** 秒　　| 白黒反転 | 背景色変更 | 文字色変更 | 表示倍率：130% ▼ | 表計算仕様 | ヘルプ |
氏名：試験 太郎　　　　　　　　　　　　　　　　　　　　　　　　　　　　　　　　疑似体験終了

問1〔ストラテジ系〕

E-R図を使用してデータモデリングを行う理由として，適切なものはどれか。

ア　業務上でのデータのやり取りを把握し，ワークフローを明らかにする。

イ　現行業務でのデータの流れを把握し，業務遂行上の問題点を明らかにする。

ウ　顧客や製品といった業務の管理対象間の関係を図示し，その業務上の意味を明ら
　　かにする。

エ　データ項目を詳細に検討し，データベースの実装方法を明らかにする。

解答欄　　○ ア　　○ イ　　○ ウ　　○ エ　　　□● 後で見直すためにチェックする

| 解答状況 | 問1 | 問2 | 問3 | 問4 | 問5 | 問6 | 問7 | 問8 | 問9 | 問10 |

< 前の問へ　　次の問へ >　　　　　　解答見直し　　試験終了

採点されない問題がある？

　ITパスポート試験では、項目応答理論に基づきスコアを算出すると公表されています。項目応答理論では、問題ごとの項目特性値をベースにするため、異なる問題を出題しても公平に評価できるというメリットがあります。

　項目特性値とは、問題ごとの難易度や識別度（本当に実力ある人が正解している問題かどうか）などのパラメータで、実際の本試験で運用するには、あらかじめ算出しておく必要があります。

　受験要綱には、「総合評価は92問…で行い、残りの8問は今後のITパスポート試験で出題する問題を評価するために使われる。」と明記されています。項目特性値取得のための、採点されない問題が8問あるということになります。

　本試験で、まったく切り口の異なる問題や、新規の用語が出題されたとしても、それらはもしかすると採点されない問題であるかもしれません。とはいえ、実際はどれが採点されないのかは区別がつきません。切り口の違う問題も、よくみるとかんたんだったり

13

することもあります。受験する際は、見たことのない問題が出題されても驚かずに、とにかく解ける問題をどんどん解いてゆきましょう。

シラバスって何？

いろんなテキストに「シラバス Ver.○○対応！」って書かれていますけど、シラバスって何ですか？

　シラバスとは、試験範囲の細目をまとめたものです。動きの速いIT業界の実情にあわせて、頻繁に更新されています。現時点での最新版は2021年10月8日公表のVer.6.0で、本書もこれに対応しています。

　Ver.6.0での改訂では、ITパスポート試験の高等学校における活用促進を目的に、高等学校学習指導要領「情報Ⅰ」に基づいた内容が追加されました。具体的には、プログラミング的思考力、情報デザイン、データ利活用のための技術・考え方などが挙げられます。プログラミング的思考力は「擬似言語」を用いて問われます。

ITパスポート試験　コールセンター

- 電話番号　03-6204-2098
  （8:00～19:00　年末年始等の休業日を除く）
- メール　call-center@cbt.jitec.ipa.go.jp

情報処理技術者試験センター

- ホームページ　https://www.jitec.ipa.go.jp/

本書の使い方

ITパスポート試験はとても範囲が広く、幅広い知識が問われます。本書は、最後の章まで飽きずに楽しく学習できるように、やわらかい語り口で説明しています。また、効率よく知識が身につけられるように、ページを構成する要素を工夫しました。各節のページ内容は以下のとおりです。

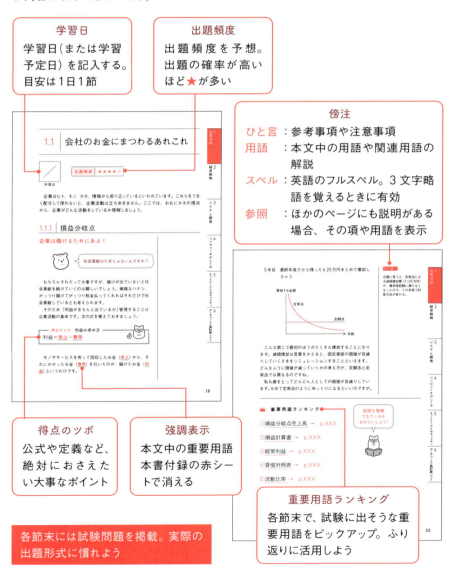

学習日
学習日（または学習予定日）を記入する。目安は1日1節

出題頻度
出題頻度を予想。出題の確率が高いほど★が多い

傍注
- ひと言：参考事項や注意事項
- 用語：本文中の用語や関連用語の解説
- スペル：英語のフルスペル。3文字略語を覚えるときに有効
- 参照：ほかのページにも説明がある場合、その項や用語を表示

得点のツボ
公式や定義など、絶対におさえたい大事なポイント

強調表示
本文中の重要用語
本書付録の赤シートで消える

重要用語ランキング
各節末で、試験に出そうな重要用語をピックアップ。ふり返りに活用しよう

各節末には試験問題を掲載。実際の出題形式に慣れよう

学習の進め方

ITパスポート試験は、独学でも合格が可能な試験です。以下のステップにしたがって、学習を進めましょう。

Step0　計画を立てる

まず計画を立てましょう。受験日を決定せずに学習を進めると、ついサボりがちになってしまいます。いつ受験するか決定し、申込みを先にしてしまうのも1つの手です。

受験日を決めたら、試験日までの日数を数え、1/2を本書の精読（Step1）に、残りの1/2を問題演習（Step2）に当てるようにしましょう。

Step1　本書の精読

まず、本書の1章から6章までを精読しましょう。本書の内容は章ごとに独立していますので、どの章から読んでもかまいません。各節の冒頭にある「日付」欄には読む日付を記入して、決まったペースで読み進めることをおすすめします（1日1節、など）。

最初は、わからないところだらけなのがふつうです。重要なところに線を引いたりしながら、精読してみてください。傍注からの出題もあるので見落とさないこと。余裕があれば、ノートなどに重要ポイントをまとめながら読んでいくと頭に入りやすいでしょう。

節末の重要用語ランキングや確認問題も活用し、理解できないところは本文に戻って再度学習しましょう（重要用語は本書付録の赤シートで隠してチェックできます）。

Step2　問題演習

本書の読者限定のサービスとして、過去問題が演習できるWebアプリ「DEKIDAS-Web」が利用できます。DEKIDAS-Webには自動採点機能や弱点分析機能がついているので、とても便利に使えます。自分の不得意分野を把握し、再度本書に戻って学習し、補強しておきましょう（利用方法は471ページを参照してください）。

DEKIDAS-Webには「まちがえてしまった問題」「まだ解いていない問題」のみを出題する機能もついています。最終的には、すべて正解できるようにしておきましょう。

さらに問題演習をしたいときは、市販の問題集などを活用してもよいでしょう。

1章 企業活動

ストラテジ

―――― 1章の学習ポイント ――――

企業は「お金」と「組織」と「規律」で動く！

さあ、今日からITパスポートの勉強をはじめましょう。本書では、まず企業についてお話ししますが、「IT」パスポートなのに企業から勉強するのはなぜでしょうか？それは、ITやそれを使ったシステムはあくまで「道具」だから。ITを理解するためにも、ITを使う企業の目的やしくみを知りましょう。

お金

企業は儲からなければ存続できません。そこで「損益分岐点」や「財務諸表」でお金の流れを管理します。

組織と責任

ただ人を集めただけでは烏合の衆。1人ひとりの能力を引き出すために、企業ではさまざまな組織の形が考えられています。また、社会へ与える影響を考慮・対応することも求められます。

データサイエンスとAI

データは「儲かるチカラ」である、という認識が進みました。しかし、データは分析しなければチカラにはなりません。データの種類を学び、各々のデータにふさわしい分析手法と、それを手助けしてくれるAIについて理解を深めましょう。

法律

人に迷惑をかけないため、自分の身を守るために法律の知識は重要です。知的財産権や労働基準法など社会人に求められる知識を効率よく身につけましょう。

そういえば、姉の会社は残業時間が月200時間を超えれば残業手当がつくらしいんですが…

それは「労働基準法」違反も含めて、いろいろアウトです。知識を身につけて、いままでの残業手当をキッチリ請求するか転職するのをおすすめします。

1.1 会社のお金にまつわるあれこれ

学習日

出題頻度 ★★★★☆

　企業はヒト、モノ、カネ、情報から成り立っているといわれています。これらをうまく配分して使わないと、企業活動は立ちゆきません。ここでは、おもにカネの視点から、企業がどんな活動をしているか理解しましょう。

1.1.1 損益分岐点

企業は儲けるためにある！

　　　　社会貢献のためじゃないんですか？

　もちろんそれだって大事ですが、儲けが出ていないと社会貢献を続けていくのは難しいでしょう。極端なハナシ、がっつり儲けてがっつり税金払ってくれればそれだけで社会貢献しているとも考えられます。
　そのため「利益がきちんと出ているか」管理することは企業活動の基本です。次の式を覚えておきましょう。

得点のツボ　利益の求め方

利益＝**売上**－**費用**

　モノやサービスを売って回収したお金（**売上**）から、それにかかったお金（**費用**）を引いたのが、儲けたお金（**利益**）というわけです。

変わる費用と変わらない費用

　それだけならシンプルですが、情報処理試験ではもう少し突っこんだ内容も問われます。特に狙われやすいのが費用の内訳です。

　たとえば、技術評論社まんじゅうを作るときに製造機械が必要だったとしましょう。このとき、1日100個作っても、1日1万個作っても機械の値段は変わりません。こういった費用のことを固定費といいます。

　一方で、技術評論社まんじゅう1個に小麦粉が64g使われているとしたら、100個作る場合と1万個作る場合では小麦粉代が違ってきます。こういう費用は変動費です。

> **得点のツボ　固定費と変動費**
> ・固定費は作る数に関わらず一定
> ・変動費＝1個作るための変動費×作る数

ひと言

固定費は「必ずかかる費用」。代表的なところでは、人件費・広告費などもある。

どのくらい売れるのかと儲かるのかを知る

　費用がわかると、儲けることができる金額も定まります。
　固定費は一定でしたが、変動費は作るごとに増えていきます。そこで、モノを売る金額を変動費より大きくすることで、費用を回収するだけでなく儲けを出せます。あたりまえのことですが、売れれば売れるほど利益が出るわけです。ただ、固定費があるので最初のうちは「売れてるんだけど、赤字」という状態もあります。

　これらをまとめると、次ページのグラフが作れます。
　売上はゼロから始まる一方、固定費は必ずかかるので最初は赤字です。売上が伸びてくるとだんだん費用との差が詰まりはじめ、あるとき赤字でも黒字でもない状態に到達します。損してもいないし儲かってもいない状態、これが損益分岐点売上高です。

用語

損益分岐点比率
損益分岐点比率＝損益分岐点売上高÷売上高
損益分岐点比率が低いほど売上に対する利益は多くなり、高いほど売上に対する利益は少なくなる。

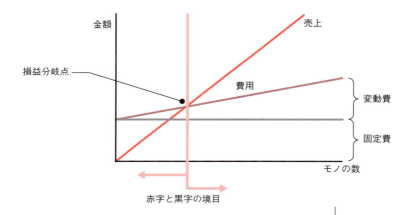

実際に計算してみよう

　この損益分岐点売上高は、試験でもよく問われるのですが、どうやって求めたらいいでしょう。たとえば、こんな問題が出たら？

「Q. 損益分岐点売上高を計算せよ」
技評まんじゅうを作る機械　　　　500,000円
技評まんじゅう1個を作る小麦粉代　150円
技評まんじゅうのおねだん　　　　300円

　損益分岐点売上高は、ある数量での変動費と固定費を足したモノです。しかし、肝心の「ある数量」がわかりません。「1個作ったときの費用はこう、売上はこう」と力業で計算していくことも不可能ではありませんが、ちょっと本試験の会場でやりたい方法ではありません。
　そこで、**変動費率**というものを出します。

変動費率って？

　変動費と売上は理屈のうえでは比例するので、その比率を算出できます。売上に対する変動費の比率を**変動費率**といいます。
　技評まんじゅうでは1個作るのに150円かかって、それを300円で売るのですから、

150円 ÷ 300円 = 0.5

変動費率は、0.5であることがわかります。

この変動費率は一定なので、どんな売上からでも変動費を算出できます。たとえば、技評まんじゅうが600円売れれば、変動費は600 × 0.5 = 300円ですね。

求めたいのは、ある数量（損益分岐点売上高時点）での変動費。つまり、損益分岐点売上高をxとすれば、その変動費は「$x \times 0.5$」になります。

さらにさきほど説明したように、損益分岐点売上高は、ある数量での変動費と固定費を足したモノですので、こんな式が作れます。

$$x = (x \times 0.5) + 500{,}000 円$$

xについて解くと、$x = 1{,}000{,}000$円であることが導けるというわけです。売上高が1,000,000円のときが、技評まんじゅうの赤字と黒字の境目なんですね。

ここまでをまとめると、損益分岐点売上高を求める式は以下になります。

―― **得点のツボ** 損益分岐点売上高の公式 ――
損益分岐点売上高
= **損益分岐点売上高 × 変動費率 + 固定費**

ひと言

本によっては、この式を
損益分岐点売上高
$= \dfrac{固定費}{(1 - 変動費率)}$
としていることもある。どちらも同じ意味。

1.1.2 財務諸表

企業でよく使われる3つの「おこづかい帳」

いくら費用がかかって、いくら売上があって…というのは企業活動の基本ですが、放っておくとどんぶり勘定になりがちです。そこで、会社の活動状況がひと目でわかるように、お金関係の表を作ります。本質的にはおこづかい帳とあまり変わりありません。

でも、会社はいろいろやっているので、おこづかい帳よりは少しややこしい表ができあがります。こうした表のこ

とを**財務諸表**といい、超代表的なものに**貸借対照表**（B/S：Balance sheet）と**損益計算書**（P/L：Profit and Loss statement）、**キャッシュフロー計算書**があります。この3つをまとめて、財務3表といいます。

そんなに作らなくても1つでいいじゃないですか

いやいや、それぞれ目的が違います。「知りたいこと」に応じて正しく使い分けましょう。

・貸借対照表：「その瞬間の資産」がわかります
・損益計算書：「一定期間の損得」がわかります
・キャッシュフロー計算書：「ある期間中のお金の流れ」を知ることができます

ちなみに、上場企業にはこれらを開示する義務があります。事業や財務内容をお知らせすることで、投資家の適切な判断を担保するのです。

貸借対照表

ある時点での（決算時といいます）財務状態を表わす表です。会社として持っているもののうち、どのくらいが借りたもので、どのくらいが自分のものかを分類しているともいえます。

図のような形で表され、図の左側（資産）と右側（負債＋純資産）は必ず同じです。

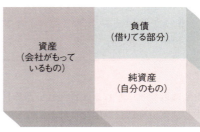

用語

連結決算
法律的には独立しているけれども、お金の面では主従関係にある会社群（いわゆる親会社と子会社の関係など）を1つの会社とみなして決算する方法。連結決算の結果、出てくるものを連結財務諸表という（連結貸借対照表、連結損益計算書など）。

用語

財務会計
社外の人に見てもらうもの。正確で公平な情報を提供するため標準ルールで作られ、企業成績の比較などに使う。

管理会計
社内で使うもの。経営判断や意志決定を目的にしているが、社内向けなので独自ルールで作られることも。

具体的には、次のようになります。

資産の部		負債の部	
流動資産	10,000	流動負債	5,000
固定資産	10,000	固定負債	5,000
有形固定資産	3,000		
		負債合計	10,000
無形固定資産	3,000	純資産の部	
		株主資本	8,000
投資その他の資産	4,000	評価・換算差額等	1,000
		新株予約権等	1,000
		純資産合計	10,000
資産合計	20,000	負債・純資産合計	20,000

「資産が多い」と聞くと、「お金持ちはいいなあ」とうらやんだりしますが、よくよく聞いてみたら負債ばっかりだったとしたら、ジェラシーも引っこむというものです。

あわせて、企業間の取引に関する用語もおさえておきましょう。

得点のツボ　代金後払い取引

売掛金：
・先に商品を**売って**、後から**回収する**お金
・貸した側はお金を請求する権利（**債権**）を持つ
・分類上は**資産**になる

買掛金：
・先に商品を**買って**、後から**支払う**お金
・借りた側は支払義務（**債務**）がある
・分類上は**負債**になる

売掛金は取りっぱぐれると資金繰りが焦げついてたいへんですし、買掛金は踏み倒せば節約になりますが、信用を失って仕事ができなくなります。売掛金はちゃんと回収し、買掛金はちゃんと支払うことが大事です。

用語

流動資産
現金や、比較的短期間で現金化することのできる資産。預金や有価証券、売掛金などがある。

固定資産
継続的に使用する資産。土地や建物、機械などがある。著作権や特許権、意匠権、商標権も固定資産。

流動負債
比較的短期間で支払い期限がやってくる負債。買掛金、短期借入金、支払手形などが当てはまる。

固定負債
支払い期限がしばらくやってこない負債。社債、長期借入金などが該当する。

株主資本
株主が出資した資本金や資本準備金のこと。

用語

与信限度額
　取引先に売ることができる最大の金額のこと。たとえば、与信限度額が500円で、すでに400円売掛金がある場合、あと100円しか売れない。

担保
　取引先の倒産などで売掛金が回収できない（債務不履行）リスクを低減するために、債務不履行時に取引先の物件等を優先的に取得するしくみのこと。

損益計算書

ぼくも自分のおこづかいの貸借対照表を作ってみました！
なかなか潤沢じゃないですか？

でも、損益計算書を見ると、ここ1年でずいぶん損してるみたいです。将来的にはまずいんじゃないですか？ …というように、損益計算書は損しているか得しているかが一発でわかる表です。貸借対照表が「ある時点での財務状態」を表すのに対して、損益計算書は「ある期間の経営状態」を表します。

さきほどの例のように、いくら貸借対照表がすばらしくても、ここ最近が絶賛大損中であれば、将来的には暗雲が立ちこめているかもしれません。逆に、貸借対照表がみじめなものであっても、大きな利益を上げていれば、成長する企業なのかもしれません。そこで、性質の違う2つの表を見比べて、その会社の状態を分析するわけです。

図のような形で表され、図の左側（費用＋利益）と右側（収益）は必ず同じになります。また、左右に分けない形式も使われます。

科目	金額
売上高	10,000
売上原価	2,000
売上総利益	8,000
販売費及び一般管理費	5,000
営業利益	3,000
営業外収益	2,000
営業外費用	3,000
経常利益	2,000
特別利益	1,000
特別損失	500
税引前当期純利益	2,500
法人税等	500
当期純利益	2,000

費用
（お金をgetするためにかかったお金）

収益
（いろいろ入ってきたお金）

利益
（もうけ）

損益計算書は儲けに関する部分ですから、作る人も読む人も並々ならぬ関心を持っています。いろいろな角度から分析されるので、多くの「儲けの指標」があります。代表的なものを算出式とともに見てみましょう。

売上総利益(粗利益)＝売上高－売上原価

モノを売ったお金から、作るのにかかったお金を引いた指標です。企業の**競争力**がわかります。

営業利益＝売上総利益－販売費及び一般管理費

売上総利益から、さらにモノを作るのに直接かかってはいないお金(たとえば広告費や間接部門の人件費)を引いた指標です。本業での儲けを表します。いくら作ったものが売れても、湯水のようにお金を使っていれば儲けは小さくなるので、企業の**収益力**がわかります。

経常利益＝営業利益＋営業外収益－営業外費用

ここでいう営業とは「本業」のこと。つまり、まんじゅう屋がまんじゅうを売って儲けたお金は営業利益です。では、そのお金を銀行に預けて利息がついた！ となった場合は、どうでしょう。これは本業で儲けたお金ではないので、営業"外"収益となります。逆に借りたお金の利子を払ったら、営業外費用です。つまり、経常利益は企業の**資金運用力**などがわかります。

これらの科目の関係を表すと、以下のようになります。

> **用語**
>
> **直接部門(ライン)**
> 組織の目的を直接遂行する部門のこと。もともとは軍隊用語で、直接戦闘する兵士を指す。うなぎ屋であれば、うなぎを焼いているおじさんが直接部門。
>
> **間接部門(スタッフ)**
> 何らかの専門を持って、ライン部門をサポートする部門のこと。軍隊では作戦参謀などをさす。うなぎ屋ではお会計のおばさんが間接部門。

キャッシュフロー計算書

キャッシュフローとは、お金の流れ、現金流量、現金収支のこと。キャッシュフロー計算書は、企業が一定期間にどれだけお金を増やした／減らしたかを示すものです。

投資してキャッシュフローが減る、借金してキャッシュフローが増えるなど営業活動、投資活動、財務活動の3つの活動区分にわけて表します。

> **ひと言**
>
> キャッシュフローの増減要因
> ・増加：借入金、買掛金の増加
> ・減少：売掛金、投資、在庫の増加

財務指標で会社の状態が丸わかり

覚えることが多くて息が切れてきました。あと少しです。あるお金好きの人が「財務指標ほどドラマに満ちあふれたものはない、ギャルゲーより100倍おもしろい」と言っていました。私はギャルゲーのほうがおもしろいと思いますが、財務指標は本試験によくでるので、勉強しましょう。

総資産回転率＝売上高÷総資産

会社保有の資産を有効活用しているかを示す指標です。大きな数値（回転がよい）ほど効率がいい、といえます。

自己資本比率＝自己資本÷総資本

会社が持っている価値（総資本）のうち、どの程度が自分のお金（自己資本）かを示す指標です。総資本には、人から借りたお金も混じっているので、全体に占める割合を見るわけです。

> **用語**
>
> 自己資本
> 貸借対照表の株主資本に評価・換算差額を足したもの。さらに新株予約権・少数株主持ち分を足すと純資産になる。

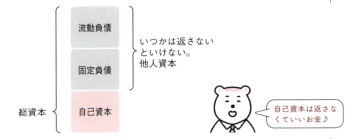

自己資本比率が高ければ高いほど借金が少ないことを意味するので、健全な経営だぞと考えることができます。ただ、人から借りるほうがお金はすばやく集められますから、他人資本を駆使して効率的な事業をしている企業も多々あります。単に自己資本比率が高ければいいというものでもなく、ほかの指標との組み合わせで企業活動を評価します。

総資本利益率（ROA）＝営業利益÷総資本

　資本に対してどのくらいの利益を得ているか、つまり経営効率や収益性を示す指標です。ROAの値は高いほうが効率的な経営をしています。これを高めるための方法としては、売上高を上げる、利益率の高い商品を売る、ムダな資産を減らすといったことが挙げられます。

自己資本利益率（ROE）＝当期純利益÷自己資本

　ROAとよく似ていますが、総資本ではなく自己資本に対する値であることに注意してください。自己資本の大きな部分は株主資本が占めますから、投資に対してどのくらいのリターンが見込めるかの指標になります。

流動比率＝流動資産÷流動負債

　短期的な資金繰りは大丈夫かを見る指標です。流動資産は1年以内に現金化できる資産（現金そのものや売掛金）、流動負債は1年以内に返さないとまずい負債（買掛金や短期借入金）です。資産はたくさん持っていても、すぐに現金にできないと、返済期限がきて倒産しちゃうこともあるので、大事な指標です。

　24ページの貸借対照表で、流動比率を見てみましょう。

資産の部		負債の部	
流動資産	10,000	流動負債	5,000
固定資産	10,000	固定負債	5,000
有形固定資産	3,000		
		負債合計	10,000
無形固定資産	3,000	純資産の部	
		株主資本	8,000

　流動比率の計算式はすぐ使えるお金をすぐ返す借金で割ります。値が大きいほど短期的な支払能力に余裕があり、小さいと自転車操業なわけです。この貸借対照表のケースは10,000÷5,000＝2、つまり200％。流動比率は200％を超えているとひと安心と言われるので、よさげな感じです。

スペル

・ROA（Return On Assets）

スペル

・ROE（Return On Equity）

用語

ROI（投資利益率）
実行した投資がどれだけの利益を生んだか表す、費用対効果の指標。利益÷投資額。

ただ、もしかしたら会社にお金を貯め込んで、積極的な技術開発をしていないだけかもしれません。この値だけで経営の良し悪しを判断することはできないのです。

1.1.3 在庫管理と発注方式

在庫を管理する

ある時点の儲けやかかったお金を計算するには、在庫の管理が重要です。「この製品には、ミッドガルで仕入れた500ギルの材料を使ったぞ」と1つひとつ仕入値を確認して、儲けを計算できればよさそうです。しかし、残念ながら仕入れ値は情勢によって変動してしまいますので、

- 4月に仕入れた材料　　1万円
- 5月に仕入れた材料　　10万円

この場合、どっちの材料を使ったかで、儲かるかどうか違いますよね。

売上原価が全然違ってきますね

こうなると、いかにも計算がめんどうです。そこで、ちょっとラクをする方法が考えられました。

得点のツボ　在庫計算の方法
- **先入先出法**（FIFO）：先に入手したやつを、先に使う！
- **後入先出法**（LIFO）：後に入手したやつを、先に使う！

スペル
- FIFO (First-In First-Out)
- LIFO (Last-In First-Out)

実際には必ずしも順序どおりに使っているわけではないと思いますが、「まあ、そういうことにして」計算をしやすくするわけです。

さきほどの例でいうと、先入先出法であれば売上原価は1万円になりますし、後入先出法であれば売上原価は10万円になります（売上原価は材料費だけと仮定）。ほかにも「月末に倉庫に残っている在庫は、全部でいくらになりますか？」といった出題のバリエーションがあります。

なお、商品の仕入れから販売までにかかる期間を示す指標を在庫回転率といいます。売上高÷平均在庫高で求め、大きな数値（回転がよい）ほどものが売れています。

定期発注と定量発注

要するに注文の仕方です。養毛剤がほしい。Amazonで1ヶ月ごとお届け（定期発注）にすると割引になるけど、使用量によっては足りなくなるかも。ある程度減った都度買うほう（定量発注）がいいかなあ、という悩みに似ています。下の表をおさえておけば完璧です。

定期発注	定量発注
一定期間をおいたら発注	一定の在庫（発注点）まで減ったら発注
発注量は変動	一定量を発注
手間かかる	手間いらず
在庫減らせる	在庫増えちゃう
ABC分析でAランクの商品	ABC分析でBランクの商品

※発注点方式ともいう

当然のことですが、発注費や在庫保管費が最小になる経済的発注量になるよう試行錯誤します。Cランクの商品は、もっとかんたんな二棚法で管理します。片方の棚が空になったら発注するというやり方です。

1.1.4 減価償却

減価償却で老化する

企業などで高いものを買うと、どかんと費用がかかります。そうすると、その年の損益計算書が恐ろしく悪くなるので、経営状態が悪くなったように見えます。

用語

総平均法
ある期間の期末にまとめて、単価の平均を求める方法。

移動平均法
仕入れの都度、単価の平均を求める方法。

参照

・ABC分析
→ p.64

事情をしらないと、「まずいのかな」と思っちゃいますね

　しかし、じつはその高いものが、何年にもわたって会社の利益に貢献する場合には、次の年以降は急に経営状態がよくなったように見えます。

　それはちょっとフェアな見方とはいえません。そこで、長く使うもの（固定資産）を購入した場合には、「これは何年間使えますよ」という耐用年数を決めて、かかった費用をその年数に配分する計算方法が採られます。これが**減価償却**です。

　減価償却を用いることで、会計処理と会社の実態がズレることなく、売上と費用の関係を正しく表せるようになります。減価償却は計算方法によって**定額法**と**定率法**に分類できます。最終的には同じだけ費用を計上するのですが、配分が違います。

　ちなみに、耐用年数は勝手に決めるわけにはいかず、法定耐用年数といって法律で決まっています。コンピュータなら5年（パソコンは4年）です。ソフトウェアも減価償却できます。「販売用に作った原本」「研究開発用」なら3年、そのほかパッケージソフトなどなら5年が耐用年数です（必ず定額法で償却）。

定額法は毎年一緒

　定額法は毎年同じ額だけ費用を支払っていくやり方です。
　最初に100万円で購入した耐用年数5年のコンピュータの減価償却の様子を表したものが次ページの図です。初年度に100万円を費用として計上するのはなく、5年に分けて20万円ずつ処理していますね。耐用年数に達すると減価償却は終了します。

> **ひと言**
>
> 最後に簿価として1円残す（資産があることを忘れないための備忘価額）ので、5年目の償却額は1円引いた額となる。

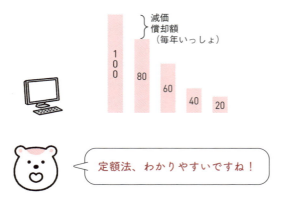

　でも、最初は大事にするけど、だんだんそうじゃなくなるものってありますよね。たとえば、コンピュータのように最初は速くていいと思っていたけど、見劣りしてきて最後のほうは故障が頻発した！　なんてことが起こりやすい固定資産の場合は、支払う費用と利益の関係が一致しないデメリットもあります。

定率法は割合でいく

　もう1つの定率法は、その辺を手直しした計算方法です。まだ償却していない金額から一定の割合で減価償却をするので、最初のほう（その固定資産の価値が高いうち）にたくさん費用を計上できるメリットがあります。利益と費用の関係がより一致するわけです。

　さきほどの例で考えてみましょう。「一定の割合」のことを償却率といいますが、償却率＝1÷耐用年数×250％で計算します。この場合だと、1÷5年×250％＝0.5なので、50％になります。

　1年目　100万円まるまる残ってる×50％＝50万円を償却
　2年目　50万円まで減った×50％＝25万円償却すればいい
　3年目　25万円になった×50％＝12.5万円償却だ！
　4年目　12.5万円で先が見えてきた×50％＝6.25万円

5年目　最終年度だから残った6.25万円まとめて償却しちゃう

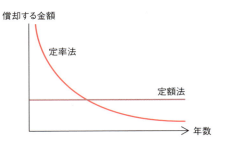

> **ひと言**
> 正確に言うと、定率法による減価償却費（3.125万円）が、償却保証額に満たなくなったので、この年度で計算方法が変わる。

　こんな感じで最初のほうがたくさん償却することになります。減価償却は言葉をかえると、固定資産の価値が目減りしていくさまをシミュレーションすることといえます。どんなふうに価値が減っていくかの考え方が、定額法と定率法では異なるのですね。

　私も歳をとってどんどん人としての価値が目減りしています。せめて定率法のようにゆっくりになるといいのですが。

👑 重要用語ランキング

① 損益分岐点売上高 → p.20

② 損益計算書 → p.25

③ 経常利益 → p.26

④ 貸借対照表 → p.23

⑤ 流動比率 → p.28

用語を理解できているかおさらいしよう！

試 験 問 題 を 解 い て み よ う

✎ 問題1　平成30年度春期　問11

貸借対照表から求められる、自己資本比率は何%か。

単位　百万円

資産の部		負債の部	
流動資産合計	100	流動負債合計	160
固定資産合計	500	固定負債合計	200
		純資産の部	
		株主資本	240

ア　40　　　イ　80　　　ウ　125　　　エ　150

解説1

　　自己資本比率は、自己資本÷総資本（自己資本＋他人資本）で計算します。貸借対照表のうち、負債の部が他人資本、純資産の部が自己資本ですから、240÷（160＋200＋240）＝40%により、自己資本比率は40%です。

答：ア

✎ 問題2　令和3年度　問29

粗利益を求める計算式はどれか。

ア　（売上高）－（売上原価）
イ　（営業利益）＋（営業外収益）－（営業外費用）
ウ　（経常利益）＋（特別利益）－（特別損失）
エ　（税引前当期純利益）－（法人税、住民税及び事業税）

解説2

ア　正答です。
イ　経常利益を求める計算式です。
ウ　税引前当期純利益を求める計算式です。
エ　当期純利益を求める計算式です。

答：ア

問題3 平成24年度秋期 問25

X社の販売部門における期末時点の売掛金の回収状況が表のとおりであるとき、回収期限を過ぎた売掛金に対する長期債権額の比率は何％か。ここで、入金遅延が61日以上のものを長期債権とする。

単位 百万円

	入金済	入金遅延 1～30日以内	入金遅延 31～60日	入金遅延 61日以上
A販売部	180	5	5	10
B販売部	290	5	5	0
C販売部	70	20	10	0
D販売部	180	10	0	10

ア 2.5　　イ 2.8　　ウ 10　　エ 25

解説3

回収期限を過ぎた売掛金は、「入金遅延」と書かれている列すべてが該当します。合計すると80（百万円）。その中で61日以上遅延しているひどいやつ（一番右の列）が、設問の対象です。この列の合計は20（百万円）ですから、答えは $20 \div 80 = 25\%$ と導けます。

答：エ

問題4 令和2年度 問30

企業の収益性を測る指標の一つであるROEの"E"が表すものはどれか。

ア Earnings（所得）　　イ Employee（従業員）
ウ Enterprise（企業）　　エ Equity（自己資本）

解説4

RoEは自己資本利益率（Return On Equity）のことなので、エが正答です。投資家が重視する指標の1つで、とある会社の株（自己資本）を買ったとき、そのお金でどのくらい効率よくお金を儲けているかがわかります。高いほうが良い数値です。

答：エ

1.2 会社の組織と責任

学習日

出題頻度 ★★★☆☆

　会社が満足に機能し持続するためには、守るべき「規範」を定め、それを守り続ける「体制」を構築しないといけません。コンプライアンスやガバナンス、労働基準法を学びましょう。業務で作成したプログラムの帰属も狙われるポイントです。

1.2.1 そもそも、会社ってどんな組織？

まずは、よく聞く「株式会社」からおさえよう

　会社を作るには、お金が必要です。そのお金をだれがどのように出し、どのようなリスクを負うかで、会社を分類することがあります。

- 代表者に無限責任がある「合資会社」
- お金を出した人全員に無限責任がある「合名会社」
- 責任は有限で、設立・運営の条件が株式会社より緩い「有限会社」（ただし、今は新規では設立できません）

など、いろいろありますが、やっぱり一番よく聞くのは**株式会社**でしょう。
　株式会社は、設立や運営の条件が厳しくめんどうです。そのかわり、責任は有限で、万が一倒産しても出したぶんのお金を失えばすみます。また、一度株式会社になれば、資金調達や税制上のメリットを享受できます。
　株式会社のもう1つの特徴は、株を買うという形でその会社にお金を出すことで、株を持っている人（**株主**）が会社の利益を受けとる権利や議決権を持つことにあります。

もちろん、経営者が全部の株を持つケースもありますが、多数の人が出資している場合は株（議決権）が分散し、経営者が思いのままに経営をすることは難しくなります。

株主総会

　株主が集まっておこなう会議で、会社における最高意志決定機関です。取締役を選んだり、合併や分社などの重要事項を決議したりすることができます。議決権はひと株ごとに与えられるので、たくさん株を持っている人ほど、会社に対する発言権が大きくなります。

　監査役も株主総会で選任します。監査役は取締役の職務執行や会社の内部統制がうまく機能しているか、会計監査人の業務が適正かを、監査を通じて評価します。

会社に理念・戦略がなければ、ITもうまく使えない

　「ライバル社で○○システムを導入してるんだって！じゃあウチでも導入しよう」…というのはよくあるIT導入パターンですが、ホントにそれでいいのでしょうか？　企業にはまず理念や戦略があり、それを具体化するために情報システムを作ります。ですから、「流行ってるから○○を入れよう」は本末転倒。そんなことにならないよう、企業経営の基本的な考え方をみていきましょう。

得点のツボ　**企業経営のキホン**

・**経営理念**：なんのために会社が存在するのか（存在意義）、使命（ミッション）はなにかを短くまとめたもの
・**経営ビジョン**：**経営理念**に対して、会社のあるべき姿を定めたもの
・**経営戦略**：**経営ビジョン**を実現するための方策

　たとえば、情報処理資格試験対策本を刊行するA社では次のように設定しています。

参照

・内部統制
→　p.43

用語

会計監査人
会社の帳簿などに違法や矛盾がないか評価する機関。大会社では会社法で設置が義務づけられている。会計監査人になるのは、公認会計士か監査法人。

---

1 企業活動
2 経営戦略
3 システム開発
4 コンピュータのしくみ
5 ネットワークとセキュリティ
6 データベースと表計算ソフト

37

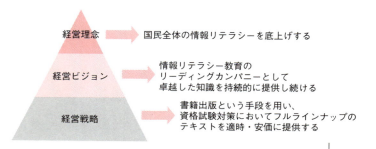

　この経営戦略を実現するためにヒトやITのチカラを活用します。経営戦略を最高効率で達成するために、どうITを活用するかの大方針が**IT戦略**です。近年、多くの業種・業態でITのチカラがなければ経営が成り立たなくなっています。したがって、IT戦略は極めて重要であり**経営戦略**に沿ったものでなくてはなりません。

　さらに、IT戦略を決定・実行・評価・改善していくことを、会社がきちんとコントロールしましょう、というのが**ITガバナンス**です。ちゃんとガバナンスができていないと、IT戦略になんにも役に立たないシステムの導入や運用をしてしまうかもしれません。

　これはIT戦略だけでなく、経営戦略についても言えることで、会社の経営がちゃんと経営戦略に沿うようにコントロールするのが**コーポレートガバナンス**です。ITガバナンスはコーポレートガバナンスの一要素と言えます。

会社の組織構造はパターンがある

　ところで会社の組織ってどうなっているのでしょう？ 体育会系みたいな厳しい上下関係？　同僚と楽しく仕事するお友だちふう？

職能別組織

　デザインをする人だけのチーム、企画を立案する人だけのチーム、経理のチーム…といった具合に組織を分けていく方法です。チームの中にいる人はみんな同種の仕事をしているのが特徴です。1つのチームだけで業務は完結しないので、チーム間を調整する必要があります。

用語

JIS Q 38500
ITガバナンスに関する標準規格。ITガバナンスについて経営者に指針と客観的評価のベースを与える。

参照

・コーポレートガバナンス
　→　p.43

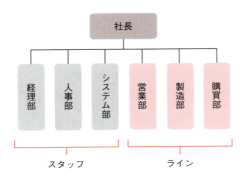

事業部制組織

製品別、地域別といった感じで、その範囲において1つの会社のように自己完結的に業務を遂行できるグループ（事業部）を、複数束ねて構成される組織です。

事業部の中にはライン部門とスタッフ部門が含まれ、1つの独立した会社のようにふるまえます。実際に、事業部ごとに成績を競わせてモチベーションを高めている会社もあります。

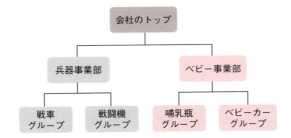

カンパニー制組織

企業内に独立した組織（仮想的な会社：カンパニー）を設ける形態。迅速に意思決定するのが狙いです。事業部制と似ていますが、カンパニー制組織はカンパニーごとの独立性や裁量権がより大きくなります。欠点は、カンパニー同士の連携が疎になってしまい、重複した業務をしがちなこと。

プロジェクト組織

事業部制では人員がその事業部に在籍して固定化しがち

参照

・ラインとスタッフ
→ p.26

用語

カニバリゼーション
自社商品同士で市場を奪い合ってしまうこと。

で、必ずしもその人に最適な仕事を割り当てられるとは限りません。

その欠点をカバーしたのがプロジェクト組織で、特定業務をするために組織の垣根を越えたプロジェクトを立ち上げ、業務終了までの期間限定でチームを作ります。

マトリックス組織

いくつかの組織構造を組み合わせることで作る組織です。

複数の組織構造のいい部分を取りいれることができますが、マトリックス組織は恒常的に複数のボスを持つことになるため、命令系統が複雑になるのが欠点です。

> **用語**
>
> ネットワーク組織
> メンバが対等な関係である組織。部門をまたいで作られることもある。マトリックス組織も部門をまたぐが、あちらのキーワードは「複数の上司がありうる」こと。

組織のトップはどんな人がいる？

CEO、CIO、CFOなどなど…。最近は部門の責任者を指す言葉として「CxO（Chief X Officer）」という言い方がとても多いですね（xの部分にいろいろな文字が入るイメージです）。訳すときは「最高なんちゃら責任者」となります。代表的なものをおさえておきましょう。

CEO（最高経営責任者）

CxOの最高峰です。たとえるならば、CxOの集まりが内閣なら、首相のようなもの。米国企業では取締役会の下位に位置し、経営責任をもって業務を統括する人を指しますが、日本企業では取締役と同等の意味で使われることが多いです。

> **用語**
>
> CFO
> 最高財務責任者。お金関係の一番えらい人。Chief Financial Officerの略。
>
> CTO
> 最高技術責任者。技術の一番えらい人。Chief Technical Officerの略。
>
> **スペル**
>
> ・CEO（Chief Executive Officer）

CIO（最高情報責任者）

情報部門の王であり、SEが羊だとしたら、羊飼いです。経営戦略に基づいて情報化戦略を立案するのが仕事ですが、技術畑でない人が着任して裸の王様になっていたりします。

スペル
- CIO (Chief Information Officer)

1.2.2 PDCA

業務改善のサイクルをくるくる回そう

毎日生活していると、「ああすればよかったなあ」という後悔が絶えません。「夏休みに入る前にダイエットしておけばよかった」とか、いろいろです。個人がそうであるように、企業が無謬であることもまた、あり得ません。組織がやっていることだと、なんとなくまちがいない、と錯覚してしまいますが、実際にはまちがいだらけです。

重要なのはまちがいをなくすことよりも、むしろまちがいをキチンと認識して正せるかにかかってきます。もちろん、まちがいがないほうがいいのですが、人が関わっている以上、完全になくすのはムリですし、あまり気にすると萎縮してしまいます。そこで、

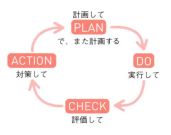

①PLAN（まずはきちんと計画！）
↓
②DO（計画どおりにがんがん実行！）
↓
③CHECK（うまくいったか評価！）
↓
④ACTION（うまくいかなかった点を対策！）
↓
①PLAN（そのうえで、また計画を立てて…）
↓

と、永遠に続く向上心のかたまりのような業務改善手法が**PDCAサイクル**です。業務をやりっぱなしでなく、評価するのがポイントです。別に仕事じゃなくて、ふだんの生活に応用してもいいんですが、「やむを得ない失敗は、次の計画の糧にすればいいさ！」風の、二昔前の大映ドラマのようなポジティブ加減で、自堕落な私には眩しいほどです。

このサイクルをくるくると回していけば、どんどん業務からトラブルが排除されていくというしくみです。

用語

OODAループ
観察 (Observe) →適応 (Orient) →意思決定 (Decide) →行動 (Act) のサイクルを表す。PDCAと比べると状況順応型で、すばやく実行できる。

もちろん、トラブルは次々と新しい友だちを連れてやってくるので、終着点はありませんが、何もしないよりはうんと質の高い仕事ができるようになるでしょう。

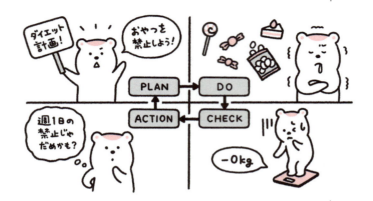

PLAN や CHECK の知恵の出し方

　ただ、「きちんとした計画を立てろ」とか「やったことの評価をしよう」と言っても、難しいです。みんなで知恵を出しあう必要がありますが、会議って往々にして「座ってるだけ」になりがちなので、知恵の出し方が考えられてきました。

ブレーンストーミング

　あるテーマについて、少人数で自由に意見をやりとりする方法です。とにかく質より量の意見の応酬によって、幅広いアイデアを出すのに適しています。

――― 得点のツボ　ブレーンストーミングのお約束
・人の意見を批判しない（萎縮してしまう）
・人の発言に便乗するのは熱烈歓迎

バズセッション

　大人数で議論すると、意見が出にくかったり結論がまと

用語

ファシリテータ
中立の立場から、支援活動をする人のこと。

親和図法
問題点の整理に使う。付せんにキーワードをたくさん書き出して、類似度の高いものを階層的にグループ化していく。

系統図
体系を図式化するもので、大きなグループを小さなグループへ枝分かれさせていく。

まりにくかったりするため、少人数のグループに分けて結論を出し、それを持ち寄って全体の結論を導きます。

そのため、意見をまとめるリーダを設定します。短時間で何らかの回答を出すのに適しています。変わった名前ですが、蜂がぶんぶん言う様子が語源です。

> 用語
>
> マトリックス図
> 2つ以上の事柄を組みあわせて、事柄Aと事柄Bの組みあわせではこうなる、と交点部分にプロットしたもの。

1.2.3 会社が負うべき責任

会社はだれのためのもの？

会社はだれのために存続し、活動しているのでしょう？ 株主、経営者、従業員、顧客… 企業活動に関わる利害関係者（ステークホルダ）は今や多岐にわたります。

また、企業の影響力は近年極めて大きくなっています。小国家なみの予算規模を持つ企業が、「われわれは株主のためだけに活動するぞ！」と言い出したら、困ったことになるかもしれません。

そのため、企業活動の公平性や透明性について多大な関心が寄せられるようになってきました。

自分の利益だけを追求すればいい、ってわけじゃないんですねえ

最近、そういう経営方針の会社は旗色が悪いです。そこで単に利益を追うだけでなく、社会貢献や環境保護に取り組む責任（CSR：企業の社会的責任）に対する関心も高まっています。具体的な施策に、コーポレートガバナンスやコンプライアンス、ディスクロージャ（情報公開）などが含まれます。

> スペル
>
> ・CSR (Corporate Social Responsibility)

コーポレートガバナンスと内部統制

企業が公平性や透明性を維持した状態で、きちんと管理運営されるための機能をコーポレートガバナンス（企業統治）、これを効率的に進めるしくみを内部統制と呼びます。

内部統制は取締役が経営の状態を監視するしくみで、整備・運用の責任者は経営者となります。業務の有効性、財務の健全性、法令遵守、資産の保全が目的です。

その具体的な方法として、業務プロセスの明確化と明文化、職務の分掌、実施ルールの設定とチェック体制の確立が柱になります。特に業務の担当者と承認者を分離する<u>職務分掌</u>の考え方は重要です。この2つの役割を同じ人に持たせると、不正行為が容易になるからです。

業務監査なども積極的におこなわれ、組織の仕事が適切かチェックします。

得点のツボ　IT統制

内部統制のうち、ITを使用した統制のこと。

SDGs（Sustainable Development Goals）

<u>持続可能な開発目標</u>のことで、国連が採用しました。貧困をなくす、教育をみんなに、ジェンダーの平等、気候変動対策などの17の目標とそれを細分化した達成基準があり、各国が具体的な対策に取り組んでいます。

コンプライアンス

<u>コンプライアンス</u>（<u>法令遵守</u>）も現代の企業に強く求められていることの1つです。法律を守ることは、当然のことと思われますが、ここでいう「法令遵守」はもう少し拡大して、社会通念や慣習、各種ガイドラインも含むことがあります。

コンプライアンスも、ほかのいろいろな規則と同様、ただ「守ろう！」とかけ声だけかけても、なかなか実現しません。そのため、ちゃんとした枠組（マネジメントシステム、つまりPDCAサイクルを回すしくみ）を作って、みんなが意識的に法令を守るような状態にし、違反があれば是正できるようにします。

モラルも含めて法令を遵守するというと、企業活動にブレーキがかかるように感じるかもしれません。ですが、法

用語

業務処理統制
個別業務システムがきちんと処理、記録されるようにする。入力情報の完全性担保、エラー処理、アクセス管理など。

全般統制
業務処理統制がちゃんと働くように、環境を整える。開発、保守、アクセス管理などの基準を定める。

用語

サステナビリティ
持続可能性。事業やそれを通じた社会への貢献が、将来にわたって継続できること。

グリーンIT
IT機器の消費電力を抑えたり、省電力モードの搭載を義務づけたりして、環境保護を実現すること。部品のリサイクル性や、梱包の簡略化なども含む概念。

用語

会社法
会社運営の適正化をはかる法律。取締役の法令遵守を担保する体制などを確立する。

令に違反して活動を続ける企業は大きなリスクを抱えているといえます。企業の不祥事が発覚して倒産などということもよく聞きますね。企業活動のリスク低減のためにも、コンプライアンスは寄与します。

公益通報者保護法

勤務先が犯罪（たとえば刑法、廃棄物処理法、個人情報保護法への抵触）をした、もしくはしようとしていることを通報（**公益通報**）したときに、たとえそれが就業規則に反したとしても、解雇やいじめなどの不利益な扱いを禁止する法律です。公益通報をした労働者が保護対象で、通報先は勤務先の内部機関（内部通報）、行政機関、消費者団体などが想定されています。

なお、公益通報者保護法が言う「労働者」には民間企業の社員も、公務員も、正社員もパートタイムも派遣社員もアルバイトも含まれます。

PL法

製造物責任法のことです。商品の欠陥で消費者がひどいめにあったときに、作った組織が責任を負って損害を賠償します。

スペル
・PL（Product Liability）

つまり、ぼくの成績が悪くて先生に迷惑をかけると、両親に製造物責任があるということですか…？

たしかに、製造物に欠陥があれば作った人に過失がなくても適用されます。消費者は作った組織の過失を証明しなくてもいいんです。欠陥のあるなしが判断基準になります。ただ、人は製造物じゃないですけどね。

情報公開法

行政機関と独立行政法人が持つ文書（行政文書、法人文書）の公開を求められるようにした法律です。個人情報や、公開することが国益に反する情報などは**対象外**です。

45

資金決済法

　キャッシュレス経済の進展に対応して、サーバ型前払式支払手段（スターバックスカードなど）、資金移動（LINE Payなど）、暗号資産（ビットコインの取り扱いなど）に関する定めが改訂されました。

　資金移動業者として登録すれば、銀行免許がなくても1回あたり100万円以下の為替取引ができるようになり、また暗号資産交換業は登録制になりました。

参照

・暗号資産
→　p.157

内部統制報告制度

　上場企業では財務報告の公開義務がありましたが、粉飾決算などを防止するために新たに設置された制度です。上場企業は財務報告に係る内部統制システムを構築して、内部統制報告書を提出しなければなりません。報告書は公認会計士に正当性を監査されます。

モニタリング

　コーポレートガバナンスを実現するための方法の1つです。経営者に対して、株主の利益にならないような企業経営をさせないように業務の遂行状況を監視します。株主総会でおこなう役員解任決議や、株主代表訴訟を通しておこなわれます。

用語

金融商品取引法
金融商品取引法で内部統制の評価と監査が義務づけられている。

リスクコントロールマトリクス（RCM）

　コーポレートガバナンスでは透明性が重視されます。だれが見てもわかる客観的なデータで、内部統制されていることを説明するわけです。RCMは、たくさん作られる内部統制文書の代表格で、財務報告に影響するリスクを網羅して、各々のリスクをどう管理しているかを記したものです。

1.2.4 社員の「育て方」と「働き方」

社員研修の代表的な手法2つ

　ここからは、社員の教育手法や働き方を見ていきましょう。

　入社したばかりの社員に「明日から1人でこの仕事お願

い！」と任せてもだい無理なお話です。まずは研修など
で、仕事をこなす知識やスキルを身につけてもらう必要が
ありますね。研修のやり方はおもに Off JT と OJT の2種類
が挙げられます。

Off JT（Off the Job Training）

業務から離れたところでおこなわれる教育です。研修会
や技術トレーニングなどの形をとることが多く、社外の教
育機関へ出向いて受講することもあります。汎用的、体系
的な知識・技術（業界知識や情報リテラシなど）を習得す
るのに向いています。すきま時間で受講できる e-ラーニン
グの導入も進んでいます。

OJT（On the Job Training）

教育係の下で実務をやらせながら仕事の仕方を覚えてい
く教育手法です。Off-JTの対義語として使われます。社員
研修にはどちらも必須ですが、OJTでは特に業務に関する
暗黙知を覚えられるとされています。

また、Off JT の研修参加者の業務遂行能力を向上させる
ために、とある状況を設定して、その中で役割を割りふり、
その役になりきって演技してもらう教育手法をロールプレ
イングといいます。経験のない役職の業務を理解する効果
もあります。ゲームと勘違いして「白魔術師の役をやらせ
てください」とか言い出す新人が現れるのがお約束です。

社員を大事に育てるしくみ

HRM という言葉をご存知でしょうか？
直訳すると人的資源管理（社員の能力を最大限に発揮さ
せるために、配置や待遇を考えよう！）ですが、情報処理
試験でHRMとして出題される場合は、もう少し積極的な
意味合いを持ちます。将来の経営目標を達成するために、人
材育成プランや報酬制度を戦略的に活用する持続的な取り
組みです。
ここで利用される人材育成手法や、働き方、職場環境の
デザインには次のようなものがあります。

用語

アダプティブラーニング
個人のレベルや理解度にあ
わせて学習内容を最適化す
る教育のこと。

CDP
戦略的な研修や配属によっ
て、業務能力を高めていく
手法。Career Development
Program の略。

インバスケット
未決箱のこと。まだ決済
されていない書類をたくさ
ん用意して、次々に処理さ
せることで、判断能力を培
わせる教育手法。

スペル
・HRM（human resource
management）

用語

HRテック
人事×テクノロジー。採用、
評価、人材育成などにAIや
データサイエンスを応用す
ること。

コーチング

　意欲や能力があるのに、それを引き出し結果につなげることができずにいる人材などを対象にした人材育成手法です。キーワードとしては、**質問**と**傾聴**を覚えておきましょう。深い考察によって答えが出せるような質問をして、それを注意深く聞き承認することで、自信や自発的な業務への関わり、モチベーションの高まりといった効果を得るのが狙いです。

> **用語**
>
> **MBO**
> 目標管理。Management By Objectiveの略。経営権の買い取りを表すManagement Buy Outではないので注意が必要。こちらは、従業員が自分で目標を設定して管理する人事制度のこと。

　ぼくみたいなやる気がない人のモチベを引き出してくれる手法なんですね！

　そんなことはなく、本来その人が持っている可能性に気づいてもらう、その気づきによって行動を変えていく、コーチはそのサポートする、といったことが趣旨の育成手法ですから、対象とする人に基本的な能力ややる気があることが前提となります。

　たとえば、まず基礎的な能力を養わなければならない新人研修などに導入するには不向きな手法ですから、特徴をよく理解しておきましょう。

メンタリング

　メンター（指導者、経験者）が、メンティー（育成される側の人）とペアを組み、対話を通じて自発的な気づきを促し、成長の手助けをする手法です。コーチングとの区別がしにくい（実際にそう批判されています）と思われますが、コーチングがある程度の能力を持つ人を対象にした**目的達成型**の手法であるのに対し、メンタリングは**総体的な支援**の色彩が強いです。指導員と新入社員の関係に近いと言えます。メンターは、ナビゲータ、相談員、ロールモデル、先生といった役割を担います。

タレントマネジメント

　社員の能力（タレント）を一元管理し、最適な配置をし

たり、キャリアプランのデザイン、戦略的に育成などをすることで、企業の価値を最大化する手法です。社員のモチベーション向上やメンタルケアにも効果があると言われています。

ゲーミフィケーション

育成課程に積極的に取り組んでもらうために、ゲームのしくみを応用する手法です。こまめなミッションを設定することで達成感を得やすくしたり、ミッションクリアで報酬を配布することでモチベーションを向上・持続させたりするなどの方法があります。報酬にはたとえば、ポイントやバッジがあります。ポイントがたまると何かのご褒美と交換できたり、ミッションを達成するごとにもらえるバッジで努力を可視化したり、ほかの要員とのコミュニケーションを促したりする効果があります。ほかの受講生との交流機能で、競争や対話、自慢話などを促す取り組みも知られています。

ダイバシティ

直訳すると多様性になります。たとえば、職員が日本人男子だけで構成されている職場はダイバシティが低くなります。女性や外国人の登用が進むと、ダイバシティが高まります。性別や人種の差別撤廃という観点を超えて、企業の価値や活力を最大化するためにダイバシティが必要だとの主張が力を得ています。

また、単に女性や外国人を登用しても、そのバックグラウンドが同一であれば結果としてダイバシティは低いままだとする研究もあります。育ってきた環境や職歴、雇用形態、年齢、信じる宗教などが多様になってはじめて組織や個人の力を高めることができるというわけです。

ワークライフバランス

仕事は自己実現や賃金を得る手段としてとても重要ですが、仕事を重んじるあまり激務から過労死に至ったり、抑うつなどの症状に陥ったりすることがあります。

そこまでの事態に至らなくても、家庭を犠牲にするような仕事のやり方では生活の質が高いとは言えません。そこ

用語

メンタルヘルス
こころの健康づくりのこと。情報化の進展、コミュニケーション・労働形態の変化、睡眠時間の短縮などで高ストレス社会になっており、抑うつをはじめとしてこころの健康を損ねやすい時代と言われている。これらの要因を社会や企業が取り除いたり、個人がセルフケアに努めたりすることでメンタルヘルスを推進する。

---

1 企業活動
2 経営戦略
3 システム開発
4 コンピュータのしくみ
5 ネットワークとセキュリティ
6 データベースと表計算ソフト

で、仕事と生活の調和をはかる考え方がワークライフバランスです。家庭や地域社会への関わりを通じて、生活や精神の安定や充実を得ることができると言われています。

時流に沿って変わる働き方

1.2.3項では法律について扱いましたが、「労働者」にまつわる法律もあります。そのなかでも、よく出題されるのが労働基準法。労働時間（1日8時間、週40時間まで）、休息、休暇、賃金、安全など、労働条件の最低ラインを定めた法律です。「法定労働時間を超えて労働させるには、就業規則に定めを作り、労働組合や労働者の代表と協定（36協定と呼ぶ）を結び、監督署に届ける。また割増賃金を払う」のように、細かな規定があります。

近年では仕事に対する考え方も変わり、労働者の働き方も多様化しています。労働者を保護する法律のベースは1947年に制定された労働基準法なので、必要に応じて改正されています。以下3つの働き方をおさえておきましょう。

裁量労働制

1987年の改正で労働基準法に盛りこまれた考え方です。ソフトウェア開発など毎日9～17時で働くよりも、特定の日時に集中して働くほうが効率がいいと考えられている業務については、実労働時間と関係なく××時間働いたものと見なします。

なんでもかんでも裁量労働にしていいわけではなく、研究、出版、公認会計士、弁護士、プログラミングなど適用していい職種が決まっています。

テレワーク

ITやネットワークを活用して、場所や時間に拘束されずに働く形態です。

会社に行かなくてもいいなら、通勤時間もなくなりますね！ そのぶんプライベートも充実するんじゃないですか？

用語

労働契約法
有期契約が通算5年を超えると無期契約に転換できたり、一定の条件を満たすと有期契約満了時に更新をしない、いわゆる「雇い止め」が認められなくなったりした。

用語

在宅勤務
テレワークの一種。おもに自宅からITを活用して業務をおこなう点に特徴がある。

モバイルワーク
テレワークの一種。カフェや飛行機、電車での作業を指すことが多い。

サテライトオフィス勤務
テレワークの一種。本来の自社勤務地ではないが、業務をおこなう環境が整っている場所で仕事をする。サテライトオフィスやブランチなど。手軽に使えるコワーキングスペースも増えている。

いつでもどこでも仕事ができてしまうので、メリハリをつけるのが難しいんです。たとえば、小・中学生でも「夜遅くに先生から追加の宿題が来た！」と嘆く子もいますし、上司や先生の側も「さぼっていてもわからない」と頭を抱えています。

フレックスタイム制

労働者が始業時間と就業時間を決められる制度のことです。1日8時間働く会社であれば、0時出社、8時退社などとできるわけです。しかし、好きほうだいしていいわけではなく、必ず勤務する時間帯（コアタイム）が定められているのが一般的です。

外部の人に仕事をお願いするには

企業がある仕事に人材を投入したい場合、最も一般的なのは自社の社員を起用することでしょう。ただ、システムの開発や運用をする企業は、そのとき手がけている業務によって人材が大量に必要だったり、あまり必要ではなかったりと、要求される人的資源の量に波があります。

日本では急に人を雇ったり解雇したりする雇用形態が一般的ではありません。そのため、外部企業の力を借りて、労働力を確保しようという発想が生まれます。

外部企業による労働力の提供には、請負と派遣があります。この2つは他企業の協力を得るという点で大本の部分は一緒ですが、仕事の進め方が異なるので注意が必要です。これまでの情報処理試験でもくり返し問われています。

請負は依頼先におまかせ

外部企業にある業務をしてもらう形態です。本試験のために押さえておく特徴は、指示命令系統と瑕疵担保責任が受託側企業に属している点です。

仕事をお願いして、その結果を納めてもらうわけですが、仕事の詳細部分は受託側の企業が決め、社員に指示します。「この人はこれやって」「この部品は何日までに作って」といった業務配分、日程管理を委託側が指示することはでき

用語

出向

出向元企業の社員が、出向元に籍を残しつつ出向先企業で働く形態。出向に関しては、直接言及している法律はない。

用語

瑕疵担保責任

瑕疵（欠陥）があった場合に、売主が負う責任。買主は売主に対して、一定期間内は修正や損害賠償などを請求できる。買主が瑕疵を知りながら購入した場合は請求できない。

---

1 企業活動

2 経営戦略

3 システム開発

4 コンピュータのしくみ

5 ネットワークとセキュリティ

6 データベースと表計算ソフト

ません。あくまで主体性を持った請負企業に依頼して作ってもらっているので、いろいろ口出しする権利はなく、その代わりに仕事の欠陥は請負企業が責任を持つわけです。

たとえば、請負先の社員が請負元の企業に常駐し、請負元の社員から直接業務に関する指示を受けて働いているようなケースは、偽装請負行為となり、法律で禁止されています。

なお、請負契約では、受託側が納期までに成果物を完成させて、それを納期までに委託側に納品することになります。したがって、委託側は成果物と納期を明示する義務があります。

また、下請事業者はどうしても、力関係の下位になりやすいので、下請法で保護されます。たとえば、検査は親事業者がおこない、その終了いかんにかかわらず、報酬を支払わねばなりません。

下請法

下請取引を公正化するための法律です。親事業者と下請事業者の間には力関係が存在するため、不公正な取引が生じがちです。そのため、親事業者に対して支払期日を定める義務や、返品・買い叩き・報復などの禁止事項を定め、下請事業者を保護しています。

派遣は依頼側が指揮できる

人材派遣企業に依頼して、自社に人材を派遣してもらう形態です。派遣元企業が派遣先企業に一定期間労働者を派遣し、派遣先企業の業務に従事することになります。次ページの自社と人材派遣企業、派遣労働者の三角関係が試験で頻出です。

人材派遣企業が労働力をプールしていて、特定の期間だけ労働力を必要としている企業（派遣先企業）に派遣するのがポイントです。労働力の効率的な活用ができます。

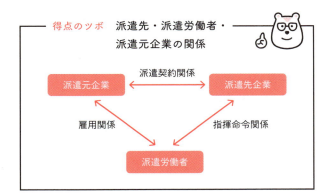

　請負と派遣の違いがやっぱりよくわかりません！

　請負はその会社に「おまかせ」するんですよ。できあがったものに対してお金を払って納品してもらいますが、それを作ったりやったりする途中経過には口出ししちゃいけません。
　一方、派遣は派遣先企業が派遣労働者に指揮命令することができます。ですが、人を派遣してもらっているだけで、成果物を生み出す責任は派遣先企業にあります。あくまで仕事の責任は派遣先であることに注意しましょう。製品が未完成に終わっても、派遣元に文句は言えません。
　派遣契約に関するルールは、労働者派遣法や職業安定法で定められています。問われがちな項目は次のとおりです。

──── 得点のツボ　派遣契約のポイント ────
・派遣される人材は指定**できない**
・派遣期間は原則として最長**3年**
・派遣されてきた人をさらに別会社に派遣する**二重派遣**の禁止

「請負でプログラムを作った！」著作権はどうなる？

のちほどくわしく説明する「著作権」と絡んできますが、会社の業務で作成したプログラムは特別に定めない限り、会社に著作権が帰属します。これは、業務プログラムの著作権が個人に帰属すると、変更したい場合などにいちいちその個人に許諾をとるなどの手続きが発生するためです。

それでは、請負契約で作成したプログラムの著作権はどこに帰属するでしょうか？ 基本的には、著作権は作成した主体に帰属するため、**受託側**の会社が著作権を保有することになります。しかし、プログラムを使うのは**委託側**であるため、この場合もいちいち使用や変更の許諾をとる必要が出てきてしまいます。そのため、請負契約を結ぶ際に著作権を**委託側**に帰属させる条項を盛りこむのが一般的です（盛りこまないとえらいことになります）。

> 参照
> ・著作権
> → p.80

♛ 重要用語ランキング

① 請負と派遣 → p.51

② 労働基準法 → p.50

③ コンプライアンス → p.44

④ PDCA → p.41

⑤ ITガバナンス → p.38

用語を理解できているかおさらいしよう！

試験問題を解いてみよう

✏ 問題1　令和3年度　問49

ITガバナンスに関する次の記述中のaに入れる、最も適切な字句はどれか。

　　　a　　　は、現在及び将来のITの利用についての評価とIT利用が事業の目的に合致することを確実にする役割がある。

ア　株主　　　イ　監査人　　　ウ　経営者　　　エ　情報システム責任者

解説1

　コーポレートガバナンスやITガバナンスは、経営戦略やIT戦略を実行するために会社をきちんとコントロールすることです。会社をコントロールする責任は「経営者」にあります。「ITだから、情報システム責任者かな？」と飛びつかないでください。

　また、ガバナンスをきかせた結果、株主の利益が増大することはありますが、株主がコントロールをするわけでもありません。

答：**ウ**

✏ 問題2　令和3年度　問12

労働者派遣に関する記述a～cのうち、適切なものだけを全て挙げたものはどれか。

a　派遣契約の種類によらず、派遣労働者の選任は派遣先が行う。

b　派遣労働者であった者を、派遣元との雇用期間が終了後、派遣先が雇用してもよい。

c　派遣労働者の給与を派遣先が支払う。

ア　a　　　イ　a、b　　　ウ　b　　　エ　b、c

解説2

a：これは派遣元がおこないます。派遣先企業は派遣元企業に対して、「この人」というご指名はできません。

b：雇用期間が終わっているので問題ありません。ちなみに派遣の最長期間は原則3年です。

c：これはいけません。雇用関係があるのは、派遣元企業と派遣労働者です。

答：**ウ**

---

1 企業活動

2 経営戦略

3 システム開発

4 コンピュータのしくみ

5 ネットワークとセキュリティ

6 データベースと表計算ソフト

1.3 あたらしい必須科目「データサイエンスと AI」

学習日

出題頻度 ★★★★☆

　データサイエンスは大学で準必修扱いになるほど重要性が増しています。配点も大きくなっているので、各種データの扱い方、正確な可視化の方法、データ分析のツールや統計をおさえて、ここを得点源にしていきましょう。

1.3.1 「データ活用」が社会の中核に！

データが今注目されているワケ

　データを持つことは「チカラ」に直結します。敵の配置を知っていれば、桶狭間のように寡兵でも多数に勝てるかもしれません。昔から、軍でも商人でも政治家でも、チカラを得ようとする者はデータを集めてきましたし、意図的でなくても集まったデータにはチカラがありました。
　その名残はことわざにも見ることができます。天気のことわざで有名な「朝焼けは雨、夕焼けは晴れ」は、膨大な知見（データ）の蓄積による未来予測、と言えるでしょう。

データは昔から活用されてきたんですね！　でも、今になって注目されているのはなぜですか？

　それは情報システムの発達によるものです。
　データは大量に収集し分析すればするほど、より正解に近い知見を導く可能性が高まります。しかし、このようなビッグデータの活用には大きな問題が2つありました。

①大量のデータを現実的な時間・コストで集めるのが難しい
②大量のデータを分析する人員・時間がない

この状況を劇的に変えたのが、IoTとAIです。どちらも<u>人手を介さない</u>ことが最大の特徴で、IoTはインターネットに接続されたセンサがいままで取得できなかった密度と頻度で膨大なデータを生み続けます。また、人手により分析の細かな手順を示さなくても、AIの自動学習により知見を導き出すことができるようになったのです。

ビックデータの活用とIoT、AI…これらが<u>第4次産業革命</u>の中核だと言われています。

人間が頭を使わなければならない場面も

IoTによりさらに膨大なデータを取得する筋道もつき、AIがそれをある程度自動化して知見を導き出す状況が作られた今、データへの期待が非常に高まっています。医療・交通・観光・生産・販売など、あらゆる分野で、

「データを活用してもっと儲けよう」
「もっと顧客満足をあげよう」

というニーズが高まっているわけです。データ主導社会、データ主導経済なんて言い方もあるほど。また、近年では<u>データサイエンス</u>という言葉も普及しました。データを軸に人の役に立つ知見を導く技法や取組の総称です。

でも、データ活用はIoTやAIに全部おまかせすればいいんですよね？

そうは問屋がおろしません。ある程度IoTやAIがデータの取得や分析を自動化してくれるとしても、IoTやAIの新しい技術を生み出したり、より正確なデータ分析技術を生み出したりするのは、今のところ人間の役目です。

参照

・IoT
→ p.142
・AI
→ p.70
・第4次産業革命
→ p.146

用語

データ駆動型社会
データの価値が増大し、データが新しいビジネスやライフスタイルを生み出す社会のこと。たとえば、野球界では根性論にしたがうとゴロを転がすべき、という考えだったが、データ分析によればフライを打ち上げたほうが出塁率が高いことがわかった、など。

また、AIは分析結果を示してくれますが、なぜそうなるのかは示してくれません。それを知りたい場合、現時点では人間が頭を悩ませなければならないのです。
　そこで、こうした分野を扱う学問であるデータサイエンスや、データサイエンスを専門とする<u>データサイエンティスト</u>に注目と期待が集まっています。データサイエンスを専門とする学部や学科も新設されました。小学校などの初等教育にもデータサイエンス的な要素が盛りこまれます。データサイエンティストは「21世紀で最も魅力的な仕事」と言う人もいるほどです。
　また、データを活用するときは、データサイエンスの限界も意識しましょう。たとえば、今のデータで「結果を出せる経営者を選ぼう」と思ったら、「白人男性がいい」と解答される可能性は高そうです。でも、それは白人男性が理想的な経営者の資質を持っているからではなく、人種差別や性差別の結果として白人男性にしか世界に影響力を与えるような仕事ができていないからかもしれません。すでにあるデータから知見を導いていることは、よく理解しておく必要があります。

どんどん変わる「ビッグデータ」の定義

　ちなみにさきほど登場した「ビックデータ」ですが、ちょっと注意が必要な用語です。
　先進的な企業や利用者は、常に「今の技術でふつうに扱えるデータより、もっと大きなデータ」を使って、より良いサービスやシステムを作ろうとしています。つまり、技術の進歩によって、ビッグデータの意味は今後も変わり続けると考えてください。また、文脈によっては、データ処理の仕方も含めてビッグデータと呼ばれます。

得点のツボ　「今」のビッグデータの意味

・従来のシステムでは処理が難しいサイズのデータ
・リアルタイム性を持った処理ができる
・形式が異なる非構造化データを扱える

用語

エンタープライズサーチ
情報爆発により、企業内でさえ情報の管理や把握がし切れていないため、企業内情報を検索するエンタープライズサーチの導入が進んでいる。

1.3.2 データの種類と可視化

データはどんなものがある？

データサイエンスやAIが扱うデータは多岐にわたります。では、どんなデータを用意すればいいでしょうか？

構造化データと非構造化データ

従来の考え方では、情報システムが取り扱うデータは構造化されている必要がありました。データ同士のつながりがわかるように整理されているから、効率的にまちがいなくデータを処理できるわけです。

しかし、センサなどでたくさんのデータを生成するようになり、また情報システムに社会が依存するようになると「整理して構造化しなくていいからすぐに知見がほしい！」という需要が高まりました。情報機器もそれに応えられるほど性能が向上しています。

また、動画や音声データの比率が増し、従来のデータベースの枠に囚われずにデータを操作するNoSQLと呼ばれる新しいタイプのデータベースも台頭しました。その結果、多種多様な非構造化データが演算の対象となり、その便利さを実感してさらにセンサを設置するといった循環が起こっています。今後もデータは質量ともに増え続けるでしょう。

機械のログと人の行動ログ

いまビジネスや行政、研究の現場で取り扱われているデータには、おもなものだけでも調査データ、実験データ、機械のログ、人の行動ログ、などがあります。

機械のログは情報処理技術者試験を受けている方はおなじみかもしれません。通信の履歴やOSへのログイン履歴など、その機械が動いた足跡を示すものです。

参照

・センサ
→ p.144

用語

NoSQL
関係データベース以外のデータベースの総称。一貫性や汎用性を制限することで、特定用途で高い性能を発揮する。検索エンジンにも使われる。NoSQLの分類として、KVS（キーバリュー型）、ドキュメント指向、グラフ指向などが挙げられる。

KVS
保存対象のデータとその識別子（キー）をセットにして扱う。

ドキュメント指向DB
まさにドキュメントを保存できる。構造化の度合いがゆるく柔軟で、アプリから利用しやすい性質を持つ。

そんなモノ集めて、何に使うんですか？

たとえば「自社のシステムは今の性能や容量で足りているのかな」といった意思決定、まちがいがあったときのやり直し、不正の検出・故障を発見するためにふだんの状況を知っておくなど、さまざまな使われかたをします。

人の行動ログは、まさにこれらを人に置き換えたものです。どこで電車に乗り、どこでお金を下ろし、どこで何を食べたのか、今や大量の監視カメラやPOSシステムが人の行動を記録しています。みんなが持ち歩いているスマホは、機能的には「優秀な盗聴器」であるとも言えます。録画も録音も思いのままで、充電は持ち主がしてくれますし、取得したデータを送信する手段にも事欠きません。

データの利活用ではもちろんこれらを良いことに使います。より快適にショッピングができる棚の配置の提案や、その人にあわせたピンポイントなお得情報の配信などです。しかし、一歩まちがえれば、監視国家のような社会も作れてしまう点には注意しましょう。

量的データと質的データ

意味のある単位がつき、計測可能なものを**量的データ（定量的データ）**、計測する性質がないものを**質的データ（定性的データ）**と呼びます。具体的には以下のようなものが代表的です。

- ・量的データ：時刻や速度、質量など
- ・質的データ：血液型や満足度、会話など

現在はどちらかと言えば量的データを用いた知見が重用される傾向にあります。数値で結果が出せますから、客観的でだれが見ても納得できる結論に思えるからです。AIも量的データのほうが処理は得意です。

しかし、世の中には量的データに変換できないたくさんの質的データがあります。それらを無視してしまうとせっかくの知見が得られなくなる可能性もあるでしょう。

また、量的データだったらなんでもいいわけではなく、そもそもデータの取得方法や解釈がまちがっていたら正しい知見は得られません。

参照

・デジタルフォレンジックス
→ p.398

1次データと2次データ

1次データとは、出来事を直接記録したものです。統計や日記、事故の目撃情報などが典型例です。

それに対して、だれかが1次データを取捨選択して、見やすくしたり目的に合致した説明をおこなったりしたものが**2次データ**です。百科事典や何かを説明した書籍などが該当するでしょう。

何かを調べるときには1次データを使えと習うことがあります。たしかに、2次データはそれをまとめた人によってバイアスがかかっていることもありますし、引用ミスもあるかもしれません。しかし、1次データがどんな場合にも万能なわけではありません。偉人の日記は貴重な1次データですが、勘違いやウソを書いているかもしれません。戦争中の軍の記録（1次データです）なども、あてにならないのです。

1次データを使いこなせる力を身につけることはもちろんですが、時と場合に応じて適切なデータを選択できるスキルを磨きましょう。

メタデータ

端的にいうと、データを説明するデータです。たとえば、Webページを記述するHTMLはメタデータを含んでいます。

＜title＞合格の記録＜/title＞

こう書かれたHTML文書は、それぞれ、

- 本文：「合格の記録」
- メタデータ：＜title＞（タグと呼ばれる部分）

となります。「『合格の記録』はタイトル（title）ですよ」ということを表しています。

人の目で見てもパッとわかりやすいですし、文書を読んで表示するブラウザも判断できますから、タイトルバーに「合格の記録」と表示されます。

用語

オープンデータ
だれでも無償で使え、二次利用のルールが確立していて、かつコンピュータでの自動判読に適したデータのこと。国及び地方公共団体はオープンデータに取り組むことが義務づけられている。

参照

・HTML
→ p.346

---

1 企業活動

2 経営戦略

3 システム開発

4 コンピュータのしくみ

5 ネットワークとセキュリティ

6 データベースと表計算ソフト

データ分析の前に

目的に合ったデータを集めてきたので、さっそく分析しましょう！

ちょっと待ってください！　データは、集めてきてすぐに分析にかけられるものばかりではありません。

たとえば、AIに学習させて、ウサギとシマウマを見分けられる分類器を作るとします。学習用の画像データは、クローラと呼ばれる巡回プログラムを書けばいくらでも集められますが、中にはウサギじゃない画像や、シマウマだけれどもぬいぐるみの画像が混じっているかもしれません。

こうしたノイズを取り除いたり、画像サイズを統一したり、分析しやすい形に整えることを前処理といいます。データの欠損やまちがいを手当てするのも前処理です。

参照
・クローラ
→ p.156

アイスを我慢すれば水難事故は減る？

AとBが連動しているように見えることを相関関係といいます。一方、AだからBになる、BがAを起こす、といった関係は因果関係です。

ここで注意してほしいのは、相関関係があるからといって、必ずしも因果関係があるわけではない、ということです。たとえば、アイスの消費量と水難事故数は相関関係にあります。でも、これが因果関係だと思ってしまい、

参照
・相関関係
→ p.65

アイスを我慢すれば、溺れる人が減るんですね！

と考えてしまうのはトンチンカンな結論でしょう。これは疑似相関といって、「暑さ」という第三の因子があります。「暑いから、アイスを食べる」、「暑いから、水遊びをして事故に遭う」のであって、アイスと水難事故の間に因果関係はありません。

この点はAIを利用するときも、気をつける必要があります。一般的にAIは相関関係を見つけるのが得意ですが、そこに因果関係があるかを判断するのはまだ人間の仕事です。先の例で「アイスをやめればいいんだ！」と飛びつくと、まちがった知見を導いてしまうことがあります。

グラフや図を鵜呑みにしない！

　エビデンス（証拠）を重視して、数値やグラフで自説を証明したり、補強したりすることが一般化しました。それ自体は良いことと思われますが、数値やグラフになっていればなんでも信用するのは危険です。
　たとえば、次のグラフAとBは同じデータから作っています。

　じつはメモリをいじって細工しているんです。私がXさんならグラフAを見せて優秀なふりをしますし、ZさんならグラフBを発表してXさんやYさんとたいして差がないふりをします。
　グラフや図解は見せ方1つでどうにでも印象を操作できるので、過信しすぎないように注意してください。
　また、データサイエンスを駆使しても、扱うデータの専門領域の知識は必要です。データが発生する現場を見て、「こんなふうにデータを取っているんだ。だからこんな特性や偏りがあるかもしれない」と知ることも大事です。

それらの理解がないと、いくら美しいモデルで分析しても誤った結果を導いてしまう可能性があります。

データを「見える化」する7つのツール

問題の解決や意思決定をするためには、正確なデータを集め、わかりやすい形で示す必要があります。

「**QC7つ道具**」は、もともとは工場製品の品質を向上させるためのツールでしたが、データの分析や問題解決に広く応用できます。

スペル

・QC (Quality Control)

パレート図

データの件数を表す棒グラフと、データの累積比率を表す折れ線グラフを組みあわせたものです。「何が重点管理項目か」をわかりやすく表現できます。

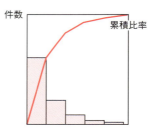

たとえば、故障原因をパレート図にすると、どの原因を集中的に対策しないといけないかがひと目でわかります。パレート分析（ABC分析）をするのに使われます。

ABC分析とは、累積比率70％までをA群、90％までをB群、100％までをC群などと分けて、「A群は何とかしないとまずいだろう」などと導く方法です。

特性要因図

原因と結果をわかりやすく表すためのグラフで、両者が矢印によって結ばれます。その見た目から、**フィッシュボーン図**（魚の骨）といわれることもあります。

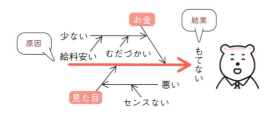

散布図

2つのものごとの関係を表すためのグラフです。関係は3つに分けることができます。

正の相関　　　負の相関　　　相関がない

得点のツボ　相関関係

- **正の相関**：a↑b↑という関係
  例）勉強時間が増えると、成績が上がる
- **負の相関**：a↑b↓という関係
  例）気温が上がると、コタツが売れなくなる
- **相関がない**
  例）平均身長が伸びても、竹の子は伸びない

ヒストグラム

どの段階にどのくらいの人やものが存在しているかを、視覚的に表現するグラフです。「ある階級に属するデータの個数（**頻度**）」や

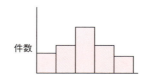

件数

「データのばらつきの度合い（**分散**）」がわかるのですが、何といっても学校の成績がこれで返ってきたいやな記憶が思い起こされます。

データからヒストグラムを作成した場合に、中央の度数が最も個数が多く、左右の度数へ広がるごとに個数が減っていく分布を**正規分布**といいます。

チェックシート

作業忘れを防ぐための確認表です。作業が完了するごとに、マークを記入して

おでかけチェック	
ハンカチ	✓
おさいふ	
携帯用シャワートイレ	✓

用語

ヒートマップ
データの可視化手法の1つ。暑いところを赤、涼しいところを青といったように色分けするが、必ずしも暑さとは関係ない図にも適用できる。タッチパネルでよく指が通るところを赤くするとか。

いくことで、うっかりミスを減らせます。

層別

グラフではなく、データを属性ごとに分けましょう、という考え方です。データの特徴をつかみやすくなります。

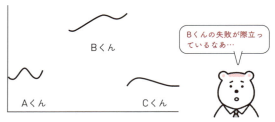

失敗率を人ごとに層別してみた

管理図

データの中から、「こりゃ、まずい！」という部分を早期発見するためのグラフです。管理対象によってx̄管理図とR管理図を使い分けます。

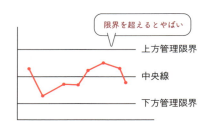

得点のツボ　管理図
・x̄管理図：**平均**を管理する
・R管理図：**ばらつき**を管理する

ポートフォリオ図

QC7つ道具ではないですが、よく使われるので紹介しておきます。ポートフォリオ図は、ある評価軸における何かの位置づけと、その大きさを同時に表現できるグラフです。たとえば、図ではシアトル系カフェが市場成長率、市場占有率がともに高い一大勢力を築いていることがわかります。

ひと言

x̄管理図は、エックス・バー管理図と読む。

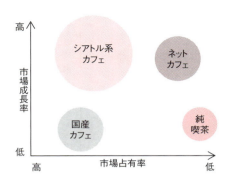

1.3.3 基本的な統計手法

データが持つ特徴を知るには

人を表現するときに、「あの人は背が高いよ」とか「口がくさいよ」とか言うと思います。特徴を伝えているわけです。それと同じでデータを表すときも、データの特徴を伝えたいんです。それが**基本統計量**。平均値などおなじみのものから標準偏差まで、さまざまな基本統計量があります。

平均値

「平均値」というときは、一般的には算術平均を意味します。「10点＋8点＋6点＝24点、24点÷3＝8点だから、あの3人の平均点は8点だ」などとやるわけです。

あるデータの代表的な値のことを**代表値**といい、平均値、中央値、最大値などがありますが、そのなかでもことのほか有名なのが平均値です。ただ、**外れ値**（異常値）に弱いことを覚えておきましょう。「100点＋3点＋2点＝105点、105点÷3＝35点。ほほぅ、あの3人の平均点は35点か」と考えると、あんまり実態を反映していません。

中央値（メジアン）

データを大きさ順に並べたときの、真ん中の値です。さきほどの「100点、3点、2点」の例だと**3点**が中央値になります。平均値は外れ値の影響を受けやすい特徴がありましたが、中央値は影響を受けにくいのが売りです。これを**頑健性**といいます。

> **ひと言**
> この例では外れ値の影響を受けている。データが少ないと外れ値の影響を受けやすくなるので、少しのデータでものごとを判断するのは危険。

最頻値（モード）

データのなかで一番たくさん出てくる値のことです。これも頑健性が高い値です。日本人の年収の最頻値は、平均値よりだいぶ低くなるのが哀しいところです。きっと、少数のすごいお金もち（外れ値）がいるのでしょう。平均値は外れ値に引きずられて、高い値になってしまうのですが、最頻値は外れ値の影響をあまり受けず、実態に即した低い年収を示します。

標準偏差

データのばらつきの度合いを示す値です。値が大きいほどデータがちらばっています。0だと全然ばらついていない（みんな同じデータ）ことになります。

データのばらつきを表すシンプルな値に分散がありますが、分散は各データの値と平均値の差を二乗して求めるため、元のデータと単位が異なってしまいます。そこで分散の平方根をとったのが標準偏差です。

標準偏差が10、データの平均値が50であるように調整して、各データがどの場所にいるのかを表した値が偏差値です。平均点の上下やみんなの点数のばらつきに関係なく、全体のどのへんに位置するのかがわかるので、成績を表示するのによく使われていますよね。

データマイニング

従来の統計は、貴重なデータ（少ないサンプル）から有効な知見を導くことが目的でした。しかし、膨大なデータが使えるようになった今、大量の非構造化データを分析して、それまで知られていなかった特徴や傾向や傾向を発見するデータマイニングが注目されています。後述の機械学習の発展も、データマイニングに大きく寄与しました。出題されうるデータマイニングのツールや手法を紹介します。

連関規則

「データマイニングといえば、これだ！」的な超有名分析手法です。膨大なデータの中から、

用語

仮説検定
ある仮説が正しいかどうか確かめること。

有意水準
どのくらいの確からしさで、ある仮説が偶然ではないと判断するか。有意水準未満の偶然発生したとは考えにくい（意味がありそうな）ことを「有意である」という。ここから、「誤差ではなく、意味のある差」を有意差と呼ぶ。

第1種の過誤
誤差なのに「有意差がある」と考えてしまうこと。αエラーともいう。

第2種の過誤
有意差があるのに「誤差だ」と考えてしまうこと。βエラーともいう。

用語

テキストマイニング
文章を対象として、データマイニングをすること。もしくはそのための手法。

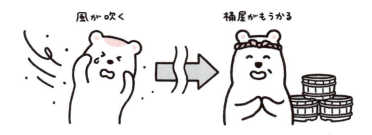

といったルールを見つけていって、商売の役に立てようとします。

この場合、必ずしも逆は成立しないことに注意してください。「桶屋が儲かったのは風が吹いたからだ」という関係は成立しません。順序があるんですね。連関規則は順序が大事！　なのです。

それから、見つかったルールは、必ず役に立つというものではないことも知っておきましょう。これはデータマイニング全般にいえることで、もちろん連関規則にもあてはまります。

たとえば、データマイニングソフトで連関規則を探すと、「どうも、トイレのあとには手を洗う人が多いみたいなんですよ！」といったことを誇らしげに報告してきます。そんなことはわかりきってるわけですが、重要かどうかの判断はしてくれません。

ディシジョンツリー

<u>決定木分析</u>ともいいます。意思決定の支援ツールですが、データマイニングのツールとしても使われます。膨大なデータの中から、どのような選択肢を選んだ人がどのような結末に至ったかを書き出せば、将来予測ができるようになります。

データウェアハウス（DWH）

業務で発生する膨大なデータを保管しておくシステムです。時系列に格納され、削除されません。DWHが持つデータに対してデータマイニングをするわけです。

用語

回帰分析
複数のデータ間に相関関係がありそうなときに、そのデータを直線や曲線で近似してそこから関係式（回帰式）を得る分析手法。夜食回数と体重とか。

主成分分析
ある現象を説明する変数がたくさんあるとき、それを集約する手法。5教科の成績をいちいち分析するのは大変だが、総合成績という主成分を作るとラクになる。

69

BI

データベースやDWHからデータを取得し、データマイニングをするシステムです。その結果をわかりやすく可視化することまで含んでいます。近年ではBIツールとしてパッケージ化されていて、意思決定などに利用されています。

1.3.4 | AI

人工知能ははたして万能なのか？

AI（人工知能）は、SF小説などではずっと以前からおなじみの概念でした。しかし、2010年代に入って急速に期待が高まったAIは少し毛色が違っています。

従来研究されていたAIは、人の精神活動を代替し、意識が宿ったり、問題の認識と解決をしたり、推論をしたりするものでした。

しかし、近年言われているAIは、もっと限定的な範囲の中で、与えられた課題に対して近似解を導くような性質のものです。たとえば、チェスや将棋、囲碁で人間に勝ったAIは、地球温暖化の解決には役立ちません。

そこで、両者を区別するために、前者を強いAI、後者を弱いAIなどと呼んでいます。現在日常生活の中に浸透しているAIは、弱いAIのことだと考えてください。

スペル

・AI（Artificial Intelligence）

そのため、弱いAIは1990年代によく言われたエキスパートシステムと変わらない、といった意見もあります。当時のエキスパートシステムと違う点は、推論を構成するエンジン部分を人間の技術者がすべて作りこんでいるか、機

用語

エキスパートシステム
人間の専門家の思考を模倣するシステム。1990年代に話題になったが、情報解析のための膨大なルール群を作りこむのが大変だった。

械学習（後述）などによってAI自体が自動的におこなっているかにあると言えます。

AIの得意と不得意を知る

AIは長足の進歩を遂げたものの、さきほどお伝えしたように現時点ではまだまだ発展途上で、もともと考えられていた「人工知能」（汎用的だったり、感情をともなったり）の水準には達していません。局所的な分野しか対象にしておらず、得意不得意もはっきりしています。

得点のツボ　AIの得意と不得意

AIが得意なことは、
・大量のデータを元に推論を導くこと
・数値化されたデータで、かっちりした条件の
　もとに結果を予測すること
・画像や音声の分析　…など

AIが不得意なことは、
・データが少なく合理的な推論ができない状況
　下で何か判断をする
・複数の分野にまたがる仕事
・文章の文脈の把握　…など

このように、AIは決して万能ではないので、適材適所で活用することが大事なのです。

あくまで「人間中心」の活用を念頭に！

データを自動分析して活用することは私たちの生活を豊かで楽しいものにしてくれるでしょう。しかし、よい面だけを持つ技術は存在しません。

自動車は便利な道具ですが、交通事故で怪我をする人は後を絶ちませんね。AIもそうです。たとえば、オンラインショッピングで買うかどうかまだ迷っているのに「これまでの行動から、この人はこの商品を必ず買う」と判断され、

知らないうちに配達がはじまっていたらどうでしょう。

勝手に決めるな！ って思います

　自分で悩んだ結果やっぱりそれを買うことに決めたとしても、すばやく届いたとしても、違和感が残りそうですよね。内閣府が公表した「人間中心のAI社会原則」はこうした世界で生活するためのガイドラインです。

人間中心の原則	AIは人間の能力や創造性を拡大する
教育・リテラシーの原則	AI弱者を生まないよう、教育に取り入れる
プライバシー確保の原則	個人データやそれを活用したAIは個人の自由や尊厳を侵害しない
セキュリティ確保の原則	AI利用のリスクを正しく評価し、リスク低減に取り組む
公正競争確保の原則	特定の国にAIを集中させない。データ収集や主権の侵害をしない
公平性、説明責任、及び透明性の原則	AIによる人種、性別、思想信条などの差別をしない
イノベーションの原則	Society5.0を実現し、人も進化する。国際化、多様化、産官学民連携を推進する

　AIは仮説検証、知識発見、原因究明、計画策定、判断支援、活動代替などの分野で力を発揮しますが、それは人間を幸せにしたり、人の能力を拡げたりすることに使うべきもの。人間の自由や可能性を奪わないように、AIやそれを取り巻く制度を作ることが大事です。

AIで扱う情報にご注意を

　ゆくゆくはAIの発展によって、

「この人の余命はあとどれくらいか」
「こういうメールを出したら、この人はすぐに物を買いそうだ」

用語

AI利活用ガイドライン
「人間中心のAI社会原則」を受けて、総務省が策定したガイドライン。AIをどう使えば社会がよくなるか、具体的な原則を挙げて利活用を促している。

などを個人データから推測できてしまうかもしれません。知らないところで自分の人生にまつわる意思決定がおこなわれたり、意思決定を操られたりしないために個人情報保護は重要です。

参照
・個人情報保護
→ p.84

個人情報をいっさい使わせなければいいんですね！

　ところが、個人データの活用は悪いことばかりではありません。社会をもっと便利に、楽しくすることにも使えます。たとえば、より良い金融のしくみや交通網を構築したり、感染症を予防したりすることができるでしょう。
　「守りたいけれど、使いたい」個人データをめぐる悩ましい状況を解決するために考えられたのが、**匿名加工情報**です。
　個人データのうち、特定の個人を識別できる情報を加工し、個人に結びつかないデータにします。法律に沿って作られていれば、本人の同意がなくても企業間でデータをやり取りできるのです。
　企業からすると、漏洩のリスクにさらされたり、本人に同意を取り付ける負担をなくせたりするため、データを活用できる幅が広がります。個人の立場では、自分だとわかる情報は削られているので、安心してデータを提供できるようになります。

AIの判断を適切に利用するには？

　この匿名加工情報で、活用が進まなかったデータも使われやすくなり、社会が活性化してイノベーションが起こったりするかもしれません。
　ただし、AIによる判断を過信しすぎてはいけません。さきほど説明したように、人間の知能を代替するような**汎用AI**はまだ実用化されていません。今流通しているものは特定分野のみに力を発揮する**特化型AI**であることに注意しましょう。
　1.3.1項でも解説しましたが、特化型AIにしても、投入

1 企業活動
2 経営戦略
3 システム開発
4 コンピュータのしくみ
5 ネットワークとセキュリティ
6 データベースと表計算ソフト

73

されるデータ自体に問題があれば、容易に偏った（バイアスのかかった）判断を下してしまいます。たとえば、差別にもとづいてずっと白人を採用し続けてきたデータから学んだAIが、やはり白人を優先的に採用してしまうケースがありえます。

1.3.5 AIで使われる技術

AI技術は大きくわけて2種類ある

これまでのAI研究の歴史で、ルールを軸にAIを作るのが主流の時代がありました。たとえば専門家も、

・ここ3回分の模試の平均点は7点か
・勉強するよりゲームに時間を割いてるんだね？
・試験日まであと6日だ

などのルールに基づいて「ちょっと志望校の水準を落としてみようか」などと意思決定をしています。これをコンピュータに移植してAIを実現しようとしたのが**ルールベース型AI**です。

結論を導くまでのロジックが明快であるのが利点ですが、ルールを記述するのがたいへんすぎること、ルールにない状況に対応できないことが欠点です。

一方、情報システムが**自動的に**学習し、アルゴリズムを洗練させるしくみが**機械学習**です（くわしい仕組みは次項で解説します）。

あわせて、AI技術の基礎用語として覚えておきたいのが**特徴量**。理解したい対象の特徴を数値化したものです。たとえば、人間の場合であれば、170cm、60kgなどが特徴量になります。データ分析をおこなう場合（特にAIを使う分析）は、対象にまつわる情報が特徴量として数値化されている必要があります。

分析で難しいのは「どの特徴量を用いるべきか」の判断です。この取捨選択を自動的におこなう**機械学習**が発展したことで、AIは長足の進歩を遂げました。

機械学習の代表的な分類

さきほど解説したように、情報システムの機能を強化・更新するためには、従来プログラミングなど人手の介入が不可欠でした。

しかし、機械学習ではデータを投入して、有用な知見を発見すると、それを覚えてアルゴリズムを修正します。修正されたアルゴリズムでデータを分析して結果を出し、理想値と比較します。精度が高まっていればそのアルゴリズム変更を採用し、低くなっていれば捨てます。こうしてシステムはそのデータについて学習していきます。

このような反復的な学習をしていくと、どんどんアルゴリズムが高度化し、高い確度で将来を予測できるようなシステムができあがることがあります。

機械学習は期待の高さゆえに頻出ですので、代表的な分類をおさえておきましょう。

教師あり学習

機械学習の方法の1つで、正解を与えて学習させます。たとえば画像認識で、「これはオカピだよ」とお手本になる膨大な量の写真を見せると、どんな特徴があればオカピなのかを学習していきます。

教師なし学習

これも機械学習の方法の1つです。正解がない状態でデータを与え、そのなかから法則性や傾向などを学習させます。画像認識の例で言えば、犬という分類を発見するかもしれませんし、まったく別の分類方法を発見してくるかもしれません。

お手本を示す教師あり学習のほうが効率的じゃないですか？

教師あり学習は、そのお手本を作るのが大変なんです。この写真はオカピ、こっちはシマウマ…と10万枚にタグをつ

けるところを想像してみてください。それぞれ、一長一短なのです。

強化学習

　試行錯誤を通じて、望ましい行動を学んでいく手法です。キーワードは**報酬の最大化**で、たまたま良い結果（報酬）が出たときの行動をまたくり返し（強化し）ます。たとえば、未就学児も褒められたくて（報酬）、1人でできたお着替えをまたがんばったり（強化）するのと同じイメージです。

　未知の状況にも対応できますが、学習がうまくいかないときに原因がわからないこともあります。

得点のツボ　機械学習の代表例

機械学習は、システム自身が自動的にアルゴリズムを洗練させるしくみ！
代表的な学習方法は以下の3つ

教師あり学習	正解がある状態でデータから学んでいく。効率がいい
教師なし学習	正解がわかっていないような分野にも適用できる。新しい法則を発見するかも
強化学習	試行錯誤によって、報酬を最大化する行動を自ら見つける。報酬をうまく設定できれば適用範囲が広い

ほかにも次の関連用語をおさえておきましょう。

ディープラーニング

　機械学習の方法としてよく知られたニューラルネットワークの層構造を、4層以上に多層化したものです。高い学習能力があり、画像認識や自然言語翻訳の精度を飛躍的に高めました。現在では、さまざまなシステムで利用されています。

用語

バックプロパゲーション
ディープラーニングで使われる学習アルゴリズム。誤差逆伝播法。誤差を小さくする＝学習すること。効率よく誤差を最小化する。

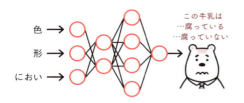

ニューラルネットワーク

<u>人間の脳</u>をモデル化してシミュレーションしたしくみです。ある入力に対して出力するニューロンを結合し、どんな入力に対して何を出力するかを調整（学習）していくことで、問題解決能力を持たせます。

♛ 重要用語ランキング

① <u>機械学習</u> → p.75

② <u>AI</u> → p.70

③ <u>基本統計量</u> → p.67

④ <u>ビッグデータ</u> → p.58

⑤ <u>管理図</u> → p.66

試験問題を解いてみよう

🖊 問題1　令和2年度　問4

コンビニエンスストアを全国にチェーン展開するA社では、過去10年間にわたる各店舗の詳細な販売データが本部に蓄積されている。これらの販売データと、過去10年間の気象データ、及び各店舗近隣のイベント情報との関係を分析して、気象条件、イベント情報と商品の販売量との関連性を把握し、1週間先までの天気予報とイベント情報から店舗ごとの販売予想をより高い精度で行うシステムを構築したい。このとき活用する技術として、最も適切なものはどれか。

ア　IoTを用いたセンサなどからの自動データ収集技術
イ　仮想空間で現実のような体験を感じることができる仮想現実技術
ウ　ディープラーニングなどのAI技術
エ　表計算ソフトを用いて統計分析などを行う技術

解説1

ア　データはすでにあるので、さらに収集しなくてOKです。
イ　予測がしたいだけなので、その結果をリッチなVRで表現しなくても大丈夫です。
ウ　正答です。大量のデータを背景に予測するのは得意です。
エ　従来型の統計分析は、少ないデータから特徴量を抽出することに主眼が置かれています。また表計算ソフトはあまり大量のデータを扱うことを想定していません。

答：ウ

🖊 問題2　令和3年度　問21

ABC分析の事例として、適切なものはどれか。

ア　顧客の消費行動を、時代、年齢、世代の三つの観点から分析する。
イ　自社の商品を、売上高の高い順に三つのグループに分類して分析する。
ウ　マーケティング環境を、顧客、競合、自社の三つの観点から分析する。
エ　リピート顧客を、最新購買日、購買頻度、購買金額の三つの観点から分析する。

解説2

ABC分析は「すごく大事なもの（A）」「ふつうのもの（B）」「割とどうでもいいもの（C）」の3グループに分けて「Aだけは欠品しないようにする」など、経営に役立てる分析手法です。グループ間の分け方を決める補助ツールにパレート図があります。

答：イ

1.4 社会人ならおさえたいルール

学習日

出題頻度 ★★★★★

それだけはやっちゃだめだろう、というのはどの仕事にもあります。社会環境の変化や権利意識の高まりによって、「やっちゃまずいこと」が質的にも量的にも増えてる昨今。安全に業務を進めるために、体系的に把握することが求められています。

1.4.1 知的財産権

許されるコピーと許されないコピー

「コピーできるものは、コピーして使いたい」これは自然な発想です。一般的にオリジナルよりはコピーのほうが安いので、限りあるお金を大切にしたい立場としては、コピー品を使いたくなります。

特にコンピュータのソフトやコンテンツのようなデジタルデータは、コピーにかかるコストがゼロに近く、しかもコピーの際につきものの内容の劣化がありません。利用者にとってはいいことずくめです。しかし…

コピーした映画をみんなで共有すれば、お金をかけずにすみますね！

…このような安易なコピーは、ソフトやコンテンツを作ることで収入を得ている人たちの収入源を断ってしまいます。収入が得られないとなれば、ソフトやコンテンツを作る仕事から手を引く人や企業が出て、ソフトウェア産業全体の衰退につながっていくかもしれません。

企業活動 1
経営戦略 2
システム開発 3
コンピュータのしくみ 4
ネットワークとセキュリティ 5
データベースと表計算ソフト 6

作り手の権利を保護する

　そのため「かなり、かんたんにコピーできるもの」を作っている人たちの権利を守ろうとする動きがあります。それ自体はかなりさかのぼることができ、古くは文学や音楽を対象にしたものでした。

　その後、発明やコンピュータのソフトウェアなどへと保護対象が広がって、現在では図のように体系化されています。

　全体をひっくるめて<u>知的財産権</u>といいますが、その中で大きくは<u>著作権</u>と<u>産業財産権</u>に分かれています。

　<u>著作権</u>はその名のとおり著作物（文学、音楽、美術など）に関する権利で、氏名を記載する氏名表示権や、内容を勝手に変えちゃダメよ、という同一性保持権からなる<u>著作者人格権</u>と、複製権、演奏権、公衆送信権からなる<u>著作財産権</u>にさらに分類されています。

得点のツボ　著作権のポイント
- 著作権は登録や出願をしなくても、著作物を作ったときに**自動的に発生**する
- でも、著作者が亡くなると**70年**で権利喪失
- 著作者人格権は売買・譲渡不能
- 業務で作ったプログラムは、特に契約がないかぎり、会社に著作権が帰属する
- 統計データに著作権はない

ひと言

コピーを禁じる技術であるコピープロテクトの無効化を禁じているのも、著作権法。

あわせて、著作物の引用方法もおさえておきましょう。

――― 得点のツボ　著作物引用時のポイント ―――
- 「 」書きや字下げなどで、自分で書いた文章と区別
- 出典（タイトルや作者名）を明記
- 引用する正当な理由がある

コンピュータのプログラム、ソフトウェア、マニュアルもこの著作権によって保護されています。でも、プログラミング言語やアルゴリズムは保護対象ではないので注意が必要です。

画像や音楽についても、Webサイトなどで公開する場合には著作権に抵触しないよう、配慮する必要があります。

発明やデザインは別の分類になってる

知的財産権には発明やデザインに関する権利も含まれていて、これらは著作権とは別に**産業財産権**という権利に分類されています。

発明にしろデザインにしろ、やっぱりコピーされやすい性質のものなので、作った人を保護しなくちゃという部分は一緒なのですが、登録しないと権利が発生しないところが著作権と違います。

先に発明していたのに、登録は先を越されちゃった！　というときはどうなるんですか？

この登録は**先願主義**になっているので、先に発明しても登録が遅れると自分の権利が発生しません。日本では特許庁に申請します。

参照
- アルゴリズム
  → p.252

用語

パブリシティ権
著名人などはその名前や写真が経済的な価値を持つので、それを第三者に勝手に使われないための権利。

DRM
適切な著作権管理をするためにコピーなどを制限する技術。Digital Right Managementの略。

得点のツボ　産業財産権

特許権	発明（自然法則を利用した高度な技術的創作）を保護するもの。保護期間は20年だよ！
実用新案権	特許と似ているが、「高度じゃなくてもいい」ことが違う
意匠権	工業製品の形状やデザインを保護する権利
商標権	トレードマークを保護する。商標が似ているということで、スターバックスがエクセルシオールを訴えたりした。商品ではなくサービスにつけるとサービスマーク（役務商標）

ひと言

これらの産業財産権にも権利の保護期間がある。特許権は20年、実用新案権は10年、意匠権は25年、商標権は10年。ただし、商標権は更新し続けることで、権利を永続させられる。

用語

ビジネスモデル特許
ビジネスの方法、つまり儲けるためのしくみに新規性と技術的特徴がある場合、特許法の保護対象になる。IT技術の普及で一時期多くの申請があり、注目された。

フリーソフトってほんとにタダなの？

著作者が著作財産権を行使しない、すなわちタダで配っているソフトがあります。タダほど高いものはないと言いますが、何か落とし穴はないのでしょうか？

フリーソフト

ほんとにタダ。夢のようです。作った人が慈愛の心に満ちていたり、利益より名誉や知名度がほしかったり、「もう少し機能がほしいな」と思ったら有料版ソフトが待ちかまえている場合などに提供されます。ただし、著作権を放棄したわけではないため、勝手な改変・再配布はNGです。

一方、フリーソフトウェアは、コピーや改変などに対してほとんど制限のないソフトのことで、それをもとに派生ソフトを作って独占的に使用することなどができます。

フリーソフト（無償のソフト）と、フリーソフトウェア（自由なソフト）はごっちゃに扱われることも、厳密に区別して使い分けることもあるので注意しましょう。情報処理試験では、フリーソフトは無償の意味で問われます。

シェアウェア

基本的にはネットワーク上で流通する安価なソフトウェアで、無料で試用でき、試用期間後も使いたい場合は料金を請求される形式が一般的です。ネットワーク上での決済

手段が豊富になったことで増加しました。

パブリックドメインソフトウェア

　著作権を放棄したソフトです。なんせ放棄しているので、著作者以外の人が改変して、再配布をすることすら可能です。ただし、日本の法体系では、著作者人格権は放棄できません。

オープンソースソフトウェア（OSS）

　ソースコードを公開して、解析や派生ソフトウェアの作成を認めたソフトウェアのことです。

得点のツボ　OSSのポイント

・ソースコードの公開
・再配布の制限の禁止
・無保証
・派生ソフトウェアの許容
・著作権の保持
・有償配布のオープンソースもある
・有名どころは頻出なので、覚えておこう

OS	Linux（リナックス）、Android（アンドロイド）
Web サーバ	Apache（アパッチ）
ブラウザ	Firefox（ファイヤーフォックス）
メールソフト	Thunderbird（サンダーバード）
データベース	MySQL（マイエスキューエル）、PostgreSQL（ポストグレスキューエル）

　さきほど説明したフリーソフトウェアと似ているのですが、オープンソースの場合は「派生ソフトにも同じ原則（ソースコードの公開など）」を求めている点が異なります。
　オープンソースはソフトウェアの動作（不具合など）を自分で解析できること、自社業務にあわせた改良なども可能なことなどから、普及が進んでいます。

用語

プロプライエタリソフトウェア
オープンソースソフトウェアの対義語。ベンダがソースコードを独占する形態で、Windows などが該当する。

ライセンスの形態

　無償でないソフトウェアについては、そのソフトウェアを開発したベンダからライセンス（使用許諾）を受けて、ソフトウェアを使用しなければなりません。同一のソフトを企業で大量に使うケースなどでは、ボリュームライセンスやサイトライセンスなどを利用します。最近は月ごとや年ごとに使用料を払うサブスクリプション型のライセンスも増えています。

ボリュームライセンス	大量購入割引。シリアルキーなどの形でライセンスを許諾する
サイトライセンス	大量購入割引の1つ。その会社や学校の中では使いほうだい
クロスライセンス	特許を持つもの同士が、互いに特許を許諾しあい、お互いの技術を利用すること。コストの低減や積極的な外部技術導入の効果がある
アクティベーション	ソフトウェアを使えるよう有効化すること。不正コピー防止のための認証を伴う
サブスクリプション	定期購読型の利用形態。ソフトウェアやコンテンツの販売に利用される

1.4.2 　個人情報保護

個人情報ってなんでしょうね

　最近やたらと個人情報保護の話が出てきます。ポイントカードを作ろうとしても「…個人情報は、次の用途以外には使用しないことを誓約…」みたいな、暴力的な長さの文言を記した書類にサインするように言われます。そもそも個人情報って、何でしょう？

> **得点のツボ　個人情報とは？**
> 個人についての情報で、その情報の中身や、別の情報との照合により、「あの人のことだ」とわかるもの

84

基本的な定義はこれだけです。たとえば、氏名、生年月日、性別、電話番号や、カルテや成績表、映像や音声、ネットショップの購入履歴だって個人情報となります。

ただ、保護されるのは「生存している個人」となっているので、私が死んだ場合は電話番号が無断で公開されても文句を言えないことになります。まあ、死人は文句を言いませんけれども。

特に、近年はIT化により情報の収集・分析が極めてかんたんになっているので、なんらかの歯止めをかける必要があります。たとえば、ネットショップでの購入履歴から趣味嗜好などが推測され、際限なくダイレクトメールが送られてくるかもしれません。架空請求などの詐欺に遭う可能性もあります。そのため、個人情報を収集して業務をする企業にモラルが求められるようになってきたのです。

個人情報の取り扱いにはご注意を

プライバシー保護意識のさらなる高まりを背景に作られた法律が、**個人情報保護法**です。

この法律は、基本的にOECD（経済協力機構）が定めたプライバシーガイドラインの8原則に則っています。

①収集制限の原則（同意を得る）
②データ内容の原則（データを正確で最新に保つ）
③目的明確化の原則（収集目的を明確にする）
④利用制限の原則（同意した目的にのみ使う）
⑤安全保護の原則（データを安全に保護する）
⑥公開の原則（運用方法を公開する）
⑦個人参加の原則（データの修正や消去に応じる）
⑧責任の原則（情報収集者は責任を負う）

個人情報を有する事業者は**個人情報取扱事業者**と呼ばれ、この原則を守る義務が生じますが、これらは民間事業者の規定であることに注意しましょう。「官公庁は個人情報取扱事業者？」というひっかけがきます。

ほかにも個人情報の取り扱いについて、次がよく問われます。

用語

個人識別符号
個人を特定できる番号や生体情報のこと。具体的には指紋や顔認証の情報、運転免許証の番号など。

ひと言

個人情報を業務委託で別会社に提供する場合、目的達成の範囲であれば本人の同意はいらない（委託先は第三者ではない）。そのとき委託元は、委託先が個人情報を適切に管理するよう監督する。

---

1 企業活動
2 経営戦略
3 システム開発
4 コンピュータのしくみ
5 ネットワークとセキュリティ
6 データベースと表計算ソフト

> **得点のツボ** 個人情報を第三者に提供するときは
>
> 本人の同意なしでの第三者への提供は認められていないが、下記の場合はOK
> ・法令に基づく（警察からの照会など）
> ・人の生命や財産の保護のために使う
> ・官公庁などが業務を遂行するのに協力する

　個人情報保護法などの制定は、もともとは個人の権利を守りつつ、個人情報を有効活用することが目的です。しかし、過剰な措置により個人情報が使いにくくなっているともいわれています。

要配慮個人情報

　政治信条・病歴・犯罪歴などの情報をさします。本人の許可なく取得したり、第三者に渡したりしてはいけません。

JIS Q 15001

　個人情報を保護するためのマネジメントシステムが、組織内にきちんと成立しているかどうかを認証するものです。PDCAサイクルが確立しているかを評価され、認証を取得するとプライバシーマークの使用が認可されます。

> **ひと言**
>
> 報道、著述、学術、宗教、政治の活動は、個人情報保護法の適用を除外されている。

> **ひと言**
>
> プライバシーマークの審査と認証をする機関は、日本情報経済社会推進協会（JIPDEC）。

1.4.3 セキュリティ法規

加害者にも被害者にもならないように

> 仲の悪い子のコンピュータから情報を盗んでやろうと思うんです。形がないから窃盗になりませんよね？

　それは「不正アクセス禁止法」違反ですね。情報は形がなくても、ちゃんと保護できるようにルールがあります。ト

ラブルを起こさないように、あるいはトラブルが起きても対応できるように、情報セキュリティ法規を知っておきましょう。

不正アクセス禁止法

正当な権限がない人がネットワークを介して、他者のコンピュータにアクセスしようとする行為や、その助長行為を禁止します。助長行為とは、IDやパスワードを第三者に提供するような行為です。ただ、処罰されるのは故意に不正アクセスをした場合のみで、過失は対象外です。

得点のツボ　不正アクセス禁止法のポイント
・アクセス管理しているコンピュータが対象
・セキュリティホールをついたり、不正なパスワードを入力したり、フィッシング、他人のID・パスワードの不正取得もダメ
・実害がなくても、不正アクセスしたら捕まる

ひと言

アクセス管理者はアクセス制御が有効なものになるよう努力しなければならない。

プロバイダ責任制限法

インターネットの掲示板やSNSでプライバシーを侵害されることが常態化しています。個人情報が晒されてしまったような場合、個人の努力でこれを消去・拡散防止することはほぼ不可能です。

そこで、プロバイダ（ISP）やWebサイトの管理者に情報発信者の氏名・住所の開示や、侵害情報の削除を求められるようにしたのが**プロバイダ責任制限法**です。このような名前がついているのは、侵害情報の掲載による個人の損害、削除による情報発信者の損害に対して、プロバイダには賠償責任がないと定めたからです。もちろん、プロバイダ自身が侵害情報を流通させたり、流通を知っていて放置したりする、などのケースは除きます。

ただし、開示請求をすれば必ず発信者情報が開示されるわけではありません。プロバイダはまず発信者に侵害情報の削除や発信者情報の開示について照会し、その結果をふまえてプロバイダが判断します。

参照

・SNS
→ p.138

サイバーセキュリティ基本法

インターネット上でのセキュリティについて、行政の責務と基本的施策を定めた法律です。政府はサイバーセキュリティの基本方針を定め、行政機関と重要社会基盤事業者のセキュリティを確保し、その他の関連施策を総合的に進めます。教育機関は人材の育成に努め、国民はセキュリティへの理解を高める努力が求められています。

電磁的記録不正作出及び供用

事務処理を誤らせることを目的として、権限もないのに（あるいは権限を乱用して）うそのデータや不正なデータを作ることを処罰するものです。自分の給与を水増ししようと試みるようなデータ改ざんがこれにあたります。実際に不当な利益を得ると、後述の電子計算機使用詐欺罪も関わってきます。

電子計算機損壊等業務妨害

情報システムは重要な社会インフラですが、それゆえに攻撃することで、業務を妨害できてしまいます。そこで、情報システムを害する行為を取り締まるために、この法律が作られました。

「損壊」とあるとおり、情報システムを物理的に壊したり、ディスクの内容を消去したりすることを想定していますが、情報システムに虚偽の情報や不正な指令を与えることも、この法律で処罰されます。

> **得点のツボ　2つの犯罪の違い**
> ・電磁的記録不正作出及び供用：
> 　虚偽データを**作る**
> ・電子計算機損壊等業務妨害：
> 　虚偽データを**入力する**

電子計算機使用詐欺罪

コンピュータにウソのデータや不正なデータを入力して、不当な利益を得ることを罰するものです。具体的には、不正に入手したキャッシュカードにより、他人の口座からお

金を送金するなどの行為です。これには窃盗罪を当てはめることができないので、新しい罪が作られたと考えてください。不正キャッシュカードで現金を引き出したりすると、窃盗罪が成立します。

不正指令電磁的記録に関する罪（ウイルス作成罪）

マルウェアの作成・配布・収集は刑法で禁止されており、処罰されます。しかし、バグなどで意図せずマルウェアのような挙動をしてしまった場合は対象外となります。

「どんな手を使っても売る！」を取り締まる

企業の社会的責任や法令遵守（コンプライアンス）に注目が集まる中で業務を進めるためにも、関連法規についてよく知っておく必要があります。

不正競争防止法

競争相手の企業に対して黒い噂を流したり、他社製品の複製品を作って売るなどの不正競争を取り締まる法律です。営業秘密（トレードシークレット）の不正取得も罰せられます。意外なところでは、ほかの企業や商品と似たドメイン名を使って不当に利益を得たり、他社に損害を与えたりすることも違反行為です。

得点のツボ　営業秘密とは

①秘密として管理されている
②営業上有益である
③常識の類としてみんなが知っているものではない

特定商取引法

訪問販売や通信販売を規制する法律ですが、ネット販売も同様なので注意します。ネット販売では特に表示がない限り、8日間は返品可能なことを理解しておきましょう。

ひと言

この辺の区分けはなかなか微妙。たとえば、他人のキャッシュカードを使うのは電子計算機使用詐欺罪っぽいが、じつは窃盗罪が成立する。

特定電子メール法

広告メールを規制する法律です。オプトインであること、送信者の氏名・名称を明示すること、偽造メールアドレスからの送信禁止、架空アドレス（実在のアドレスを探す目的）への送信禁止などを定めています。国外から送信されたメールも規制の対象になります。

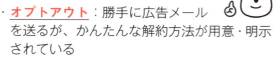

— 得点のツボ　オプトアウト・オプトイン —
- **オプトアウト**：勝手に広告メールを送るが、かんたんな解約方法が用意・明示されている
- **オプトイン**　：利用者が承諾したときだけ、広告メールを送れる

ひと言

悪質な広告メールでは、解約することで「実在するメールアドレス」と確認され、さらに広告メールが来ることもある。

1.4.4 標準化

標準化はどうやって進める？

どこのメーカの電球やネジを買ってきても、すっぽり家の家具におさまるのは、じつに気持ちのいいものです。あたりまえのように考えていますが、各メーカがサイズや性能をあわせているから享受できる利便性で、これを**標準化**といいます。

標準化ってだれが決めるんですか？　ぼくが「明日から電球はこの規格に変更！」って言えば標準化されませんか？

用語

フォーラム標準
民間企業や個人などが集まってフォーラムを形成し、そこで作られた標準規格のこと。

デジュール標準
国が関わるような標準化団体がつくる。

デファクト標準
市場での競争の結果、標準になる。

そんなことをすればもちろん混乱してしまいますので、標準規約を決めるには、みんなが話しあわなければなりません。話し合いは業界団体でおこなわれることもあれば、世界的に標準化を推進することを目的とした**標準化機関**でおこなわれることもあります。

得点のツボ　標準化をおこなう団体の有名どころ

ISO（国際標準化機構）	標準化機関の親玉
IEEE（電気電子技術者学会）	米国の標準化機関
ITU（国際電気通信連合）	国連の標準化機関
W3C（WWWコンソーシアム）	ウェブで使われる技術の標準化を推進
JSA（日本規格協会）	国内の工業規格の標準化機関。ここが定めるのが、日本工業規格（JIS）

標準化機関はずいぶんありますが、製品やサービスのグローバル化が進んでいるため、いろいろな標準が互いを参照していることもあります。JISで定められた規格がISOに沿っている場合などです。海外と国内の標準が一致することで、製品を作りやすく、また使いやすくするわけです。

JANコード

身近な例をいくつか見てみましょう。たとえば商品についているバーコードです。バーコードは数字やアルファベットを線分で表現し、簡易なリーダで読みとれるようにしたものですが、コンビニごとに違うバーコードが使われているという話は聞きません。どんなふうに線を作るかが標準化されているからです。

標準化された変換方法はいくつもありますが、日本で使われているのはJISで定められたJANコードがほとんどです。

このコードは0〜9の数字のみを線分に変換する規約で、8桁と13桁の2種類から選べます。13桁が標準タイプで、8桁は短縮タイプと呼ばれます。どちらを選択しても、メーカーコード、商品アイテムコード、チェックディジットの3種類の情報が内部に含まれます。

用語

IEC
国際電気標準会議のこと。著名な国際標準化機関。電気分野ではISOと合同委員会を作っているので、ISO/IECとセットで出てくる。

用語

ISBN
国際標準図書番号。世界的に使われる書籍を特定するための13桁の番号。旧規格では10桁だったが、番号枯渇で拡張した。もちろん本書にもついている。

チェックディジット
検査記号のことで、読みとりエラーを検出するもの。たとえば本来のコードが12桁なら、その12桁の数値から一定の法則で算出した数字を末尾につけて、13桁のコードとして扱う。

QRコード

バーコードをベースにもっと多くの情報が格納できるよう工夫されたのが二次元コードで、QRコードはその一種です。漢字やバイナリデータを含むデータを高速に読みとることができ、急速に普及しました。切り出しシンボルがついているため、どの方向からでも読みとれます。

用語

バイナリデータ
文字以外で構成されたデータのこと。プログラムや画像、音声データなどが該当する。

テキストデータ
文字だけで構成されたデータのこと。

ISO9000、14000、27000

ISOが定めた標準規格で、よく出てくる用語です。

特定の目的を実現するために、計画、構築、運用、監査するPDCAサイクルがちゃんと作られたかチェックして認証するための規格です。国内においては、JISQ9000、JISQ14000、JISQ27000として規格化されています。

得点のツボ　特定の目的とは？

ISO9000	品質管理のマネジメントシステムを作る
ISO14000	環境管理のマネジメントシステムを作る
ISO20000	ITサービスのマネジメントシステムを作る
ISO27000	セキュリティ管理のマネジメントシステムを作る

用語

JIS Z 26000 (ISO26000)
社会的責任に関する手引き。社会的責任の原則、社会やステークホルダーとの関係などが書かれている。中核主題として取り扱われているのは組織統治、人権、労働慣行、環境、公正な事業慣行、消費者課題、コミュニティへの参画及びコミュニティの発展。

IEEE802.11

IEEEも通信分野などでよく取り上げられる標準化機関です。特にIEEE802委員会はLANの標準化をおこなうため、身近なところで見かける機会が多いのではないでしょうか。

無線LANの802.11a、11g、11n、11acといったところは、そのものずばりでこの委員会の名前がついている規格です。異なるメーカの無線ルータや無線LAN子機を購入してもうまくつながるのは、この委員会が定めた規格に沿って製品が作られているためです。

参照
・無線LAN
→　p.317

デファクトスタンダード

　特定の企業やグループが作った技術（つまり全然標準でないもの）が広く普及した結果、事実上の標準になることがあります。これをデファクトスタンダードと呼びます。たとえば、Microsoft社のOffice製品なんかがあてはまりますね。

　デファクトスタンダードを標準化機関が認証し、国際規格などにすることもあります。

👑 重要用語ランキング

① OSS →　p.83

② 不正アクセス禁止法 →　p.87

③ 知的財産権 →　p.80

④ JANコード →　p.91

⑤ 個人情報保護法 →　p.85

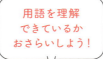

用語を理解できているかおさらいしよう！

試 験 問 題 を 解 い て み よ う

問題1　令和元年度秋期　問27

取得した個人情報の管理に関する行為a〜cのうち、個人情報保護法において、本人に通知又は公表が必要となるものだけを全て挙げたものはどれか。

a　個人情報の入力業務の委託先の変更
b　個人情報の利用目的の合理的な範囲での変更
c　利用しなくなった個人情報の削除

ア　a　　イ　a、b　　ウ　b　　エ　b、c

解説1

個人情報保護法 第18条第3項で、「利用目的を変更した場合は、変更された利用目的について、本人に通知し、又は公表しなければならない」と定められています。委託先の変更や、個人情報の削除について、1つひとつ通知する必要はありません。

答：**ウ**

問題2　令和3年度　問7

著作権法によって保護の対象と成り得るものだけを、全て挙げたものはどれか。

a　インターネットに公開されたフリーソフトウェア
b　データベースの操作マニュアル
c　プログラム言語
d　プログラムのアルゴリズム

ア　a、b　　イ　a、d　　ウ　b、c　　エ　c、d

解説2

プログラム言語やアルゴリズム、プロトコルは著作権保護の対象にはなりません。表現をかえれば、それ以外は保護対象です。ひょっとしたら「フリーソフトウェア（a）は保護から外れるかな？」と考えた方がいるかもしれませんが、この場合でも著作者人格権は守られています。

答：**ア**

コラム | どんな勉強法がいいの？

　私は逆立ちしながらテキストを読みますね。頭に血流が集中して、クリアな思考が楽しめるんです（嘘です）。

　電子書籍版で、画面片側を書籍に、もう片側をポチポチ系のソシャゲにして、同時進行します。息抜きと勉強が擬似マルチタスクで動いて、少しだけ勉強の苦痛度が減るんです（ほんとです。ただし、効果には個人差があります）。

　私は資格マニアで、だいぶ試験勉強をしましたので、ほかにもいろいろ試しました。効果があったところでは、大量のカフェインを摂取する、あえて寝不足の状態に自分を追いこみ背水の陣を敷く、あたりが浮かびます。

過去問は手堅い

　ただ、これらは万人におすすめできる、正しい処方箋ではありません。カフェインの摂りすぎはよくないらしいですし。

　努力がムダにならない、という点でまちがいなくおすすめできるのは、過去問演習です。情報処理試験は過去問の使い回し（ITパスポートはちょっと違いますけれども）が多いぞ、というのは、のちほどくわしくお話しますが、シラバスに準拠して丁寧に作られ、厳正な審査プロセスをくぐり抜けて出題される問題だけに、異なる問題であっても風味が似ているのです。だから、過去問で問題の味に慣れておくことがダイレクトに得点力につながります。

勉強の順序は？

　あなたが生まれたての子羊のように穢れのない状態なのであれば、テキストの通読からはじめるのがいいでしょう。1章だけを何冊分も読むのではなく、まずは本書を、とにかく最後まで読み通してみてください。章の順番どおりでなくてもかまいません。試験範囲をひととおり眺めることで、はじめて見える景色があります。

　知識に自信があったり、実践経験があったりする場合は、問題集に取り組んでみて、まちがったところだけリファレンス的にテキストを読む方法も使えます。この場合、効率はいいのですが、思わぬところで知識の漏れが生じないように、テキストの目次だけでも眺めておきたいところです。

アウトプットを重視しよう

　勉強が進むとさらに知識量を増やしたくなって、ものすごく精深な知識を狩猟しはじめたりするひとがいます。すばらしいことではあるのですが、こと試験の合格という目標に限っていうと、そのための時間と労力をそろそろ問題演習などのアウトプットに向けたほうが、合格の可能性が高まります。知識を得るのはある種の快楽ですが、限られた勉強時間を考えるとやめ時も肝心です。知識漏れが気になるかもしれませんが、そもそも情報処理試験は100点を目指す試験ではありません。特に試験直前期は、あまり重箱の隅をつつくような知識を増やしすぎないほうがいいです。

ぼくは、準備体操としてフルマラソンを走ってから勉強しています

　運動すると頭が冴えるという人はたしかにいますが、へとへとにならないでくださいね。あと、本試験前日は勉強よりも寝ることが大事です。

2章 経営戦略

ストラテジ

2章の学習ポイント

組織を動かすには「戦略」が必要だ

2章では、他社と比べたときの自社の強み／弱みなど、会社内外の現状を中心に学習します。

会社の強みや弱みなんて、社長さんが知っていればいいことじゃないですか？

いち担当者でも経営的な視点を持とう、などと言われる時代ですからね。その是非はともかくとして、会社の現状がわかるとITのチカラをより効率的に使えますし、仕事も楽しくなります。

自社の現状分析

いま会社はどんな状況にあるのか、お客さんとの関係はどうなのか。担当者の勘ではなく、定量的にとらえて把握していく方法を知りましょう。

マーケティングとMOT

一番の人を真似ればいいのか、あえて違うことをやって目立つのか。自社を打ち出していくための方法はいろいろあります。体系化された「企業の戦い方」を学びましょう。

ITと社会

GPSやキャッシュレス決済で、道に迷うことや小銭の計算で苦労することはなくなりました。ITが産業にどんな影響を与えているか、学習していきます。

企業のシステム

企業が使うシステムは家庭向けのアプリとはちょっと違います。企業ならではのシステムの考え方やシステム開発を発注する流れについて理解を深めます。

2.1 会社の現状を分析しよう

学習日

出題頻度 ★★★☆☆

　どんな仕事でも自己分析をして方針を決め、それを実行していかなければなりません。占いよりは確度の高い自己分析や将来予測ができるツールを活用しましょう。

2.1.1 「自社」のこと、ちゃんとわかっていますか？

ツールを使って客観視することが大事

自分のことは自分が一番よくわかっていますよ！

　とは言いますが、意外とわかっていないものですよね。明らかにやせすぎているのにダイエットにすべてを捧げている人や、まちがいなく単位が危ないのにコミケに出かけている学生さんはたくさんいます。
　体重は体重計で測れますが、企業が自社のことを知るには、もうちょっと別なツールが必要です。会社の仕事でも、自社を取り巻く環境を正しく認識し、自社の強みや弱みを理解していくわけです。
　そのため、いろいろな分析ツールが用意されていて、あまりコストや労力をかけずに、正確な結論を導き出せるように工夫されています。

SWOT分析
(スウォット)

変わった名前ですが、次の4つの単語の略語です。

- **S**trength ：強み
- **W**eakness ：弱み
- **O**pportunity ：機会
- **T**hreat ：脅威

自社の強み、弱みが何なのか（内部要因）、自社を取り巻く機会と脅威（外部要因）はどんな感じかを組みあわせて、対策を考える手法です。

経営環境が厳しくなる中で、「選択と集中」といったように、自社の強みに特化した経営が迫られている企業も多いですが、「そもそもウチって何が強みだっけ？」と自分を見失ったときに役に立つツールです。

得点のツボ　SWOT分析

- **機会**に関しては、強みを活かし、弱みをカバー
- **脅威**に関しては、強みの被害を最小化し、弱みからは撤退するのもあり！
- 強みと弱みは、**内部要因**、機会と脅威は、**外部要因**

用語

VRIO分析
自社経営資源の強みを分析する手法。V（価値）、R（稀少性）、I（模倣可能性）、O（組織）を切り口にポジショニングする。

3C分析

3Cとは、Customer（顧客）、Competitor（競合）、Company（自社）のことで、これらに焦点をあてて分析します。おもにマーケティング分野で使われる分析ツールです。

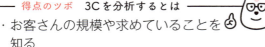

―― 得点のツボ　3Cを分析するとは ――
・お客さんの規模や求めていることを知る
・ライバル会社の戦略や資源、業績を知る
・自分の会社の資源、業績を知る

本試験対策として、「3C分析の目的は重要成功要因（CSF/KSF）の発見」と覚えておきましょう。

また、各種の分析ツールは排他的な関係にあるのではなく、お互いに補完して使います。たとえば、3C分析で導かれた結果をもとにSWOT分析をしますし、3C分析で顧客の動向を知るためにインタビューやアンケートがおこなわれます。3C分析をした結果、取り得る経営戦略としては、1. 選択、2. 差別化、3. 集中が知られています。

参照
・重要成功要因
→ p.103

PPM

これも情報処理試験の定番出題項目で、プロダクト・ポートフォリオ・マネジメントの略です。

市場成長率と市場占有率のマトリックスから、自社製品は他社製品と比較すると、どのポジションにいて、今後どうしていけばいいかがわかるしくみになっています。

市場成長率↑		
	問題児	花形製品
	負け犬	金のなる木

→ 市場占有率

用語

ビジネスモデルキャンバス
ビジネスモデルを可視化する手法。顧客セグメント、価値提案、チャネル、顧客との関係、収益の流れ、主要リソース、主要活動、主要パートナー、コスト構造を切り口にビジネスモデルを明らかにする。

技術ポートフォリオ
PPMと考え方は同じ。ある技術がどんなポジションにあるのかを重要度と保有水準で表し、どう活用するかを決める。

```
┌─── 得点のツボ　PPMの用語 ───┐
・花形製品　：まだまだ儲かる！
　　　　　　　今のまま突撃！
・問題児　　：儲かりそうだが競争激化！　お
　　　　　　　金の突っこみどころ！
・金のなる木：成長は見込めないが、お金をか
　　　　　　　けずにざっくり収穫！
・負け犬　　：こりゃダメだ！　傷口が広がら
　　　　　　　ないうちに撤退！
└─────────────────────────┘
```

ほとんどの企業は複数の製品を扱っていますが、経営資源をどの製品に配分するかは一律ではありません。負け犬の製品にお金をかけ続けてもムダになる確率が高いです。

> ぼくは問題児って言われているんですけど…

問題児でも手厚くサポートすれば花形になる可能性があります。その組み合わせ（ポートフォリオ）を決定するための情報を与えてくれるのが、PPMです。

ビジョンを達成できているか評価しよう

大学でも授業評価アンケートなどが導入され、学生さんの視点で授業がどう思われているかチェックされるようになりました。自分がいいと思っていても、視点が違うと全然ダメかもしれないわけです。

企業も従来のように、「財務状態さえよければ優良企業」とは言えなくなってきました。そこで、いろいろな視点で企業を評価しようとするのが、バランススコアカード（BSC）です。

バランススコアカードでは、①財務、②顧客、③業務プロセス、④学習と成長の4つの視点を持ちます。

CSF（重要成功要因）

バランススコアカードとセットで出てきて、企業のビジョンと戦略を実現するために、4つの視点について何が大きく寄与するかを表します。たとえば、

・顧客の視点　→　そりゃ顧客満足度でしょ
・財務の視点　→　費用対効果かなあ

といった具合です。
　こうすることで、「ビジョンの達成には顧客満足度と費用対効果を向上させればいい」と明確化でき、具体的な目標も設定しやすくなります。つまり、バランススコアカードで分析した事柄から、具体的な達成項目を作っていくのがCSFです。

スペル
・CSF（Critical Success Factors）

KPI（重要業績評価指標）

仕事の進捗状況を定量的に示すもので、営業件数、出席日数などが該当します。

スペル
・KPI（Key Performance Indicator）

KGI（重要目標達成指標）

仕事の達成度を定量的に示すもので、成約件数、単位取得などが該当します。

スペル
・KGI（Key Goal Indicator）

> **得点のツボ　指標まとめ**
> - 最終的に達成すべきゴール（**KGI**）
>   - →KGI達成に必要な要因（**CSF**）
>   - →CSFの進捗度合い（**KPI**）
>
> - ITパスで6割以上の点数を取って合格！（**KGI**）
>   - →ITパスの用語を覚える、試験問題に慣れる…など（**CSF**）
>   - →1日1節ずつ合格教本を読む、模擬テストで6割以上をとる（**KPI**）
> …という感じ

2.1.2 お金を使うなら強みか、弱みか

自社の強みを中心に手を広げていく

　経営戦略には、「いろいろな仕事に手を出しておいたほうがリスクを分散できるぞ」という考え方もありますし、「不得手な仕事を抱えても、効率が悪いだけだよ」という考え方もあります。

　1つ言えるのは、**コアコンピタンス**（中核競争力）を軸に業務を組み立てていくのがまちがいない、ということです。コアコンピタンスとは、その企業ならではの製品とか、他社に真似できない技術を指します。多角化するにしても、コアコンピタンスに関連する仕事を手がけていきましょう。

弱みを補うなら、他社と協力するという手も

　とはいえ人生の常で、得意じゃない仕事もしないといけないときがありますが、その場合は他社にやってもらう、という奥の手があります。

得点のツボ 他社との協力関係

アウトソーシング	業務の一部をほかの企業に請け負ってもらう。まかせる範囲が大きくなるとBPOという
アライアンス	業務提携。身近なところでは、航空会社同士でよく見かける
OEM	他社で製造されたものを購入し、自社ブランドで売る
フランチャイズチェーン	商品や経営手法などを提供して、外部加盟者に店舗展開させる

スペル

・OEM（Original Equipment Manufacturer）

ほかにもこんな協力関係があります。あわせて覚えておきましょう。

オフショア

海外に業務を委託することです。基本的に自国内で委託する場合より、低コストで同内容の業務を依頼できる国が選ばれます。

ジョイントベンチャ

複数の企業が共同で起こす合弁事業です。業務提携よりも強固に連携でき、買収・合併ほど大変ではない利点があります。

ファブレス

ファブーレス（fabrication facility less）の略なので、「工場がないぞ！」といった感じです。工場がないのにメーカーを名乗るとはどういうことかと思いますが、デザインや開発はするけど、製造は他社に委託することで実現します。iPhoneの部品製造と組立はほとんどがアジアの企業でおこなわれているので、アップル社をファブレスと呼ぶこともできます。大きな自社工場も持っていますが。

水平分業と垂直統合

OSだけとか、CPUだけとかいった具合に、製品分野ご

とに作り手が異なる事業モデルを**水平分業**と呼びます。たとえば、CPU をインテルが作り、OS（Windows）をマイクロソフトが作るウィンテルモデルが一例です。

　一方で、研究〜企画〜開発〜販売〜運用〜保守〜廃棄といった一連の仕事をまとめておこなってしまう事業モデルもあり、**垂直統合**と呼んでいます。これで成功しているのがアップルで、自社で OS もデバイスも流通も手がけることで、製品や利用者体験の完成度を高め、競争力を上げています。

ベンチマーキング

　企業の活動を改善するやり方の 1 つです。ベンチマークとは指標のことで、発想の根幹は、「うまくいっている他社のまねっこをしよう！」です。この「うまくいっている他社の事例」を**ベストプラクティス**と呼び、本書にもいろいろなところで出てきます。

　それぞれ抱えている事情の違いなどがありますので、「ほかでうまくいったから自分の会社でもうまくいく」ほど単純なものではありませんが、なるべく応用がききそうなベストプラクティスを抽出することや、自社に適した形でそれを導入する工夫をすることで、かなりの成果を上げることができます。改善手法を自社で 1 から考えるより、早くて安上がりです。

「株」を使って、強固な体制を敷く

M&A

　Mergers and Acquisitions ですから、「**合併と買収**」の意味になります。先進技術や高度な人材を持っている他社を叩きつぶすのではなく、買い取ってしまう、資金力にものを言わせる方法です。Google が YouTube を買い取った例などがあげられます。ほかにも落ち目の企業を救済したり、事業を統合する目的でおこなわれる M&A もあります。

　M&A をおこなう手段として、次に説明する **TOB** などがあるわけです。

用語

デューデリジェンス
企業経営に対する実態調査。M&A（企業買収・合併）時におこなわれ、財務リスクや法務リスクなどを評価する。

TOB

Take Over Bid もしくは Tender Offer Bid の略で、**株式の公開買付け**のことです。株式は株式市場で売買するのが一般的ですが、買付け期間、買付け価格、買取り株数を不特定多数の人に公示して、市場外で株式を買い集めます。

むかし、フジテレビの TOB にホリエモンがちょっかいを出したので、企業買収のイメージが根強いですが、自己株式の買い集めなどにも使われます。

MBO

マネジメント・バイ・アウトの略語です。経営者が株を買って独立することを言います。株式会社の場合、所有と経営は分離していますが、MBO をすることでオーナー社長になります。

ベンチャーキャピタル

いわゆるベンチャー企業や、スタートアップ企業に出資する投資会社のこと。見返りに株を取得するので、ベンチャー企業が業績を伸ばして上場すると大きな利益が生じます。単にお金を貸すだけでなく、経営支援などもおこないます。

2.1.3 | 自社で「提供するモノ」を把握する

製品の誕生から衰退まで

星が星間ガスから生まれ、原始星、主系列星と成長し、最終的には赤色巨星から白色矮星、超新星といった形で一生を終えるように、製品にも誕生からご臨終までの一生があります。

これを**プロダクトライフサイクル**と呼び、販売戦略を練るうえでの重要な指標となります。一般的に、導入期、成長期、成熟期、衰退期の4つで構成されますが、段階ごとに取るべき戦略が異なってくるわけです。

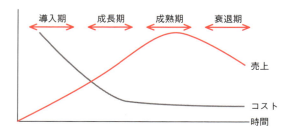

得点のツボ　プロダクトライフサイクルの構成
- <u>導入期</u>：製品が市場に投入されるとき
- <u>成長期</u>：売上が伸びて利益が出てくる時期
- <u>成熟期</u>：市場が安定期に入り、パイを争う状態
- <u>衰退期</u>：市場が縮小段階に入る時期

商品価値の算出にはコストが欠かせない

商品の価値を高めるための手法を<u>バリューエンジニアリング</u>といいます。ここでいう価値とは、機能をコストで割って算出します。したがって、同じコストで機能を高めるか、同じ機能でコストを下げれば価値が大きくなるわけです。

価値＝機能÷コスト

ただし、このコストは「<u>総コスト（トータルコスト）</u>」であることに注意してください。導入から、ランニングコスト、廃棄までコミコミの金額です。ランニングコストや廃棄コストを軽視してしまい、総額が膨らんでしまうことがあります。

参照
・TCO
→ p.306

プリンタ本体が安くて買ったら、インクが高い機種でした…

導入のコスト（イニシャルコスト）が安いと絆されてし

まいますね。典型的なパターンです。
　ちなみに、同じ製品を作り続けていくと、1個の製品を作るのに必要な費用が小さくなることが知られています。この小さくなる様子をグラフ化したものが**経験曲線**です。原因としては、

- 技術者の学習が進むから
- 規模の経済（後述）が働いてくるから
- 技術が進化するから
- 材料の低価格化が進むから

などが考えられます。

生産費を安くする2つの考えかた

　生産量が大きくなるほど、利益率も大きくなることを**規模の経済**といいます。たとえば、固定費が高くて製品を1個作るのも100個作るのも総費用が変わらないような産業では、100個作って売ったほうが大きな儲けができますね。学校であれば、1人相手に授業しても、100人相手に授業しても教員の単価は変わりませんから、100人相手に授業したほうが儲かります。
　一方、複数の事業分野を手がけるとき、別々の会社がやるよりも、1つの会社が提供したほうが経営資源を有効活用できることを**範囲の経済**といいます。たとえるなら、技術評論社が技術書の出版点数をどんどん増やすのは規模の経済で、料理本や萌え本に進出するのは範囲の経済です。

でも「萌え本を作っている会社の技術書はヤダ！」って人もいるんじゃないですか？

　もし消費者にそう思われるならば、範囲の経済は成立しません。

設計も生産も同時に済ませてムダをなくす

　開発に必要な各プロセスを並行して進めることで開発・生産期間を短縮する手法に**コンカレントエンジニアリング**があります。デザインと技術開発、同時に設計と資材調達をするなどの実例があります。もちろん、並行作業をするうには情報の共有などが必須で、同時にできない作業も出てきます。

> **ひと言**
> コンカレントは同時、という意味。

製品の生産方法あれこれ

　製品は工場で生産されますが、その方法はさまざまです。まずは、試験でよく出題される「JIT」と「カンバン方式」の2つを覚えましょう。

JIT（ジャストインタイム）

　必要なものを必要なときに必要なぶんだけ作る、を実現するためにトヨタが開発した生産方式です。このように作れば在庫を最小化でき、経理効率が向上します。

　JITは製造業の枠を超え多くの業種で採用されていて、かなりの出題実績があります。なにがそんなにいいんでしょうか？　JITの有用性を理解するためには、いかに在庫を持つことが敵視されているかを知ることが大事です。特に学生の受験者の方は注意してください。在庫は単に売れ残りというだけではなく、抱えれば抱えるほど保管費用や税金がかかります。

> **用語**
> **受注生産**
> 注文を受けてから作る。すぐには出荷できないが、在庫が溜まるリスクはない。
>
> **見込生産**
> 注文量を予測して先に作る。すぐ出荷できるが、売れ残って在庫になるかもしれない。

　じゃあ、完全オーダーメイドにしちゃえば、効率的ですね！

　しかし一方で、極端に在庫数を少なくすると、インシデント発生時にすぐに商品が店頭から姿を消したり、製造が集中した日時に物流の渋滞が発生したりするなどの悪影響も生じます（なお、ここで言う「在庫」は最終商品だけでなく、半製品や部品在庫なども含まれるので要注意！）。

カンバン方式

前後の工程で密に情報共有するために、納期や数量が書かれたカンバンを使うやり方で、さきほどのJITを具体的に実現するための方法だとも言えます。

前工程から部品とともにカンバンを受け取り、その部品を使い尽くしたら前工程にカンバンを戻します。すると、前工程はもどってきたカンバンの情報ぶんだけ新たな部品を生産します。このように、あいまいな情報による不確実性をなくして、在庫を圧縮します。

JITと同じで、経営的には「とにかく在庫を増やしたくない」ことをまず理解しましょう。いかに少ない在庫で、でもちゃんと納期を守って効率的に生産するかが重要です。

ちなみに、今でもすべての工場でデカいカンバンを使っているわけではなく、ICタグに置き換えられています。

さらに、上記以外の多種多様な生産方式の概要をおさえておきましょう。

―― 得点のツボ　そのほかの生産方式 ――

ライン生産方式	大量生産に向くベルトコンベア型の生産方式
セル生産方式	1人もしくは少人数チームで製品完成までのすべての工程を担当するやり方。多品種少量生産に向く。ライン生産方式の対義語
フレキシブル生産システム（FMS）	多品種少量生産をするためのシステムで、NC工作機械や産業ロボットなどで構成する。目的はセル生産方式と一緒だが、FMSだとシステム、セル生産方式だと人に焦点がいく
リーン生産方式	商品を製造する工程から極力ムダを排除した生産方式。リーンは「痩せている」ことを表す形容詞で、会社の贅肉をそぎ落とした様子を表現している。JITやカンバン方式、SCM（後述）などを取り入れたトップダウンの取り組みであることが特徴

用語

MRP（資材所要量計画）
生産計画と部品表から必要資材を計算し、加えて需要予測をすることで、資材の発注量と発注時期を管理する手法。在庫不足を発生させない範囲で、在庫を最小化することを狙っている。

BTO
注文を受けてから作ること。これにより、企業は在庫リスクを減らせ、顧客も好きな仕様を選択して発注できる。

「2つのチェーン」で供給までのプロセスを考える

サプライチェーンマネージメント（SCM）

サプライチェーンとは、直訳すれば「供給の鎖」です。たとえばある製品を作るにあたり、原材料メーカ、部品メーカ、製造メーカと続く一連の「供給の鎖」があります。一般的にそれぞれの企業は独立しているわけですが、どっちみちみんなが協力しないと製品は完成できないので、企業の垣根を越えて情報共有や業務プロセスの最適化をしましょうよ、というのがSCMです。

具体例としては、販売時点で得られるPOSデータを原材料、製造メーカなどが共有し、「明日あたり××が△△くらい必要になりそうだ」などと判断して供給をするなどが挙げられます。在庫切れによる販売機会の喪失や、不良在庫を回避できるわけです。

個々の企業が努力する「個別最適」ではなく、全体をよくする「全体最適」を目指すのがSCMなのです。

ほかにも、物流を管理して最適化する**ロジスティクス**があります。単に物流だけでなく、調達や生産など全組織の視点で最適化をします。

バリューチェーン

サプライチェーンと言葉は似ていますが、こちらは購買、製造、出荷物流、販売などの一連の業務を経ていく中で、どこで商品やサービスの「価値（バリュー）」が生み出されていくかを分析することです。経済分野の有名人、ポーターが提示した考え方です。

> 参照
> ・POS
> → p.135

> アイプチもして、ガッツリ髪も盛って、5倍マスカラも使い、美白もむだ毛処理も完璧。さて一番彼氏のココロに響くのはどれだろうか、と考えるイメージですか？

たしかにバリューチェーン的ではあります。どの部分が
もっとも価値に貢献しているかがわかれば、どこにお金を
かけようとか、自社の魅力（競争優位の源泉）は何だろう、
といったことが明らかになります。

「品質」はどうやって管理する？

「製品の品質をキッチリ管理しよう！」という話になると、
とかく製造部門だけに焦点が当たりがちです。しかし、じ
つは製造部門だけでなく、市場管理、研究開発、アフター
サービス、社員教育も品質に関わります。このように、全
社的にやらないと品質管理できないよ、という考え方が
TQC（全社的品質管理）です。

経営目的を達成するための「方針管理」、各部門の通常業
務を達成するための「日常管理」などから構成されます。

あわせて、品質管理に関する以下の用語をおさえておき
ましょう。

TQM（統合的品質管理）

TQCの発展形です。TQCに現場主義の色彩が色濃いのに
対して、経営戦略から導かれた目標をトップダウンで達成
していくことに特徴があります。ベースは製造業の「品質
管理」ですが、目標を顧客満足などに置き換えることで、他
業種にも応用できます。

シックスシグマ

ここでいうシグマとは、数学で習う標準偏差（ばらつき
の具合）のことです。製品を生産するプロセスの中で、品
質のばらつきが大きいものを探しだし、それを抑えるよう
改善します。これをシックスシグマ活動といいます。

「ばらつき」がキーワードになります。平均でないことに
注意してください。平均値がよくても、ばらつきが大きい
と、結局不良品が多くなるためです。シックスシグマ活動
をするには、品質の定量化が必要です。

用語

TOC（制約理論）
システムを構成する要素に
は、必ずボトルネックにな
る部分が生じ、それが全体
のパフォーマンスを決める
という考え方。Theory of
Constraintsの略。

スペル

・TQC (Total Quality Cont
rol)

スペル

・TQM (Total Quality Man
agement)

用語

歩留り
売り物になる製品を生産し
た数。生産総数から不良品
数を減じると得られる。

QCサークル
製品やサービスの品質を管
理・改善するための、自主的
でボトムアップな小グルー
プ。そのために有名なQC7
つ道具（→ p.64）などの
ツールを使う。

---

1 企業活動

2 経営戦略

3 システム開発

4 コンピュータのしくみ

5 ネットワークとセキュリティ

6 データベースと表計算ソフト

オペレーションズリサーチ

　ものごとを決めるときに、数学的、統計的なモデルを用いることによって、最適な選択をしようという考え方を**オペレーションズリサーチ**（**OR**）といいます。

　身の回りのことでも、主観的に感じていることと、数値として厳然と表される事実の意外なギャップがあります。主観を廃することで最善の意思決定ができます。

　ORでは、さまざまなツールが使われます。有名どころでは、PERTや線形計画法、ゲーム理論などがあります。

　情報処理試験では、製品の生産現場や実務を例に、どのような手順で作業すれば最短で完了できるかといった形でよく出題されます。

作業の総所要時間

　頻出問題の1つです。平成30年秋期　問5の問題を例にとって、解き方を考えてみましょう。

　機械XとYを使用する作業A、B、Cがあり、いずれの作業も機械X、機械Yの順に使用する必要がある。各作業における機械XとYの使用時間が表のとおりであるとき、3つの作業を完了するための総所要時間が最小となる作業の順番はどれか。

　ここで、図のように機械XとYは並行して使用できるが、それぞれの機械は二つ以上の作業を同時に行うことはできないものとする。

> **用語**
>
> **線形計画法**
> 複数の製品を作るときに、どういう組み合わせで利益が最大になるかを計算するときなどに利用する。
>
> **ゲーム理論**
> 複数のプレイヤがそれぞれの目的を達成するために、どういう意思決定をすれば最善か、どのような結果が予測されるかを定式化したもの。

表　各作業における機械 X と Y の使用時間

	機械 X の使用時間	機械 Y の使用時間
作業 A	8 分	10 分
作業 B	10 分	5 分
作業 C	6 分	8 分

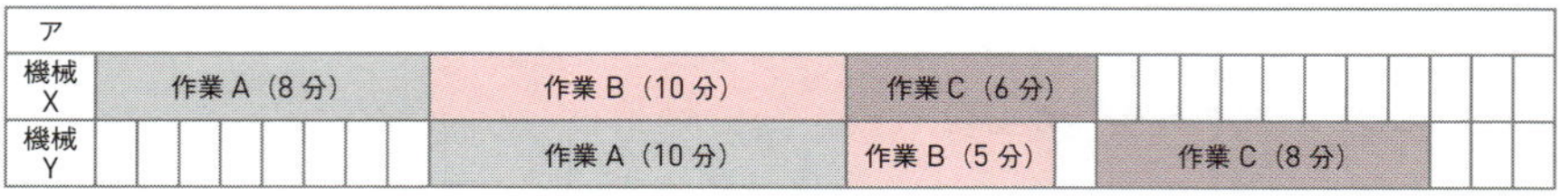

図　機械使用スケジュール（A → B → C の順で作業したときの例）

ア A→B→C　イ A→C→B
ウ C→A→B　エ C→B→A

　この問題のように考え方が示されていることが多いので、手間がかかりそうに思えても、それにのっとって考えていくのが正答への近道です。1つの機械は1つの作業にしか使えませんから、各選択肢の作業時間は次の図のようになります。かんたんでいいので、問題用紙に図化するとわかりやすいでしょう。答えは**ウ**となりますね。

ア																								
機械X	作業A (8分)	作業B (10分)	作業C (6分)			
機械Y										作業A (10分)	作業B (5分)	作業C (8分)	

イ																								
機械X	作業A (8分)	作業C (6分)	作業B (10分)			
機械Y									作業A (10分)	作業C (8分)	作業B (5分)	

ウ																								
機械X	作業C (6分)	作業A (8分)	作業B (10分)					
機械Y							作業C (8分)	作業A (10分)	作業B (5分)	

エ																								
機械X	作業C (6分)	作業B (10分)	作業A (8分)					
機械Y					作業C (8分)	作業B (5分)	作業A (10分)	

♛ 重要用語ランキング

① SCM → p.112

② PPM → p.101

③ BSC → p.102

④ JIT → p.110

⑤ M＆A → p.106

用語を理解できているかおさらいしよう！

試 験 問 題 を 解 い て み よ う

問題1 平成25年度秋期 問18

SWOT分析で用いる四つの視点の一つである"脅威"になり得る事例はどれか。

ア 家電メーカA社：技術力の低下によって、新製品開発件数が減少している。
イ 自動車販売会社B社：営業員のモチベーションが以前に比べて下降気味である。
ウ ブランドショップC社：ブランド好感度が下がってきている。
エ 輸出企業D社：為替レートが円高基調で推移している。

解説1

選択肢ア～エはすべてマイナスの事象を示しています。SWOT分析では、弱みと脅威がマイナスの事象に該当しますが、内的な要因が弱み、外的な要因が脅威です。外的な要因は選択肢エだけですので、エが脅威であると導けます。

答：エ

問題2 平成29年度春期 問34

PPM（Product Portfolio Management）の目的として、適切なものはどれか。

ア 事業を"強み"、"弱み"、"機会"、"脅威"の四つの視点から分析し、事業の成長戦略を策定する。
イ 自社の独自技術やノウハウを活用した中核事業の育成によって、他社との差別化を図る。
ウ 市場に投入した製品が"導入期"、"成長期"、"成熟期"、"衰退期"のどの段階にあるかを判断し、適切な販売促進戦略を策定する。
エ 複数の製品や事業を市場シェアと市場成長率の視点から判断して、最適な経営資源の配分を行う。

解説2

アはSWOT分析、イはコアコンピタンス、ウはプロダクトライフサイクルマネジメント、エがPPMです。PPM（プロダクト・ポートフォリオ・マネジメント）とは、市場の中で自社製品がどんなポジションにあるかを視覚的に表現する図法です。市場成長率と市場占有率の関係から、問題児・花形製品・負け犬・金のなる木の4つのポジションが導けます（→p.101）。

答：エ

問題3　令和3年度　問35

　ある製造業では、後工程から前工程への生産指示や、前工程から後工程への部品を引き渡す際の納品書として、部品の品番などを記録した電子式タグを用いる生産方式を採用している。サプライチェーンや内製におけるジャストインタイム生産方式の一つであるこのような生産方式として、最も適切なものはどれか。

ア　かんばん方式　　　イ　クラフト生産方式
ウ　セル生産方式　　　エ　見込み生産方式

解説3

　かんばん方式の典型的な説明文です。「どのくらい部品がいるのか？」を勘や推測で作ってしまうと、余らせたり足りなくなったりします。そこで、使ったぶんだけ、必要なぶんだけ生産する工夫がかんばん方式です。今では物理的なかんばんではなく、電子式タグを用います。

答：ア

問題4　令和2年度　問15

　SCMの説明として、適切なものはどれか。

ア　営業、マーケティング、アフターサービスなど、部門間で情報や業務の流れを統合し、顧客満足度と自社利益を最大化する。
イ　調達、生産、流通を経て消費者に至るまでの一連の業務を、取引先を含めて全体最適の視点から見直し、納期短縮や在庫削減を図る。
ウ　顧客ニーズに適合した製品及びサービスを提供することを目的として、業務全体を最適な形に革新・再設計する。
エ　調達、生産、販売、財務・会計、人事などの基幹業務を一元的に管理し、経営資源の最適化と経営の効率化を図る。

解説4

　どの選択肢も重要な用語の説明ですので、この機会に全部覚えましょう。本試験の書きっぷりで覚えておくのが、もっとも得点に直結します。

ア　統合、顧客満足度の最大化がキーワード。CRMです（→p.123）。
イ　正答です。SCMの説明になっています。
ウ　業務全体の最適化、再設計がキーワード。BPRです（→p.160）。
エ　一元管理、経営資源の最適化がキーワード。ERPです（→p.162）。

答：イ

2.2 強みをつくる戦略

学習日

出題頻度 ★★★☆☆

　マーケティングとは、顧客が望む製品やサービスを売るための活動全般です。リサーチや宣伝以外にも、ロジスティクスや販売体制の構築なども含む広い概念です。

2.2.1 マーケティングに関するあれこれ

どんなに品質がよくても、市場がなければ売れない

　日本はものづくり大国ですが、職人気質というか、どちらかというと「いいものさえ作ればいい」「売り口上なんて恥ずかしい」という雰囲気がありました。

　でも、どんなにいいものを作っても、それをユーザが知らなかったり、ユーザの求めるものと違っていたりしたら、やっぱり売れません。ものづくりの努力がきちんと報われるために、やはり**マーケティング**は重要です。マーケティングとは、ユーザのニーズをつかみ、それを生産し、最適な販売経路にのせる活動です。

　マーケティングの分野もITに大きな影響を受けています。従来おこなわれていたマーケティングは、極めて広い市場を狙うマスマーケティングや、F1層（20～34歳の女性）、M2層（35～49歳の男性）のように属性で絞りこみ、細分化（セグメント化）した市場を狙うターゲットマーケティングなどでした。集団にはブレがありますが、個人を相手にするのはコストが見合わないからです。でも、ITの進展により、現実的な時間とコストで個人を対象にするワントゥワンマーケティングが可能になってきました。

> **ひと言**
>
> マーケティングのプロセスは、市場調査 → STP（セグメンテーション、ターゲティング、ポジショニング） → マーケティングミックス → マーケティング戦略と進む。

アンゾフの成長マトリクス

　経営戦略を定めたり、マーケティングをするために使われるマトリクスです。製品と市場から、4つの成長戦略を導きます。

		製品	
		既存	新規
市場	既存	市場浸透	製品開発
	新規	市場開発	多角化

市場浸透	今ある市場で、今ある製品をより多く売っていく戦略。ブランド強化、低価格化など
市場開発	新しいお客さんに、今ある製品を売っていく戦略。海外展開など
製品開発	今ある市場に、新しい製品を売っていく戦略。モデルチェンジなど
多角化	新しいお客さんに、新しい製品を売っていく戦略。大学が温泉を経営するなど

ライバル社より強みを持つ戦略

競争対抗戦略

　市場での企業の地位により、とるべき戦略を分類した考え方です。

リーダ	新しい商品の投入、全ラインナップを売るなど、王者の戦略
フォロワ	二番手。リーダの二番煎じなどで、確実な利益を狙う戦略
チャレンジャ	リーダ企業の弱そうな分野や地方を狙う、一発狙い戦略
ニッチ	マニアしか目を向けない、市場のすきまを狙う戦略。差別化戦略の行き着いた果て

集中化戦略

　経営資源（リソース）を特定の分野に集中させ、覇権を握ろうとする戦略です。「情報処理技術者試験のテキストで、最大のシェアをとろう！」などと目論むわけです。

---

1 企業活動

2 経営戦略

3 システム開発

4 コンピュータのしくみ

5 ネットワークとセキュリティ

6 データベースと表計算ソフト

差別化戦略

製品は放っておくと他社と似たり寄ったりになります（他社が同質化戦略を仕掛けてくる）が、とんがった製品を投入して追随を許さないようにする戦略です。「うちのテキストだけ、買うと合格証書がついてきますよ」などといった施策になります。

ブランド戦略

ブランドとは商標のことです。ある商品に商標を与え、ブランドイメージを確立することで、似たり寄ったりの競合商品と差があるかのような印象を消費者に与える戦略です。差別化をはかる手段の1つです。

商品に対して形成されるイメージですから、基本的にはメーカーがブランドの担い手ですが、近年ではスーパーやコンビニなどの流通業者が自主企画するプライベートブランドが台頭しています。

コーポレートブランド

企業ブランドとも呼ばれます。名前のとおり、企業名そのものがブランド価値を持ったものです。通常、ブランドと言った場合は製品のことを指す（製品ブランド、プロダクトブランド）ので、違いに注意しましょう。

コーポレートブランドは企業にとって大きな競争力となりますが、製品の信頼感やクリーンなイメージなどが必要で、一朝一夕で作れるものではありません。

マーケティングミックス

ものやサービスを売ろうとする人は、あの手この手で消費者の購買意欲を煽ります。その「あの手この手」の組み合わせを体系化したのがマーケティングミックスで、マッカーシーが提案した4Pが有名です。

製品（Product）	価格（Price）	プロモーション	流通（Place）
デザイン ブランド 保証	定価 割引 信用取引	広告 販促活動	品揃え 在庫 店舗の立地

用語

コモディティ化
競争の結果、機能や品質が同じようなものになること。差別化のために安売りするしかなくなるので、企業にとっては避けたい事態。

マーケティングミックスをするためには、市場における自社の位置づけを正確に理解し、それに則った事業戦略を持っていることが前提条件になります。流れとしては、SWOT分析などで自社分析、戦略立案 → マーケティングミックスで具体的にどう売るか作戦を練る、となります。

注意すべきなのは、4Pはとっても有名ですが、唯一のマーケティングミックス手法ではない点です。たとえば、「4Pは売り手の都合に偏っている」という批判から作られた **4C** というのもあります。

紛らわしくて、覚えにくいです！

4Cは、**消費者の視点**でマーケティングミックスを捉え直すもので、価値（Customer Value）、コスト（Cost）、コミュニケーション、利便性（Convenience）に分類します。買い手側の論理になるので、4Pとは表裏一体の関係になります。

- 製品⇔価値　　　　　　　　・価格⇔コスト
- プロモーション⇔コミュニケーション　・流通⇔利便性

4Pも4Cも出題実績があるので、違いをしっかりおさえておきましょう。

プロモーションの戦略は2種類ある

できあがった商品をお客さんに購入してもらうには、企業はどんなプロモーション活動ができるでしょうか？

まずは「小売店・購入者に積極的に売り込む」方法が考えられますね。たとえば、小売店に販売要員を派遣したり、「この商品を販売したら奨励金をあげますよ」とインセンティブを用意したり…。ほかにも、飛びこみのセールスマンや押し売りなどもあてはまります。

用語

ポジショニング
製品の品質や機能、サービス、人材、製品イメージを切り口に、顧客の認識における自社製品の立ち位置を、マトリクス図などを使って分析する。

マーチャンダイジング
商品政策。消費者がほしいと思うものを作り、いい感じの価格、量、時期に売る活動の総称。

このように、企業から小売店や消費者に働きかけていく戦略を<u>プッシュ戦略</u>といいます。

一方、広告などによって、消費者から「この商品ほしい！」と誘引・需要を喚起し、商品を買わせる戦略は<u>プル戦略</u>です。つまり、○○○○ホイホイ方式ですね。

> どっちの戦略を選べばいいんですか？

プッシュ戦略とプル戦略は「どちらかだけやればいい」という排他的な関係ではありません。片方に注力することはあっても、組みあわせて使うのがふつうです。

得点のツボ　プロモーション戦略

・<u>プッシュ戦略</u>：<u>企業から</u>小売店・消費者に仕掛ける戦略
・<u>プル戦略</u>　：<u>消費者から</u>商品を購入させる戦略

イノベータ理論

新商品を購入する態度／速度によって、消費者を5段階分けした理論です。

イノベータ（革新者）	冒険好き
オピニオンリーダ（初期採用者）	流行に敏感。<u>アーリーアダプタ</u>とも呼ぶ
アーリーマジョリティ（前期多数派）	やや慎重。平均より早い
レイトマジョリティ（後期多数派）	懐疑派。普及待ち
ラガード（遅滞者）	伝統になるまで待つ

<u>オピニオンリーダ</u>は新しいモノ好きで、情報発信も盛ん

用語

インバウンドマーケティング
顧客に自分の意思で選んでもらうことを指向したマーケティング。DMを無理に配信するなどの手法ではなく、SNSなどで見つけてもらうといったプル型の手法を使う。

クロスセル
関連商品を推奨すること。ハンバーガーを買ったら、「ポテトもいかがですか」。美少女ゲームを買ったら、「抱き枕もいかがですか」と提案する。

アップセル
上位商品を推奨すること。最低限の保険に入るつもりだったのに、「やっぱり終身保障がついてないと」と言われたりする。

なため、ほかの段階の消費者にも大きな影響力を持ちます。したがって、企業は新製品の普及にあたって彼らの目にとまろうとします。

IT製品の場合、オピニオンリーダとアーリーマジョリティの間に大きな溝（**キャズム**）があり、これを超えて普及させるのが難しいことが知られています。そのため、アーリーマジョリティに対するマーケティングも重要です。

なんでキャズムなんてできちゃうんですか？

一概には言えませんが、

・新製品の導入に必要なスキルや柔軟性を十分に持つ者が少ないから
・新技術を導入する動機が革新者と追従者では違うから

などと分析されています。

優良顧客との関係維持はとても大事

新しくお客さんを集めること、従来からのお客さんを大事にすること、どちらが利益になると思いますか？

じつは、新規に顧客を獲得するよりも、従来からの優良顧客を逃がさないほうが、よほど企業の利益になり、コストもかからないという調査結果があるのです。

顧客と長期的に良好な関係を維持していくため、顧客の行動をデータベース化し、適切なマーケティングに応用したり、窓口を一元化して高い顧客満足を得たりするシステムが考えられました。それが **CRM**（**顧客関係管理**）です。データマイニング技術と組みあわせて利用されます。

スペル

・CRM（Customer Relationship Management）

参照

・データマイニング
→ p.68

> たしかにホテルや飛行機で、まだ名乗っていないのに名前で呼びかけられると気分いいです！

CRMの賜物ですが、個人情報の保護意識が拡大しているので、やり方をまちがえると逆効果になるリスクもあります。

ほかにも、顧客との関係を維持するシステムに以下のようなものがあります。

SFA

日本では営業支援システムと訳されます。CRMの一環として位置づけられ、一元管理された顧客データベースを用いて効率的で質の高い営業活動をすることのほか、優良顧客の抽出などもおこなわれます。

たとえば、コンタクト管理と呼ばれる機能では、どの顧客とだれがどこでどんな話をしたかまで記録・分析され、次の営業活動にフィードバックされます。

試験時に、「営業活動にITを活用する」というキーワードが出てきたら、SFAのことです。

RFM分析

Recency（最終購買日）、Frequency（購買頻度）、Monetary（累計購買金額）をもとにお客さんを知ることです。いつ、どのくらい、いくらくらいの金額で買ってくれたのかがわかれば、優良顧客を峻別でき、集中して販促をするなどのアクションを起こせます。

戦わずして勝つに越したことはないけれど…

競合会社、競合製品のいない穏やかな市場のことをブルーオーシャンといいます。対義語は、競合製品がひしめき激烈な競争がおこなわれるレッドオーシャンです。

従来の考え方では、競争の激しい環境にこそ多くの顧客が存在し、そこで勝ち残るためにどうするかが問われてき

スペル

・SFA（Sales Force Automation）

用語

CTI (Computer Telephony Integration)
電話やFAXをシステムに組みこむこと。コールセンタなどで使われ、電話した瞬間にオペレータが過去履歴を把握し、適切な行動をとれるなどの利点がある。

用語

顧客生涯価値
あるお客さんが、一生かけて会社をどのくらい儲けさせてくれたか。支払ってくれた金額 - 顧客としてつなぎ止めるために会社が使った金額で算出する。

顧客満足度
マーケティングの重要な指標。最近では顧客だけでなく、従業員満足度も重要視されている。

たのですが、ブルーオーシャン戦略では未開拓な市場を切り開いて競争のない市場で商売をします。

つまり、ブルーオーシャンの市場だけ狙って商品を作ればいいんですね！

　そうは言っても、未開拓市場を見つけて、切り開くことそのものが難しいんです。アクションマトリクス（既存の製品から取り除く、増やす、減らす、付け加えるでどうにかする）や戦略キャンバス（他社との違いを視覚化する）などのツールを使います。
　ほかにも市場にない製品を開発・提供する考え方に<u>シーズ志向</u>があります。顧客にこんな価値がありますよ、と作り手側が提案するのです。製品開発は基本的に<u>ニーズ志向</u>（顧客の要望を反映する方法。シーズ志向の対義語）でおこないます。たとえば、お客さんが「もっと小さい合格教本がほしいぞ」と思っていたら、ポケット版を作るわけです。

――― 得点のツボ　シーズ志向とニーズ志向 ―――
・<u>シーズ志向</u>：作り手の提案で
　　　　　　　製品を作る！
・<u>ニーズ志向</u>：顧客の要望で製品を作る！

　でも、新しい市場を開拓する状況では、そもそもお客さんのニーズがありません。電話とパソコンをくっつけたら便利だなんて、ほとんどのお客さんは発想していませんでした。そこへiPhoneが投入されて新しい市場を作ったわけです。現在ではシーズとニーズを上手に組みあわせることが不可欠だと言われています。

用語

シーズ（seeds）
種。製品やサービスを作るための種ってこと。

ニーズ（needs）
必要性。

2.2.2 MOT

技術と経営は切り離さずに考えよう

　MOTとは、<u>技術経営</u>のことです。一般的に、経営者はあまり技術のことを知らなくて、技術者はさほど経営に興味がない、といわれます。すべての人がそうではありませんが、たしかにそういう傾向は存在します。割と技術と経営が切り離されていたのです。

　技術経営とは、経営がもっと技術に関わり、「こんな製品やサービスがあれば売れる！　そのためには、あんな技術が必要だ。だからそれを開発しよう！」といったビジョンと戦略を持ち、研究〜技術開発〜製品化の一連の流れを管理していくものです。つまり、「技術を中核に事業を考え、研究、技術開発を経営がしっかり管理して創出するもの」が技術経営です。

　ただし、そうはいっても、実現はかんたんではありません。たとえば技術の開発には長い時間がかかります。10年先にどんな技術がはやるのか、といったことを見越してビジョンを定めていくのは至難の業です。

　そこで、将来の技術動向を予測するツールが使われたり、自社開発によるリスクを低減するために技術提携などがおこなわれます。

移り変わりの激しいIT技術をどう予測する？

　将来の技術動向を予測するためのツールの1つが<u>デルファイ法</u>です。専門家にアンケートを採って、それを集計します。その結果を見たあとで、さらに同じアンケートをする…という手順をくり返します。

人の意見を見ることで、だんだん意見がまとまっていくことを狙うわけですね！

> スペル
>
> ・MOT（Management of Technology）

そうですね。専門家を集めてアンケートを採るので、試行錯誤をくり返して意見を収れんさせれば、たしかに真実に迫る可能性があります。

でも、「単に意見をまとめているだけでは？」「くり返すごとに、ほんとに正確さが増していくの？」という疑問や批判があることは覚えておきましょう。

技術の位置づけや開発計画を見える化

技術ポートフォリオ

自社が持つ技術、研究開発すべき技術などを2つの軸で可視化したものです。投資額と予想利益、開発リスクと市場規模、市場が求める技術水準と自社技術水準など、いろいろな組み合わせが考えられ、図化された結果をみて意思決定をします。

技術ロードマップ

経営戦略や技術動向、市場動向、最終製品などから、この分野の技術はこのように導入・発展させ、何年の段階でこのくらいの性能に達するといったことを可視化したものです。時系列で表現すること、夢物語でなく定量的なマイルストーンを示すことがポイントです。

企業で起きる2つのイノベーション

プロセスイノベーション

開発工程や製造工程など、モノを作る過程で起こる革新です。トヨタのカンバン方式などが該当します。SCMやCRMなどもプロセスイノベーションです。

> **用語**
> シナリオライティング法
> 相互に関連する要素を書き出して、時系列で将来を予測していくやり方。「これがこう発展し、あれが影響を受けるからそれになる」など書き方が物語ふう。

> **参照**
> ・SCM
> → p.112
>
> ・CRM
> → p.123

127

プロダクトイノベーション

製品そのものの革新です。電話は電話だろ、と思っていたらパソコンをくっつけて「スマホ」という概念を作ってみせたiPhoneなどが該当します。教科書的な説明は「他社に真似のできない製品を作る」ですが、現実にはすぐに類似品が出てきます。

得点のツボ　プロセスとプロダクト
- プロセスとプロダクトをセットで覚える！
- プロセスは**作り方**、プロダクトは**製品**の革新

イノベーションつながりで、もう1つ用語を覚えてしまいましょう。

イノベーションのジレンマ

大企業はまったく新しい価値を生み出す破壊的イノベーションが苦手です。すでに良い製品を持っているため、短期的にはそれを改良する持続的イノベーションのほうが利益を生みます。それに、新市場は大企業にとってちっぽけに見えるため、そこに資源を投じたがりません。

しかし、新市場が大きく育ち影響力を持ったときには手遅れになっていて、既存製品の価値も下落してしまうことも。これを<u>イノベーションのジレンマ</u>といいます。

新しいアイデアの出し方やカタチにする方法

デザイン思考

デザインとは、単に意匠を決めるものではなく、問題解決のための取り組みそのものです。飛行機の翼はかっこよさではなく、空を飛ぶためにあの形をしていますし、エスカレータやエレベータの位置は人にどう動いてほしいかを如実に表しています。

購買者すら自分のニーズを把握しきれず、マーケティングリサーチなどが効果を低減させる社会において、人間を

中心にすえ、解決策を考える思考法として注目されています。具体的には、共感、問題設定、アイデア出し、プロトタイプ試作、テストのプロセスをくり返し、イノベーションや問題解決をします。

ハッカソン

ハックとマラソンから作られた言葉です。ここで言うハックは「ライフハック」のように使われるハック（＝技術）の意味で、与えられたテーマに対して複数のチームが成果物を構築するイベントです。

マラソンだけに長時間（丸1日〜数日間）にわたるものが多く、コンテスト形式でおこなわれることもあります。成果物はアプリなどの形で提示されます。成果物がアイデアであるイベントは、アイデアソンと呼ばれます。

PoC

日本語では「概念実証」。コンセプト（概念）は目に見えず、本当に自社の業務に役立つかわからないので、まず実証実験をしてコンセプトの有効性を評価するわけです。

スペル
・PoC (Proof of Concept)

―― 得点のツボ　PoCのポイント ――
・プロトタイプと混同しやすい
・プロトタイプはコンセプトの有効性は確立されたうえでの試作品
・PoCはコンセプトそのものの有効性や実現性がわかっていないので、それを証明しようとするもの

実証ですか…。それってお金になるんですか？

実際に製品やサービスにまで仕上げないと難しいです。PoCばっかりで儲からないという批判もあります。

リーンスタートアップ

　資金、人員、設備などのリソースを最低限に抑え、最低限の製品やサービスを市場投入し、その反応を見ながら製品を変えたり、見切りをつけたりする起業の方法です。ほとんどの起業が失敗することを背景に、ムダがない（リーン）規模とやり方で製品やサービスを試す手数を増やすことができます。たくさん作って市場からのフィードバックで学び、芽のありそうな製品を大きく育てていきます。

技術開発から市場拡大までのハードル

魔の川

　研究をしている段階から、製品を開発する段階に移行するときに現れるハードルです。研究で何らかの成果が出たとしても、それがすぐに製品やサービスに結びつくとは限りません。超ひも理論はブラックホールの解明に役立ちそうですが、それを使った何かの製品はしばらく登場しそうにありません。

死の谷

　魔の川を越えて開発に至った製品も、すぐに売り出せるわけではありません。試作段階では1つだけ作ればよかったり、採算を無視することができます。しかし、商売として製品を作り、売っていくのであれば、たくさんの数を、しかも一定の質の範囲で安定して生産する必要があります。材料の確保や、製品を顧客の手元に届けるためのサプライチェーンも整備しなければなりません。ここに投じられる資源や時間、人員は半端な量ではないため、高いハードルが生じるわけです。

ダーウィンの海

　製品として成功しても、持続可能な事業とするためにはまだハードルがあります。物珍しさの一発買いだけでなく、顧客が継続して買ってくれるかどうか、ライバル企業が同種の製品を投入してきたときに、競争に打ち勝てるかどうかです。この海を泳ぎ切ると持続可能なビジネスになり、その製品が社会の一角に居場所を得たことになります。

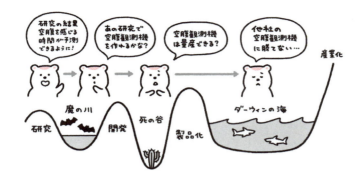

♛ 重要用語ランキング

① PoC → p.129

② アンゾフの成長マトリクス → p.119

③ MOT → p.126

④ 4P・4C → p.120、121

⑤ ダーウィンの海 → p.130

試 験 問 題 を 解 い て み よ う

✏ 問題1 令和3年度 問8

画期的な製品やサービスが消費者に浸透するに当たり、イノベーションへの関心や活用の時期によって消費者をアーリーアダプタ、アーリーマジョリティ、イノベータ、ラガード、レイトマジョリティの五つのグループに分類することができる。このうち、活用の時期が2番目に早いグループとして位置付けられ、イノベーションの価値を自ら評価し、残る大半の消費者に影響を与えるグループはどれか。

ア　アーリーアダプタ　　　イ　アーリーマジョリティ
ウ　イノベータ　　　　　　エ　ラガード

解説1

消費者への浸透の順番は、イノベータ（革新者）→アーリーアダプタ（早期購入者）→アーリーマジョリティ（前期追従者）→レイトマジョリティ（後期追従者）→ラガード（遅滞者）です。アーリーマジョリティはオピニオンリーダとも呼ばれます。問題文中の「残る大半の消費者に影響を与える」と関連させて覚えましょう。アーリーアダプタとアーリーマジョリティの間には大きな溝（キャズム）があることが知られています。

答：ア

✏ 問題2 令和2年度 問3

技術経営における新事業創出のプロセスを、研究、開発、事業化、産業化の四つに分類したとき、事業化から産業化を達成し、企業の業績に貢献するためには、新市場の立上げや競合製品の登場などの障壁がある。この障壁を意味する用語として、最も適切なものはどれか。

ア　囚人のジレンマ　　　　イ　ダーウィンの海
ウ　ファイアウォール　　　エ　ファイブフォース

解説2

研究→開発に移行するときの障壁を「魔の川」と呼びます。以降、開発→事業化の障壁が「死の谷」、事業化→産業化は「ダーウィンの海」です。セットで覚えておくとお得です。事業化と産業化は似ているように思えますが、市場が確立されてライバル企業が登場しても打ち勝てるなど、持続可能な状態になることで産業化を迎えます。

答：イ

2.3 | IT で変わっていく世の中

学習日

出題頻度 ★★★★★

ITで世の中が変わったといわれていますが、具体的にどんなふうに使われているのでしょう？ 使用例がないとイメージがつかみにくいですよね。この節では、情報システムが身近なところでどう活用されているのかを見ていきましょう。

2.3.1 | 社会を支えるITシステム

ITで「現金不要」な世の中に

金融のしくみは、情報システムの恩恵でだいぶ変わりました。以前はお金を振り込むにしても、銀行が開いている時間に窓口に行って、書類を書いて…とやっていましたが、それがATMですむようになり、現在ではスマートフォンからインターネットを通して決済することが可能です。

現金を持ち歩かずにクレジットカードで買い物ができるのも、情報システムが瞬時に信用情報を確認するからです。

また、現在ではEdyやSUICAなどの電子マネーが登場し、「小口決済でも使える」「切符を買わなくても交通機関に乗れる」といったように、ユーザの生活動線さえ変えるようになってきています。

現金を持ち歩いたり、おつりを数えたりといった作業コストは意外に大きいので、使いやすさが洗練されれば子どもや高齢者にも安心な決済手段になるかもしれません。

クレジットカード

利用者が商店に支払うべき代金をカード会社が立て替え、後で利用者に一括して請求するしくみです。便利ですが、売上データや信用情報の即時照会が必須条件となります。

用語

PCIDSS
国際カードブランドが連携して取り決めた、クレジットカード情報のセキュリティ基準。全12要件で、ファイアウォールを入れろとか、ウイルス対策ソフトをインストールしろだの、意外と具体的なことが書いてある。

3Dセキュア
発行元、加盟店、仲介業者が連携した本人確認サービス。いままでのクレジットカード番号＋背面セキュリティコード方式だと、カードを入手した人はかんたんになりすましができてしまう。そこで、事前に登録したパスワードなどを使って、カード入手だけではオンラインでのなりすましを不能にするしくみ。ちなみに「3D」は3次元ではなくて、3ドメインのこと。

QRコード、バーコード決済

QRコードやバーコードを見せて、店舗に読みとらせたり、逆に店舗側のコードを顧客が読みとることで決済するしくみです。多くはスマホが用いられます。手軽に導入できるのが強みで、プリペイド型やクレジットカード連動型で支払います。

FinTech

金融（Finance）と技術（Technology）を結びつけた造語です。この2つを接続して作られる革新的なサービスのことをいいます。ここで言う技術はITのことで、金融と水耕技術を組み合わせてもFinTechとは呼びません。

具体的にはAIを使った最適な保険や投資の提案などが、FinTechであると言われていますが「革新的なサービス」はかなりあいまいな定義ですね。いま革新的であっても、5年後には十分に陳腐化しているかもしれませんから、ちょっと注意が必要です。

出題者は、金融と技術を絡めた誤答選択肢を混ぜてくるでしょう。「銀行が水没したけど、遠隔地バックアップがあったから大丈夫」とか、そういうやつです。これは昔からあって、あんまり革新的ではありませんし、遠隔地バックアップ自体は金融サービスではないので誤答だと判断します。

モノの入手・送付もスムーズに！

流通情報システムは、2.1.3項で学んだSCMに代表されるように、企業の垣根を越えて情報を共有したり、全体最適化をはかることで在庫切れや不良在庫をなくす方向へ進化してきました。

もっと身近なところでは、郵便や宅配便の追跡システムがあります。自分が出した郵便物がいまどの辺にあるのかなどの情報は、ちょっと前までまったく把握できませんでしたが、情報システムの活用により現実的なコストで追跡システムを実現することができました。

参照

・SCM
→ p.112

2.3.2　身の回りでよく見るシステムあれこれ

POS（販売時点管理システム）

　コンビニで見かけるやつですね。単なるレジではなく、購入日時やその日の天気、買った人の年齢層や性別、何人で買い物に来ていたのかなどの情報がその場で生成、入力されます。

　本部ではこうした状況を集約し、天気などの条件によりどのように購買行動に影響が出るのか、どの店舗ではどんな品揃えをすれば売上を最大化できるのかなどをデータマイニングし、それにそって商品企画や販売計画、在庫管理などをしていきます。

　なお、本試験での表現は、取引された時点で販売情報を把握するシステムなどとなります。

GPS（全地球測位システム）

　複数の人工衛星が発する電波を受信して測距することで、自分が今いる位置を割り出します。

　民生品として利用が許可されているレベルでは、誤差数mほどで現在地を特定でき、最初はカーナビゲーションシステムとして普及しました。

　その後、機器の小型化高性能化が進み、現在では多くのスマートフォンがGPS機能を搭載しています。

　当初は現在地の表示や目的地までの経路を示すシンプルなサービスでしたが、現在では、ほかのビジネスへの応用が進んでいます。

　たとえば、今いる場所の近くでおこなわれているイベントやセールの情報などをスマホにプッシュ配信するサービスなどがあります。

> ちっちゃい子やお年寄りにスマホを持ってもらい、所在地を確認するサービスも聞いたことがあります！

見守り安心系ですね。ただ、「今いる場所」は、プライバシーにも関わる情報ですので、運用には注意が必要です。

ETC

車に搭載した端末と料金所のシステムが無線で通信をして、有料道路の料金を徴収するしくみです。高速道路の料金所は、交通のボトルネックとなり渋滞が発生するポイントですが、ETC を導入することで渋滞の緩和がはかられます。

日本の ETC では、車載端末に ETC 対応クレジットカードを差しこみ、ID とすることになっていて、料金はそのクレジットカードから引き落とされます。

将来的な応用としては、空いている道は利用料金を安く、混んでいる道は高くすることで、道路利用率の最適化をはかることなどが検討されています。

RFID

無線機能を組みこんだ IC チップを使って、ヒトやモノを管理するしくみです。モノの管理技術としては、バーコードや QR コードが普及していますが、RFID では IC チップ（RFID タグまたは IC タグといいます）を用いるため、これらよりも非常に大きな情報量を記録できます。また、演算が可能であるため、情報を暗号化するなどの処理を施すこともできます。

さらに、無線機能を利用して、モノの位置を把握したり、追跡したりすることも可能です。お客さんが買い物かごに商品を入れたあとで、店内をどのように歩いたか、動線を記録して陳列方法を考えたり、万引き対策に使ったりします。スーツケースに RFID を付けることで空港での受け取り、受け渡しをスムーズにしたり、紛失のリスクをなくしたりといったことは経験があるのではないでしょうか。

日常生活で特に目にするのは、RFID の中でも近距離無線通信（広義の NFC、10cm ほどの距離で通信する）と呼ばれる非接触型 IC です。Suica、楽天 Edy、nanaco、物流管理、マンションの鍵などで使われている Felica や、その基盤規格である ISO/IEC 18092（狭義の NFC）は、一度は耳

用語

ITS（高度道路交通システム）
交通の安全性や利便性を向上させるシステムの総称。ナビゲーションと交通情報の連携や、運転、料金収納の自動化など。

参照

・QR コード
→　p.92

にしたことがあるでしょう。これらは従来型の磁気カードと比較した場合、偽造が困難である点にも特長があります。

ICタグがついている商品、増えましたね！

安くなりましたからね。盗難防止だけでなく、マーケティングや在庫管理にも有効です。

得点のツボ　RFIDタグで気になること
- **電源**：電池を使うが、システムから非接触で電力を供給して動かせるものもある
- **コスト**：劇的に低価格化が進んだが、バーコードやQRコード（印刷だけですむ）に比べればまだ高い

ほかにも、「商品を買って家に持って帰ったあとまで、追跡されてるんじゃないだろうか」などのユーザ側の不安が提示されています。

ただ、食の安全などへの意識が高まる中で、**トレーサビリティ**（追跡性）の確保が求められています。たとえば、どのロットがどの工場でいつ作られたのか、どんな経路で流通してきたのか、といったことを追跡するのにRFIDは最適です。

今後の課題としては、業界全体を含めた運用のガイドラインや法律の整備を進めていく必要があります。

ITでコミュニケーションも変化する

グループウェア

身も蓋もない言い方をすれば、グループで使うソフトウェアです。友だちがいないと意味がない類のツールと言えます。

たとえば、職場や学校でよく使われるところでは、G Suite や Microsoft Office 365 がグループウェアです。以前は、ワープロソフトや表計算ソフト、プレゼンテーションソフトをまとめてオフィススイートなどと呼んでいました。それだけでも、単体のワープロソフトや表計算ソフトとして存在しているよりずっと便利（データの連係などができる）ですが、そこに共同作業用の機能や、メールやメッセンジャーを統合したコミュニケーションソフトが追加され、それらを包括する形でカレンダーやスケジュール管理機能、稟議などの意思決定機能、テレビ会議機能、議事録作成機能…などなどが加わることで、テレワークも含めて仕事でのコミュニケーションがこれで完結できるように進歩しました。

業務ではコミュニケーションに時間をとられるので、IT を活用してこれを短縮するわけです。モバイルなども導入すれば、場所を選ばず仕事ができ、「部長が出張中は、書類を決裁してもらえない（その間、遊ぼう）」ということがなくなります。

SNS

ソーシャル・ネットワーキング・サービスのことです。

これもコミュニケーションを支援して、人同士のつながりを緊密にしたり促進したりするシステムです。Facebook や Twitter が有名ですね。

SNS にはプロフィールや友だちを登録、管理する機能があり、友だちが今何をしているかなどを確認できるほか、特定の目的を持つコミュニティに参加して、告知や議論をすることも可能です。また、趣味や出身地といった属性情報から、気の合いそうな人を探したり、友だちの輪を広げたりするサービスもあります。

現在注目されているのは、SNS を業務に利用することで、ふだん会う機会のない要員同士が意見交換などをして、独創的なアイデアを生み出したり、問題の解決策を考えたり、共有したりすることができると言われています。

企業では、顧客との新しいコミュニケーション経路としても期待され、爆発的な効果を及ぼすこともありますが、逆に炎上などで企業価値を下げるケースも見られます。

用語

レピュテーションリスク
レピュテーションとは評判のこと。SNS での「いいね！」の数などがレピュテーションの例。レピュテーションリスクは評判を下げるリスク。売上低下に直結する。

近年グッと身近になったシステム

デジタルサイネージ

　無理矢理日本語に直すと、電子看板です。大きなものから小さなものまで、街中にあらゆるディスプレイが設置されて広告を流していますが、あれがデジタルサイネージです。場所や時間帯によって最適な広告を動的に流したり、顔認識技術などと組みあわせて年齢・性別にあわせた広告を配信します。広告だけでなく案内板として活用している例もあります。

マイナンバー

　全国民に12桁の固有IDを発行して、お役所の事務手続で一貫して使えるように設計されたのがマイナンバー（個人番号）です。番号法によって、用途は社会保障、税、災害対策に限られています。

マイナンバーカード（個人番号カード）

　マイナンバーは通知カードに記載されて、国民全員に送られてきますが、申請するともらえるマイナンバーカード（個人番号カード）は、顔写真と電子証明書が載せられていて、公的な身分証明書として使えます。

　マイナンバーカードは、民間事業者も利用できる（電子証明書が収められているICチップの空き領域も使っていい）ので、医療などでの利活用が期待されています。

　電子証明書とマイナンバーは分けて実装されているため、

> 用語
>
> **公的個人認証**
> 国が提供する本人確認システム。PKI（→ p.414）

こんがらがらないよう注意が必要です。「マイナンバーを民間も使える」と誤解しないようにしましょう。

クラウドファンディング

インターネットのサービスを通じて、不特定多数の人に資金提供を求めることです。「アニメの制作がしたいので、お金を集めています」「見返りは、3000円ならフィギュア」「10000円ならお風呂ポスターです」といった形で広く薄く資金を集めます。資金集めの目的が製品開発の場合は、見返り（リターン）が製品そのものになることも多いです。

クラウドファンディングによって、個人が資金を集めることが比較的容易になったと言われています。

2.3.3 組込みシステムからIoTへ

家電に仕込まれているコンピュータ

民生の情報家電や産業機器などに搭載される情報システムを**組込みシステム**といいます。英語で表現すると、エンベデッドシステムとなります。情報処理試験の高度区分にもそういう試験がありますよね。

組みこまれているコンピュータのことは、**マイクロコンピュータ**と呼びます。

用語

民生機器
一般消費者向けの機器。英語でいうとコンシューマ（コンシューマゲーム機などと言う）。もともとは軍事用（ミルスペック）と比べて性能が低いことを表していたが、最近は逆転現象もある。

あんまりピンときません…。ふだんの生活で見かけますか？

結構身近なシステムで、エアコンや炊飯器のしくみは組込みシステムですよ！　この組込みシステムの特徴は、実装に関しての**制約と単機能性**にあります。たとえば、炊飯器に組みこまれるシステムは、ごはんを炊くことだけ実現できればよく、パソコンのように何でもできる汎用性を持つ必要はありません。

その代わり、ものすごく小さくしてくれとか（大きなコンピュータが付属している炊飯器は買いたくないです）、安く仕上げろという縛りが非常に強いので、専用化されたハードウェアやソフトウェアが使われます。このため大規模システムの開発などとは違った難しさがあります。

近年、情報家電などの組込みOSにWindows、Linux、Androidなどの汎用OSを使うケースが増えています。開発期間とコストが減らせますが、不正アクセスやマルウェア感染のリスクが増大するので注意が必要です。

また、もう1つ特徴を挙げると、組込みシステムはリアルタイム性の重視があります。ここでいうリアルタイム性は即時という意味ではなく、たとえば「1秒でやると決めた仕事は1秒以内にきちんと終わらせる」ことを指します。さらに、組込みシステムにしておけば、かんたんな機能追加はソフトウェアの変更だけで対応できる、という利点もあります。

ファームウェアは"固い"ソフトウェア

組込みシステムが出てきたところで、**ファームウェア**も一緒に覚えてしまいましょう。これは、おもに組込みシステムを制御するためのソフトウェアのことで、ソフトウェアなんだけれども、特定用途にしか使わなかったりとか、ROMに焼きこまれて出荷されるためにほとんど変更しなかったりするので、ファーム（firm:固い）ウェアと呼ばれます。

用語

産業機器
業務用機器の総称。民生用と比較すると、デザインやコストを犠牲にしても性能を優先する傾向がある。基本的には民生機器より高性能で耐久性に優れる。

参照

・マルウェア
→ p.386

用語

ROM (Read Only Memory)
製造時のみ書きこみでき、あとで書き換えできないメモリ。

141

身近なところでは、ルータやテレビなどで「ファームウェアの更新をしますか？」などと聞かれたことはないでしょうか。これらを制御するソフトウェアに対して、「気に入らないから別のメーカのものに変えよう」といったことはできません。選択性にとぼしく、たしかに「固い」わけです。

以前のファームウェアは万全に検査して出荷されていましたが（不具合など起こると変更が大変）、現在は組込みシステムのインターネット対応や、保存場所がフラッシュメモリなどになったことを受けて、比較的気軽にアップデートされます。

「モノのインターネット」ってなに？

ここまで説明してきた組込みシステムの一種であるIoTが近年注目されています。IoTとはInternet of Thingsの略語で、よく「モノのインターネット」と呼ばれる技術です。

でも、インターネットって、そもそもモノとモノをつないでませんか？クライアントとサーバとか…

たしかにインターネットは情報機器と情報機器を結びつける通信インフラですが、その背後には人間がいます。少なくとも片方には人間がいることが想定されていたのです。

しかし、IoTではモノとモノとが結びつきます。その結びつき自体も、人間が設定しなくても先にポリシさえ与えておけば、必要なモノ同士が自動的に接続したり切断したりすることが可能です。

IoTでどんなことができる？

これまでインターネットへの接続が考えられていなかったもの、たとえばエアコンや冷蔵庫、炊飯器、照明などを接続することも、IoTと考えられています。しかし、ネット

参照

・フラッシュメモリ
→ p.280

用語

MtoM

Machine to Machineの略。IoTの1ジャンルで、機械同士がインターネットを通して情報をやりとりすること。データの収集や自律的な動作などをする。自動車に組みこまれたセンサからリアルタイムに情報を取得し、交通の流れや渋滞状況を解析する、などの用途に使われる。

ロボティクス

ロボット工学。ロボットは人型で二足歩行をしたり、擬似的な感情を持って話し相手になったり、病気の人や高齢な人の介護をしたりといった用途が期待されている。産業用でも、その耐久力や駆動力を活かして、警備や流通の業務に就く可能性が高まっている。

接続されたから外出先からエアコンを操作するというので
は、まだ人手を介しているため、本来的な意味でのIoTと
は言えません。

　ホームコントローラー（スマートスピーカーの形で、製
品が出回っています）がベンダに蓄積されたビッグデータ
や家人の日常会話などから、何が必要かを分析・判断し、自
動的にエアコンの温度や運転時間を設定したり、ご飯を炊
いたり、生鮮食品を発注したり、人手を介さずにモノ同士
が協調して働きはじめたとき、本当にIoT時代が到来した
と言えるでしょう。

　IoTの具体例として、以下のようなモノがよく出題され
ます。

アクティビティトラッカ

　おもに健康管理の目的で使われる計測機器です。歩数や
心拍数、睡眠時間などを計り、蓄積します。スマートウォッ
チやスマホにインストールして使うものが普及しています。

コネクテッドカー

　車に大量のセンサを搭載し、センサが収集した情報をイ
ンターネット経由でサーバに送り、分析などに活用します。
オーナーが気づかないうちに車の故障の予兆を発見し予防
保守にくるサービスや、リアルタイムの交通情報・事故情
報の分析とフィードバックに利用する事例などがありまし
た。将来、完全自動運転車を実現するための重要な技術で
あると考えられています。

IoTはセキュリティに要注意！

　一方、IoTのセキュリティは、重々気を配らなければなり
ません。IoT機器はそもそもコストや容量の点でセキュリ
ティ対策が眼中にない機器も多いです。また、組込み機器
のOSの標準化によりマルウェアも作りやすくなっていま
す。飛行機や自動車の操縦系にアクセスできた例もありま
す。

---

1 企業活動

2 経営戦略

3 システム開発

4 コンピュータのしくみ

5 ネットワークとセキュリティ

6 データベースと表計算ソフト

用語

IoTセキュリティガイドライン

総務省、経産省が策定した
ガイドライン。IoT機器は
急速に普及したが、そもそ
もセンサ類はセキュリティ
を気にする発想がなく、パ
ソコンなどと違ってセキュ
リティに大きな資源を割け
ない特性がある。そのため、
独自のガイドラインが必要
になった。自動車、家電、医
療、工場などでの活用が想
定されている。

143

> ええ！？ めちゃくちゃ怖いじゃないですか！

そのため、IoTが進展するなら、セキュリティ対策を進めることが必須です。

IoTのしくみをおさえよう

IoT技術の中で、まず<u>センサ</u>と<u>アクチュエータ</u>の2つを知っておきましょう。

得点のツボ　センサとアクチュエータ

センサ：
- 現実の情報を収集し、コンピュータ向けのデータへと変換する機器
- 位置センサや光学センサ、温度センサなど無数の種類がある
- 目的があって置かれるもの、目的はないけれどとりあえずデータを取っておこうというものなど、さまざま。

アクチュエータ：
- 電力を物理的な動きに変換する機構のこと（モータや自動スイッチなど）
- センサで現実の情報を読み取るだけでなく、現実に働きかける場合に使われる

このセンサとアクチュエータをネットワークにつなげる構成は、ざっくり次のようになっています。

> **ひと言**
>
> センサの役割として「デジタルツイン（現実から得たデータをもとに、現実のコピーを仮想空間上に再現する）」などの構想を実現することが期待されている。

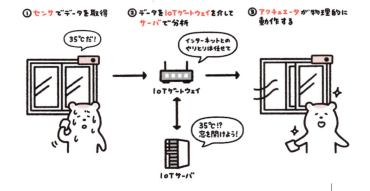

　この構成では IoT ゲートウェイを介していますが、センサとサーバが直接通信するケースもあります。その用途で 5G が期待されています。

　そのほか、以下の用語もおさえておきましょう。

IoTエリアネットワーク

　目的、通信速度、消費電力、通信距離などが異なる IoT 機器を接続するためのローカルなネットワークです。各種の技術規格を組みあわせて作ります。PC やスマホと違って潤沢に電源を使えないことも多いので、LPWA などが採用されます。

LPWA

　IoT 機器などとやりとりする用途に対応するため、省電力と長距離通信を両立させた無線通信規格群の総称です。あらゆる場所（屋外や電力・通信供給の悪い場所）で IoT を利用するとき、必須の要素技術です。特にセンサ周りの部分で LPWA が使われます。

エッジコンピューティング

　端末の近く（エッジ）にサーバを配置する手法です。たとえば、スマホは高度な処理を外部サーバに頼りますが、サーバが遠隔地だと遅延（レイテンシ）が生じます。

　そこで、なるべくスマホの近くにサーバを設置すれば、インターネットへの負荷や遅延を小さくできます。IoT など

参照
・5G
→ p.320

スペル
・LPWA（Low-Power Wide-Area Network）

で管理する機器の数や分析するデータが増える中で、重要性が増しています。

近くに置くってすごく単純ですけど、効果あるんですか？

劇的に効きます。5Gでも採用されている概念です。HFT（高頻度取引）といって、ミリ秒単位で取引をするようなシステムでは、ケーブルの長さにまでこだわります。

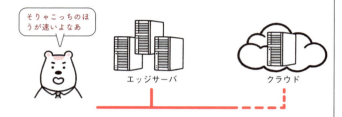

2.3.4 ITとこれからの社会

第4次産業革命とは？

- 蒸気機関を使って工場を機械化した第1次産業革命
- 電力を大量生産に活用した第2次産業革命
- 情報技術による自動化をなし遂げた第3次産業革命

これらに続く、4つめの革命の意味で使われる言葉です。**インダストリー4.0**とも言います。

2010年代に入って急速に使われるようになり、その中核にあるのはここまで解説してきたビッグデータの活用、IoT、AIと言われています。

第4次産業革命の何がうれしいのか？

従来は時間・コストや能力で無理だと考えられていた、き

用語

オープンイノベーション
単体の企業ではなく、複数の企業や大学の連携によってイノベーションを起こすこと。

スマートエネルギーマネジメント
電力供給の不足や過剰を廃して安定供給をし、かつ資源のムダを省いた有効活用などを、AIやIoTを使って実現する考え方。

エネルギーハーベスティング
その場の周囲の環境（光や風、地熱、振動など）からエネルギーを収穫するし電力に変換する技術。

め細かいサービスや製品を作れます。同じ製品を大量生産していた産業が、個々の利用者のニーズに合わせた（そのニーズ自体もAIが調査します）、サービスや製品を生産できるようになるわけです。

　個々人のことを十分に把握し、好みに合致するようなサービスは、たとえば高級旅館のおもてなしのように、限られた数量で高価格なサービスであれば、これまでもありました。しかし、もしかしたらそれが100円ショップでも可能になるかもしれません。

　また、これまでに作られてきて社会で動いているシステムは、そのシステムの中では最適化されているものの、全体最適はなかなか達成できませんでした。結果として、効率的でないサービスやシステムがたくさんあります。IoTやAIをはじめとする技術が、これらを現実的なコストで結びつけ最適化することが期待されています。

最近よく目にする「DX」ってなに？

　DXでデジタルトランスフォーメーションと読みます。最近、新聞やテレビでもよく聞くようになりましたね。マスコミではいろいろな定義がなされていますが、本試験対策としては「ITのチカラを使って、ビジネスを劇的に改革する」と覚えておきましょう。

「劇的に改革」って、ふわっとしすぎでは？

　たしかに、これはちょっと難しいというか、わかりにくい用語です。ただ、ポイントとしておさえておきたいのは、単にテクノロジーを活用するだけではDXとは言わないことです。重点はあくまで「ビジネスの改革」にあります。

「こういうふうに仕事を進めたかったんだけど、今までできなかった」
　→でも、ITを使えばできるぞ！

用語

マス・ラピッド生産
大量生産体制のなかで、製品開発や生産の速度を向上させた方式。

マス・カスタマイズ生産
大量生産体制のなかで、個々の製品のカスタマイズもできる方式。

スペル

・DX（Digital Transformation）

「こんな組織体が理想だったけど、無理だった」
　→情報システムの導入で理想の組織が作れたんだ！

　このような事例がDXと呼べるでしょう。
　あまりITを活用できていない会社や組織では（ことに日本で顕著なのですが）、コンピュータを導入することや、システム化することがIT化やDXだと誤解される傾向があります。生徒1人1台のPCを導入して大満足しているけど、学校からのお知らせは紙のプリントで配っています、という教育現場があったらそのDXは失敗してると思います。
　のちほど出てくるBPRと関連させて理解してもいいでしょう。BPRは仕事の進め方（ビジネスプロセス）を抜本的に見直して、再構築することです。
　BPRはちょっと古い言葉なのですが、その登場時から数えてもずっと「お金をかけたし、いろいろ導入したけど、ちっとも便利になった気がしない」IT化がくり返されてきたので、今度こそDXという名前のもとで、うまくいくといいなあと思います。

「共有や公開」で新しいサービスを生む

シェアリングエコノミー

　商品や場所を所有するのではなく、共有することで利用するサービスや考え方のことです。たとえば、車は所有していても、ほとんどの時間は使っていないことが知られています。共有することで資源の有効活用やムダのない消費を実現します。
　旅行者をふつうの家庭に宿泊させる民泊や、一般家庭の自動車をタクシーとして使う配車サービスなどが一例です。利点も多い一方で、既存の法律や慣習との不整合が問題になることがあります。

APIエコノミー

　APIはアプリへアクセスするインタフェースのことです。従来、これを公開する発想はなかったのですが、公開すること（オープンAPIにすること）で他企業などから自社のサービスを利用してもらえます。自社開発では遅くなった

参照

・BPR
→　p.160

用語

WebAPI
システムの機能を外部から利用するインタフェース（API）としてHTTPを使うもの。

り、作れなかったりした新しいサービスや他企業連携サービスが迅速に提供できることにつながるので、注目を集めています。

　この考え方を推し進めると、<u>APIエコノミー</u>になります。すばやい他企業連携でサービスの価値が高まりますし、さまざまなサービスや製品に自社のサービスが組みこまれていれば、自社の存在感やブランド価値、発言力の向上に直結します。そのAPIを使ったAPI経済圏の覇者になれるわけです。たとえば、FacebookやTwitterのシェアAPIボタンは、多くのWebサイトに組みこまれていて、APIエコノミーを確立していると言えます。

これから先の未来社会

Society5.0

　新しい社会のあり方を示す用語です。内閣府の説明によれば、現実空間と仮想空間の高度な融合ということになります。

　　・Society1.0　　狩猟社会
　　・Society2.0　　農耕社会
　　・Society3.0　　工業社会
　　・Society4.0　　情報社会

　これら4つの段階的社会発展の次に位置するモデルです。情報社会（4.0）との違いは、共有やつながりの重視です。今まで分かたれていた現実と仮想はVRやAR、IoTなどにより不可分なものになります。たとえば米軍は仮想空間をすでに第5の戦場として設定し、仮想空間への攻撃に陸海空軍で反撃する可能性を示唆しています。

　また、人と人とのつながりの強化も謳われていて、AIなどの活用によって積極的に人が情報を取りにいかなくても共有されたり、住んでいる地域やスキル、年齢、年収、性別、障害の有無にかかわりなく社会に関わっていけたりする快適な社会を志向しています。

参照

・VR
→　p.246
・AR
→　p.247

スマートシティ

ICT、IoT、データサイエンスなどを駆使して、移動や物流、エネルギー消費などを効率化する都市のことです。

IT社会を生き抜く2つのチカラ

情報リテラシ

仕事をしたり、生活をしたりするために、情報技術を活用する能力のことです。よく、「情報時代の読み書きそろばん」といった言葉で説明されます。以前は暮らしていくにも、勤めに出るにも、読み書きそろばんが必須だと言われていました。現代では、それと同じように、情報技術を使いこなせることが不可欠だということです。

たとえば、会社や学校からの連絡事項は、ほとんどメールやSNSで送られてくるようになりました。入学試験の出願も、すべてネットで受けつけている学校もあります。こうした状況下では、情報技術がある程度使えることが、生きていくための前提になってきます。

デジタルディバイド

情報リテラシが、生きていくための前提になるとすれば、情報リテラシがない人はどうなってしまうのでしょうか？

情報リテラシに恵まれない人は、仕事や学校生活で損をしたりすることがある一方で、情報技術を使いこなしている人はどんどんチャンスを掴んでいくかもしれません。こうした格差のことをデジタルディバイドといいます。

また、利用者を取り巻く環境を差してデジタルディバイドと呼ぶこともあります。都市部では高速で安定したネット接続環境が安価で利用でき、過疎部では低速で不安定なネット接続環境に甘んじなければならないような状況はデジタルディバイドです。

デジタルディバイドで損をしないように、情報リテラシを得ておくほうがいいのはまちがいありません。しかし、年齢や経済的、地域的な理由でデジタルディバイドが生じているのであれば、その格差は是正することを目指さなければなりません。ネット接続事業者がユニバーサルサービス（だれでも受けられるサービス）の実現に向けて努力するの

はそのためです。

通信速度制限がかかっちゃって、遠隔授業が音しか聞こえないんです！

　典型的なデジタルディバイドですね。高収入家庭の子女が潤沢な機材に触れ情報リテラシを育み、そうでない家庭の子女は機会に恵まれず情報リテラシが育たないといった事態を放置すると、格差が世代を超えて固定してしまう恐れもあります。

♛ 重要用語ランキング

① IoT → 　p.142

② シェアリングエコノミー → 　p.148

③ LPWA → 　p.145

④ FinTech → 　p.134

⑤ DX → 　p.147

用語を理解できているかおさらいしよう！

151

試験問題を解いてみよう

問題1　令和3年度　問13

FinTechの事例として、最も適切なものはどれか。

ア　銀行において、災害や大規模障害が発生した場合に勘定系システムが停止することがないように、障害発生時には即時にバックアップシステムに切り替える。

イ　クレジットカード会社において、消費者がクレジットカードの暗証番号を規定回数連続で間違えて入力した場合に、クレジットカードを利用できなくなるようにする。

ウ　証券会社において、顧客がPCの画面上で株式売買を行うときに、顧客に合った投資信託を提案したり自動で資産運用を行ったりする、ロボアドバイザのサービスを提供する。

エ　損害保険会社において、事故の内容や回数に基づいた等級を設定しておき、インターネット自動車保険の契約者ごとに、1年間の事故履歴に応じて等級を上下させるとともに、保険料を変更する。

解説1

FinTechは金融とITが結びつくことで生まれる、革新的なサービスを指す用語です。

ア　銀行にフォーカスしていますが、ふつうにバックアップの話です。

イ　一般的なセキュリティ対策です。

ウ　正答です。いまのところは、このくらいが「革新的なサービス」と認識されています。

エ　IT化以前からやっていました。

答：ウ

問題2　令和元年度秋期　問31

RFIDの活用によって可能となる事柄として、適切なものはどれか。

ア　移動しているタクシーの現在位置をリアルタイムで把握する。

イ　インターネット販売などで情報を暗号化して通信の安全性を確保する。

ウ　入館時に指紋や虹彩といった身体的特徴を識別して個人を認証する。

エ　本の貸出時や返却の際に複数の本を一度にまとめて処理する。

解説2

　RFIDは、QRコードやバーコードと異なり、離れた場所や隠れた場所にあってもスキャンできることが特徴です。選択肢にあるように、複数をまとめてスキャンすることもできるので、スマート店舗での商品管理に活用できます。

答：エ

✏ **問題3　令和2年度　問10**

IoTに関する事例として、最も適切なものはどれか。

ア　インターネット上に自分のプロファイルを公開し、コミュニケーションの輪を広げる。
イ　インターネット上の店舗や通信販売のWebサイトにおいて、ある商品を検索すると、類似商品の広告が表示される。
ウ　学校などにおける授業や講義をあらかじめ録画し、インターネットで配信する。
エ　発電設備の運転状況をインターネット経由で遠隔監視し、発電設備の性能管理、不具合の予兆検知及び補修対応に役立てる。

解説3

　すべての選択肢が何らかの用語の説明、というよくあるタイプの設問です。「試験に使われた言葉」で用語を理解しておけばばっちりです。

ア　SNSを説明しています。「コミュニケーションの輪を広げる」（実際には閉ざす場合も多いですが）がキーワードです。
イ　ターゲティング広告を説明しています。「検索すると類似商品が出てくる」がキーワードです。
ウ　文科省が言うオンデマンド型講義の説明です。同時双方向型との違いに注意してください。
エ　正答です。「インターネット経由で遠隔監視」がキーワードです。

答：エ

企業活動 1

経営戦略 2

システム開発 3

コンピュータのしくみ 4

ネットワークとセキュリティ 5

データベースと表計算ソフト 6

153

2.4 企業が業務に使うシステム

学習日

出題頻度 ★★★★☆

ユーザ側の話が続きましたので、企業側の話にも触れておきましょう。企業と個人が使うシステムには差があります。ERPなど、ふだんの生活で耳にしない言葉を中心に、効率的に覚えていきましょう。

2.4.1 電子商取引

電子商取引の形態

まず情報システムを用いた電子商取引（EC）の形態を押さえます。といっても、難しいことはまったくありません。

- BはBusiness（企業）
- CはConsumer（消費者）
- GはGovernment（政府）
- EはEmployee（従業員）

ということがわかっていれば、どことどこの間の取引なのか、すぐわかります。

B to B	企業間の取引。電子商取引を金額ベースでみると、B to Bが占める割合が最も大きいといわれている。派生の「B to B to X」はドコモ（B）が5Gをトヨタ（B）に売り、トヨタが5Gによって商品の付加価値をつけて、だれか（X）に売るような形態
B to C	企業と消費者の取引。電子マーケットプレイス、オンラインモールなどが該当する。Amazonで本を買ったことがあれば、B to Cの経験者と言える

ひと言

インターネット上での通信販売では、販売者が送信した受注を承諾するメールを、注文者が受信した時点で取引が成立する。

C to C	消費者と消費者の取引。消費者同士が取引をするというのは、従来あまり一般的ではなかったが、ネットオークションなどの普及により、件数が増大している
B to G	企業と政府の取引
B to E	企業と従業員間の取引。社員割引などが該当する

そのほか、電子商取引関連の用語として、以下をおさえておきましょう。

O to O

Online to Offlineの略語です。インターネットでの広告やクチコミを、実店舗への集客や購買活動へ結びつけようとする活動を指す言葉です。

たとえば、顧客のスマホから得られた位置情報から、近くの店舗でおこなわれているタイムセールをプッシュ配信したり、LINEで店舗アカウントの友だちになると割引券が入手できたりといった試みがあります。

割引券が送られてくると、ふだん買わないものもつい買ってしまいます

なんか、使わないと損した気分になっちゃうんですよね。うまくやるとO to Oは効果が高いです。

オムニチャネル

オムニという言葉からもわかるように、販売チャネルや流通チャネルのすべてを統合することです。Webで注文したものを、宅配便でも店舗でも受け取れるようにしたり、逆に店舗での購買でも宅配便を利用できる、在庫がなければWeb注文に切り替えられるなどの施策があります。

少し前に流行ったマルチチャネルは複数チャネルを持ってはいましたが、各チャネルは独立していました。しかし、オムニチャネルでは、認知はオンラインで、比較はSNSで、購入は実店舗（O to O）でといったことがおこなわれます。

用語

エスクローサービス
第三者による安全担保サービス。オークションなどが典型的で、代金支払や商品受渡に不安があるので、オークション事業者や宅配業者などが代金決済を代行する。

参照

・SNS
→ p.138

Webを通じて宣伝する方法

　BtoCの例でも挙げたように、ネットを通じて商品やサービスを購入することは、もうあたりまえになっています。これを受けて企業側も、ネットを使って消費者に商品をアピールすることに躍起です。

　たとえば<u>レコメンデーション</u>は、利用者が何回訪れたか、複数あるWebページをどのように行き来したかといった<u>アクセスログ分析</u>などから、利用者の興味に応じた商品をトップページに表示してアピールします。

　非常に効率のいい販売手法であることは以前から知られていましたが、基本的に高コストです。しかし、Webは個々人に向けたカスタマイズがかんたんにできるので、広告手法として大きな強みになっているのです。

　そのほか、以下のようにさまざまなWebマーケティングに関する手法・技術があります。

<u>SEO</u>	検索エンジン最適化。自分のWebサイトが検索結果の上位にくるよう、あの手この手で仕向ける。検索エンジンは検索アルゴリズムを定期的に変えることで、悪質なSEOを排除する
<u>クローラ</u>	ネット上を巡回して情報を取得するプログラム。検索エンジンが使う、Webページ情報収集のクローラなどが有名。悪用している例としては、メールアドレスを収集するクローラなど
<u>リスティング広告</u>	検索連動型広告。検索結果とは別に、検索語に関連する広告が表示されるしくみ。検索語に関連しているため、利用者が探しているサービスや商品に合致している可能性が高い
<u>アフィリエイト</u>	業績連動型の広告手法。Webページに広告を載せ、見た人がそのリンクをたどって購買をすると報酬が出る。Webページで扱っている内容と広告内容が連動していて、潜在顧客にリーチしやすい
<u>バナー広告</u>	Webサイトに画像（バナー：旗のような細長いやつ）を張り、クリックすることで広告主のサイトへ誘導する広告手法。クリック回数、成約回数を定量的に評価できる

用語

検索アルゴリズム
検索結果の順位を決定する計算手法。

用語

CTR（クリック率）
利用者が広告へのリンクをクリックした回数を、表示回数で割った数字。CTRが高いほど、効率的な広告と言える。

CVR（コンバージョン率）
クリックしたうえで、どのくらい目的に至ったかを示す指標。目的はメルマガの登録や製品の購入など、サイトごとにさまざま。

CMS	コンテンツマネジメントシステム。Web サイトの構築と運用を一元管理し、記事の投稿や公開期間の設定、記事の世代管理、記事執筆者と責任者を分離して承認と公開のワークフローを作る機能などを持つ

　また、実在店舗と比べたときのネットショップの特徴もおさえておきましょう。

　実在店舗では売上上位の商品に注力して販売しますね。しかし、インターネット上での通信販売では、店舗運営費が必要なく、大量の商品を陳列できます。実際の商品は土地代のかからない場所に置いておけばいいですし、検索技術などによりニッチ商品でも消費者と結びつけやすい特徴もあります。

　これらの要素を上手に活用できれば、売上下位の商品からも利潤をあげやすくなります。これを**ロングテール**と呼びます。売上表の下位にあるたくさんの商品をグラフ化すると恐竜の尾のように見えることから、名付けられました。

電子商取引の新たな動き

デジタルエコノミー

　情報技術と金融が結びつくことにより、新しい経済活動がうまれており、それを総称して**デジタルエコノミー**と言います。情報技術を組みあわせた革新的な金融商品をFinTechと呼んだり、広い意味では日常生活のキャッシュレス化もデジタルエコノミーの一環です。改ざんされにくく透明性のあるブロックチェーン技術を使ったビットコインなどの暗号資産も、存在感を増しています。

暗号資産（仮想通貨）

　中央銀行によらず発行された通貨で、一般的な市場でも電子取引に利用できるものを指す用語です。

　また、それを実現する技術が**ブロックチェーン**です。分散型台帳技術のことで、ハッシュなどを組みあわせて作られています。暗号資産では取引記録を管理できて、不特定多数による自律的な管理や改ざん不可能性に特徴があります。

用語

クリプトジャッキング
暗号資産（仮想通貨）のマイニングには一般的に膨大なコンピュータ資源が必要なので、他人のコンピュータを悪用しようとする技術。マルウェアの形でシステムに侵入し、他人のコンピュータ上でマイニングをおこなう。

1 企業活動
2 経営戦略
3 システム開発
4 コンピュータのしくみ
5 ネットワークとセキュリティ
6 データベースと表計算ソフト

157

2.4.2 会社全体の生産性を高める

1人ひとりの仕事をスピーディーに！

コンピュータの導入期から、個々の仕事の情報化が進んでいます。たとえば **CAD**（コンピュータ支援デザイン）は、手作業だったデザイン業務をコンピュータに置き換え、効率的にもっと質を良くしようとするシステムです。

ほかにも、個人や各部門内で効率よく働くためのシステムは、以下が挙げられます。

スペル
- CAD (Computer Aided Design)

CAM

CADとあわせて覚えておきたいのが **CAM**。コンピュータ支援製造を略した言葉で、CADと自動工作機械を結ぶためのしくみです。

従来、製品の製造は設計図を見ながら熟練工が穴をあけたり切断したりしていました。しかし、設計はCADでおこない、工作機械も数値制御（NC）によって「この座標にこの大きさの穴をあける」といったことができるようになると、CADで作った設計図から工作機械を制御するための数値を抜き出せれば、製造全部を自動化できると考えられるようになりました。これを実現したのがCAMです。

スペル
- CAM (Computer Aided Manufacturing)

RPA

業務プロセスのなかの、定型化され反復される箇所や、標準化された箇所をロボットで置き換えることです。

スペル
- RPA (Robotic Process Automation)

人型ロボットですか？猫型ロボットですか？

ロボットって言うと、ハード的なモノを連想しますよね。しかし、RPAでのロボットはソフトウェアロボット、すなわち「アプリケーション」を含みます。

認知技術や機械学習などの精度が上がった結果、業務の自動化が手軽にすばやく低コストでできるようになり、またその性能も洗練されていくので、注目されています。

自動音声応答と組みあわせて、電話オペレータの業務を代替するRPAも登場しました。ロボットによる業務の代替が単純労働から高度な処理へと領域を広げているのです。

本試験でおさえるべきポイントとしては、RPAが得意としている分野が**定型的な事務作業**、**間接部門の事務作業**であることです。非定型作業はまだロボットに任せるには荷が重いです。また、「工場での定型作業を改善する」といった誤答誘導選択肢もよく出ます。これは、工場＝ロボットという思い込みを突いた出題です。RPAはホワイトカラーの業務を置き換えることを主眼にしているので、混乱しないように注意しましょう。

得点のツボ　RPAのポイント

・RPA（＝ロボット）で定型の事務作業を置き換える！
・RPAの「ロボット」は、ソフトウェア。猫型とかじゃない
・ロボットという言葉に引きずられて、「工場で使うはず」とか誤解しない

BYOD

「お前の端末を持って来いや！」の略語で、私物のスマートフォンやノートPCなどを業務に利用することです。会社側は機器購入の費用低減の可能性が、社員側は好きな端末・使い慣れた端末を業務利用できるメリットがあります。

一方で、管理の難しい私物端末を業務に使うため、セキュリティ対策の費用がかさみ、セキュリティ水準が落ちることが懸念されており、端末を持っていない社員にとっては機器の購入負担が生じるデメリットがあります。

スペル

・BYOD（Bring your own device）

ワークフローシステム

届出や報告の承認を、効率化するしくみです。出張費の申請を上司がいつの間にか承認したり拒否したりするなど、相手の時間や場所にとらわれず、業務が流れます。

業務全体を効率よくするシステム

このようなシステムを活用して効率化を図りますが、個々の仕事の情報化では改善できる点に限りがあります。そこで、業務ごとや部署ごとの情報化ではなく、全体の効率を考えながら費用対効果のいい情報化をしようという発想がうまれてきました。

CIM

「部署だけの事情を考えるのではなくて、全社横断的にやりましょうよ」的取り組みの中では、かなり最初のころからあるシステムです。コンピュータ統合生産と訳しますが、単に工場でモノを作るだけでなくて、研究部門や営業部門と情報をリンクして一元管理することで、全社業務の効率化、最適化をはかります。

スペル
・CIM (Computer Integrated Manufacturing)

BPR

「いくら情報システムを導入しても、それを動かすルールが旧態依然としていては、十分に活用できないよ」「じゃあ、まずルールを変えてみよう」という発想が BPR です。

従来の業務手順は情報化以前の状況で最も効率的なように考えられています。それが情報化した仕事の進め方として最適かどうかはわかりません。場合によっては、情報化による高速化、効率化などのメリットを相殺してしまう業務手順もあり得るわけです。

スペル
・BPR (Business Process Reengineering)

役所の受付が電子化されたんですが、結局ハンコを押しに一度は出かける必要があるんです

効果を生まない電子化の一例ですね。BPRは、その辺を洗い出し、単にある作業を情報化するだけではなくて、仕事のルールそのものを抜本的に変えることで情報システムを有効活用し、全体効率をあげようとします。ほかにも組織や管理機構を再設計することもあります。

そういったときに活用するのが、**業務フロー図（プロセス図）**です。人員や作業、経営資源がどのようにつながって業務を構成しているかを図化したものです。各作業や資源を矢印でつないでいきます。

また「1回見直すだけじゃダメだよね」ということで、例のPDCAサイクルが出てきます。これは**BPM**と呼ばれ継続的にBPRをするマネジメントシステムを構築します。

EDI

企業のネットワークは局所的にIT化されてきましたが、部署間や企業間、組織間の壁があり、当初考えられていた程には業務が効率化されないことがわかってきました。そこで、異なる組織同士の連携を図る**EDI**が提唱されました。

EDIは、ネットワークを通じて、商取引のためのデータをコンピュータ間でやりとりすることをいいます。基本的に、やりとりのためのプロトコル（約束事）を合致させることで実現します。

ただ、複雑に作りこまれているシステムでは今さらプロトコルを変えられなかったり、別の業界と接続する必要があったりするかもしれません。その場合は、EDIサーバと呼ばれるプロトコルの相互変換を専門にするサーバで対処します。また、最近では最初から全体最適を意識したシステム設計をする試み（EAなど）も注目されています。

スペル
・BPM（Business Process Management）

スペル
・EDI（Electronic Data Interchange）

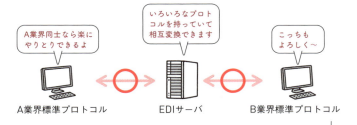

EA（エンタープライズアーキテクチャ）

　組織全体の構造と機能を可視化する方法です。大きな組織において、組織の全体最適を達成するために使います。従来の組織改革は、部分最適の積み重ねによっておこなわれていましたが、全体の効率化に直結していませんでした。EAはその反省から生まれました。

　EAでは、今の状況（As-Is）を理解することと、理想的な状況（To-Be）を導くことが重要です。このとき、As-IsとTo-Beの差を知るためにおこなうのが**ギャップ分析**です。理想との差異がわかれば、それを埋めるための方法や手順を考えることができます。As-IsとTo-Be間に、現実的な次期モデルを置くこともあります。

> **ひと言**
>
> 組織を網羅的、体系的に記述するために「ザックマンフレームワーク」などが使われる。

ERP

　英略語が続いて申し訳ありません。もうちょっとだけ続きます。**ERP**は**経営資源計画**と訳します。

　企業が経営をしていくのに必要なもの（ヒト、モノ、カネ、情報、etc）を**経営資源**といいます。これは、事業部などの単位で管理されることも多かったため、全社的に見ると重複した資源を持ってムダにしていたり、最適な場所に最適な資源を投入していないことがあります。

　そこで、経営資源の統合管理をする手法としてERPが出てくるわけです。それを実現するためのシステムをERPと呼ぶこともあります。

> **スペル**
>
> ・ERP（Enterprise Resource Planning）

2.4.3 ｜ システム開発をめぐる動き

業務に使うシステムを発注するには

　RFP（**提案依頼書**）が必要です。情報システムを開発するのにあたってユーザ側が作る文書のことで「こんなシステムを作ってよ」という要求をまとめてシステム開発側に渡します。

　IT業界では、口約束や条件があいまいな契約で業務が進められていくことが少なからずありました。すると、「契約内容を確認したつもりだったんだけど、同じ言葉を違う意味で認識していた」などのケースも起こりやすく、開発が

> **スペル**
>
> ・RFP（Request For Proposal）

混乱したり、思ったようなシステムができあがらなかったりすることもあります。そうした事態を回避するためにはRFPが重要です。

RFPにはシステム化する対象や目的、構成、性能、納期、予算、体制、評価基準（性能、納期、予算、費用対効果など）をしっかり書きます。開発側はこれを見て提案をするわけです。

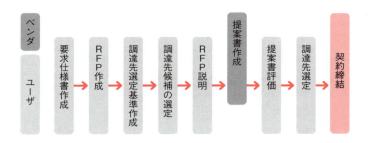

要求仕様書やRFPの作成に先立って、**RFI（情報提供依頼書）** を作成するケースも増えてきました。現在の技術動向や発注しようとしているベンダの保有技術を教えてもらうことが目的で、これをもとに要求をまとめていきます。

RFxはどれも似ていて、超まちがえやすいので、流れをしっかり整理しておきましょう。

スペル

・RFI（Request For Information）

得点のツボ　RFxのポイント

- **RFI**（情報提供依頼書）→ **RFQ**（見積依頼書）→ **RFP**（提案依頼書）の順
- **RFP** によって、SIerに「こんなの作って！」って伝える
- RFPに盛り込む「予算」を教えてもらうお願いが **RFQ**
- RFPを作るために、業界の状況や今どきの技術を教えてもらうお願いが **RFI**
- RFxを作るのはみんな **発注側**。受け取るのは **受注側（SIer）**

用語

SI
システムインテグレーションの略語。顧客の要望に応じて、業務のシステム化（企画、設計、開発、運用）をすることを指す。SIをする企業がSIer（システムインテグレータ）。

3つの資料の中で軸になるのは <u>RFP</u>。RFQ も RFI もすべて、最終的に RFP をまとめるためのステップになります。

　あわせて以下の用語もおさえておきましょう。

ベンダ

　販売会社のことです。メーカそのものもベンダになり得えますし、販売代理店ももちろんベンダです。IT 業界では、ソフト・ハードの開発（製造）（販売）会社という広い意味で使われます。

> 飲み物の自動販売機を「ベンダーマシン」って呼ぶのを聞いたことがあります！

　そうですね。「商品を販売する機械（＝ベンダーマシン）」とイメージすれば、ベンダも覚えやすいかもしれません。

NDA

　直訳すると<u>機密保持契約</u>です。その名のとおり、業務過程で得た互いの情報を公開しない約束を交わしたものです。

スペル
・NDA（Non Disclosure Agreement）

ソリューションビジネス

　グローバル化や情報化の影響で企業経営が高度化、複雑化してくると、問題解決のための手法や情報システムも同様に複雑化します。

　以前のように、「このパッケージソフトを導入しておしまい」というわけにはいかなくなっていて、「まず BPR して、CIM して…おお、そのためのシステムには、あのハードとソフトとサービスを組みあわせる必要があるな！」といった感じです。

　この「いろいろ組みあわせた解決策」を、ソリューションと呼ぶわけです。ソリューションの提供の仕方もたくさんあるので、出題頻度の高いものを見ておきましょう。

ホスティングサービス

コンピュータをたくさん揃えたデータセンタが、その計算能力や記憶媒体を間貸しするサービスです。データセンタのコンピュータである点がポイントです。

ハウジングサービス

ユーザが自分で用意したコンピュータを預かってくれるサービスです。無停電電源や耐震構造、温度管理など、自社ではなかなか用意しにくい環境が整えられています。

ASP

アプリケーションソフトを提供するサービスです。ユーザはネットワークを通して ASP にアクセスして、ASP のサーバ上でアプリケーションを実行します。ユーザにとっては、メンテナンスの手間が省けるのが利点です。

CDN

コンテンツ配信ネットワークのことです。動画、音楽、オンラインゲームの配信では通信負荷が大きくなるため、サーバを地理的に分散させるなどの工夫が必要です。それを実現したのが CDN で、遅延や輻輳が少ない配信が可能です。Akamai などの事業者が有名です。

クラウドコンピューティング

コンピュータは計算能力を生み出す機械だと言い換えることができます。CPU に電流を流してぶん回すことで、計算能力を得るのです。生み出した計算能力で、ソフトウェアを動かし、仕事をしたり動画を見たりします。

そうであれば、1人1台の PC で計算能力を生み出すのは効率が悪く、また朝は計算能力を多めに、夜は少なめに生み出すといったスケーラビリティにも欠けます。

かつて家庭に発電機を置くのをやめて発電所にまとめたように、コンピュータもデータセンタにまとめて、利用者には計算した（ソフトウェアを動かした）結果だけを送信したほうがいいのかもしれません。この考え方を推し進めたのがクラウドコンピューティングです。

スペル

・ASP（Application Service Provider）

スペル

・CDN（Content Delivery Network）

用語

スケーラビリティ
需要に応じて柔軟に供給量を変えられる能力。スケールを大きくしたり、小さくしたりが自由自在。

企業活動 1

経営戦略 2

システム開発 3

コンピュータのしくみ 4

ネットワークとセキュリティ 5

データベースと表計算ソフト 6

165

> **得点のツボ** 家にPCを置くのをやめて、クラウドにすると…
> ・メンテナンスや買い換えの手間がはぶける
>   必要に応じて性能をよくしたり落としたりできる
> ・規模の経済が働き、コストが下がる
> ・多くの利用者がいるので、設備のムダがない
>   （夜間や休日でも使う人がいる）

　ソフトウェアやデータがクラウドにあるので、どんな端末からでも同じデータが使えたり、手元の端末がさほど高性能でなくても高度な仕事をこなせたりします。タブレット端末やスマートフォンの隆盛はクラウドと無縁ではありません。

　しかし、効率性を追求した結果、データセンタが世界に分散しその時点で最適な場所（夜になる地域のデータセンタだけ動かし、サーバ冷却費を節約したりします）で計算されたり、ネットワークが止まるとサービスが利用できなくなったりする点には注意が必要です。自分のデータがどの国に保存されているかわからず、適用される法律が不明なケースもあります。

　近年では、クラウドコンピューティングによるサービスの提供が一般化しています。事業者が提供する部分、利用者が提供する部分によって、IaaS、PaaS、SaaSに分けられています。

	IaaS	PaaS	SaaS
利用者側の提供部分	応用ソフト	応用ソフト	応用ソフト
事業者側の提供部分	基本ソフト	基本ソフト	基本ソフト
	ハードウェア	ハードウェア	ハードウェア

IaaS（イアース）	事業者はハードウェアだけ（インフラ：仮想サーバなど）を提供する。利用者は OS やアプリケーションをインストールして使う。自由度が高いのが特徴
PaaS（パース）	事業者はハードウェア＋基本ソフト（プラットフォーム：OS など）を提供します。利用者はアプリケーションをインストールして使う。使いたい OS が決まっている場合、メンテナンスがラクになる
SaaS（サース）	事業者はハードウェア＋基本ソフト＋応用ソフト（サービス：アプリケーションなど）を提供する。利用者にとっては自由度が低いが、管理の手間は最小限にできる
DaaS（ダース）	D はデスクトップのこと。クラウドと接続することで、どの端末からでも同じデスクトップ環境を利用できるサービス。集中管理ができるため、コスト、管理負荷、セキュリティインシデントの発生を低減できる

スペル
・IaaS（Infrastructure as a Service）
・PaaS（Platform as a Service）
・SaaS（Software as a Service）
・DaaS（Desktop as a Service）

　SaaS と ASP は似ていますが、ASP があくまでもソフトをネットワーク越しに使わせる形式だったのに対して、SaaS はソフト同士の連携なども含んだサービスを提供する点、大規模なデータセンタで稼働しスケーラビリティがある点などに違いがあります。

　また、クラウドに対して、自社運用する従来の構内型システムのことをオンプレミスと呼びます。即時性が高く、事業規模によってはコストも抑えられることがあります。

グリッドコンピューティング

　分散しているコンピュータ（異機種・異性能でよい）を並列動作させて結果を統合し、1 台のマシンとして振る舞わせることで仮想的な超高性能マシンを作る技術です。
　クラウドとグリッドの違いは研究者でも意見が分かれますが、本試験対策としては「あたかも 1 台の高性能マシンのように振る舞う」がキーワードです。

なんかスゴイのはわかるんですけれど、とっつきにくいですね…

グリッドコンピューティングの活用例は、NASAの「SETI@home」プロジェクトが有名です。各家庭のPCの空きCPUを利用して、宇宙人からの電波が来ていないか解析したんです。

♛ 重要用語ランキング

① RPA → p.158

② RFP・RFI → p.162、163

③ BYOD → p.159

④ クラウドコンピューティング → p.165

⑤ EA → p.162

用語を理解できているかおさらいしよう！

試 験 問 題 を 解 い て み よ う

問題1　令和3年度　問11

RPA（Robotic Process Automation）の特徴として、最も適切なものはどれか。

ア　新しく設計した部品を少ロットで試作するなど、工場での非定型的な作業に適している。

イ　同じ設計の部品を大量に製造するなど、工場での定型的な作業に適している。

ウ　システムエラー発生時に、状況に応じて実行する処理を選択するなど、PCで実施する非定型的な作業に適している。

エ　受注データの入力や更新など、PCで実施する定型的な作業に適している。

解説1

ロボットを使って、間接部門の定型業務などを自動化するのがRPAです。ここで言うロボットとはソフトウェアのことで、人の形をしていたりするわけではありません。また、いわゆるAI的なものも入っていなくて大丈夫です。既存技術で作ったボットも、RPAになります。

答：エ

問題2　令和2年度　問1

情報システムの調達の際に作成される文書に関して、次の記述中のa、bに入れる字句の適切な組合せはどれか。

調達する情報システムの概要や提案依頼事項、調達条件などを明示して提案書の提出を依頼する文書は　　a　　である。また、システム化の目的や業務概要などを示すことによって、関連する情報の提供を依頼する文書は　　b　　である。

	a	b
ア	RFI	RFP
イ	RFI	SLA
ウ	RFP	RFI
エ	RFP	SLA

解説2

SLA（サービス水準の合意）は全然関係ないので、まずはこいつを排除できるように

しましょう。あとは、RFI と RFP の見分けだけです。大事なのは RFP（提案依頼書）で、最終的にはこれを作成したいのです。でも、何も知らないと RFP が作れないので、いろいろ教えてもらうお願いをするのが RFI（情報提供依頼書）です。

答：ウ

📝 問題3　令和3年度　問5

クラウドコンピューティングの説明として、最も適切なものはどれか。

ア　システム全体を管理する大型汎用機などのコンピュータに、データを一極集中させて処理すること

イ　情報システム部門以外の人が自らコンピュータを操作し、自分や自部門の業務に役立てること

ウ　ソフトウェアやハードウェアなどの各種リソースを、インターネットなどのネットワークを経由して、オンデマンドでスケーラブルに利用すること

エ　ネットワークを介して、複数台のコンピュータに処理を分散させ、処理結果を共有すること

解説3

自分のパソコンですべての仕事をすることと、クラウドコンピューティングの違いは、自家発電機を持つことと、電力会社から電気を供給してもらうことの違いに似ています。

ア　集中処理の説明です。「大型汎用機」「一極集中」がキーワードです。

イ　EUC（エンドユーザコンピューティング）の説明です。「専門外の人」「自ら操作」がキーワード。

ウ　正答です。必要なときに、各種のリソースをインターネット越しに利用します。

エ　分散処理の説明です。集中処理の対義語です。

答：ウ

コラム │ IPAってどんな組織なの？

　皆さんは情報処理技術者試験を運用している組織がどんなところかご存知ですか？

　その名はIPA。またはInformation-technology Promotion Agency,Japan。日本語では情報処理推進機構といいます。どんな書き方をしても、なんだか悪の結社っぽい響きがあります。CIAくらいの親玉感はありそうですし、世界線の1つや2つは掌握していそうな気配も漂ってきます。

　そんな組織が情報処理試験を運用するくらいのことで、満足するものでしょうか。答えは否です。IPAは未踏IT人材発掘・育成事業（端的にいうと天才発掘プロジェクト）や、日本の脆弱性対策情報データベースまで手がけています。まさに日本のIT界の黒幕です。

ITパスポートを受験して大丈夫なのか

　ITパスポートはIPAが心血を注いで完成させた資格試験ですが、黒幕を相手に受験して大丈夫なのでしょうか？　応募した瞬間にすべての個人情報をスキャンされて、IPAのRTOゼロ（理不尽なほど堅牢でお金のかかったシステムのこと）のデータベース上に、永遠に消えないプロファイルが登録されてしまうのではないでしょうか。

　おそらく大丈夫です。IPAは剛毅な名称やスケールの大きい仕事っぷりにもかかわらず、働いている職員さんはとても清潔で誠実そうです。

　スーパーマンのクラーク・ケントのように（古くてすみません）、脱いだらすごいのかもしれませんが、少なくとも就業時間中はみんなとても真面目な人に見えます。でも、中には初音ミクを仕事ではなく個人として愛していそうな人もいます。

※IPAは2013年に初音ミクとコラボして、ITパスポート試験の受験者にクリアファイルを配布していました

試験問題を作るのはけっこう大変

　IPAほどの組織でも、試験問題を作るのは大変です。作問がそもそも大変ですし、問題同士の矛盾や用語の統一、作問者の喧嘩の仲裁までしていたら、1日が512時間あっても足りません。

　実際、情報処理試験の歴史は、作問効率化の歴史でもあります。記述からマークシートへ、5択から4択へと、各種の改革は、作問者を規定数までさ

らってこられなくても、なんとか試験をちゃんと実施しようという祈りがこ
められていたと言っても過言ではありません。それでも、問題の使い回しは
多いです。試験勉強をするときは、そんな IPA の台所事情に思いをはせると、
出題の勘所がわかってくるかもしれません。

　あっ、黒幕に睨まれないようにフォローしておくと、問題の効率的・生産
的な運用上の工夫（使い●し）は、何も省力化のためだけでなくて、試験の難
易度を一定に保とうという IPA の誠実さの表れでもあります。というか、む
しろそちらが本筋の気がしてきました。きっと、そうにちがいありません！

　ちなみに、「IT パスポートっていい名称だと思ってますか？」と IPA の人に
聞いたら、ノーコメントでした。

3章 システム開発

マネジメント

3章の学習ポイント

システムの作り方には流儀がある

システム開発はよく「ビル建築」に例えられます。ビルは闇雲に建てれば崩れてしまいますよね。

それと同じように、自分のために書くちょっとしたプログラムではなく、何百もの人が何ヶ月もかけて作るものは、ちゃんと準備しないと確実に破綻します。

また、お客さんの要望を聞いて「望まれたものを作る」ことも重要。それらをひっくるめたシステム開発の方法論を学んでいきましょう。

システム開発の流れ

企画、設計、開発、テストなど、たくさんのステップがあります。それを順次おこなうのか、並行しておこなうのかだけでも開発難易度や日程に大きな影響があります。

プロジェクトマネジメント

同じ会社の中でさえ、たくさんの人が違う思惑で動いています。時には同じ用語を別の意味で使っていることも。それらを整え、同じ目的に向かう1つのチームとして機能させる「プロジェクトマネジメント」は必須です。

サービスマネジメントとシステム監査

システムは作れば終わりではありません。もし故障したり、問い合わせがあったりしたらどうしましょうか？ また、使っていれば悪い点も目につきます。それを次のシステムにどうフィードバックするか。サービスマネジメントやシステム監査について学習しましょう。

システム監査って、チェックのことですよね？
自分のまちがいを捜査されるみたいで嫌だなあ…

いい仕事ができるように、信頼性、安全性、効率性を検証するのが監査です。こわがらずポジティブに捉えましょう！

3.1 システムを作るときの進め方を考える

学習日

出題頻度 ★★★★☆

多くの人が協力してモノを作るときには、計画を立てたり、意思統一をしたりします。ITパスポート試験では、個別の詳細な知識よりも、知識間のつながりや流れをきちんと理解しているかに力点をおいて出題されます。

3.1.1 システム開発プロセス

やみくもに作ると大けがする

行き当たりばったりで作っても、なんとかなりますよ！

　粘土細工でもレゴでも何でもそうですが、たしかに小さくてシンプルなものを1人で作っているうちは、深く考えなくてもそれなりのものができあがります。しかし、ブツが複雑で大きくなってくると、最初にきちんとした計画を練っておかないと失敗しがちです。何人もでよってたかって作業する場合は、もっとそうです。
　システムを作る場合も、作業の流れを把握しておかないとひどい目にあいます。システム開発では、だいたいこんな順番で作業が進められます。

①要件定義	どんな機能を盛りこむか決める
②設計	その機能をどう実現するか考える
③コード作成	いわゆるプログラミング
④テスト	きちんと動くか試す
⑤運用・保守	できたシステムを使う

とはいえ、これでもまだどんぶり勘定な感じがしますね。

共通フレームでトラブル防止

ソフトウェア作りは、もともと職人芸のような要素がありました。また、できあがるブツが一目瞭然ではなかったり、多くの会社が集まって作ったりするため、「お前が使ってる××って用語、お客さんは○○って意味で使ってたぞ！今から○○をベースに作り直すとなると大損だ！」とか、「この機能には当然ここまで含むのが常識でしょ！」「いや、そんな機能含まれるわけないよ！」みたいな話が噴出してしまったのです。

> ソフトウェア開発を頼む企業も、頼まれる企業も安心して仕事できないじゃないですか！

そこで、用語の解釈の違いでトラブルが起きないよう、共通の尺度を作って、取引を明快にしようということで、「共通フレーム2013」という規格が作られました。

ソフトウェアライフサイクル

共通フレームで定義されているのは、ソフトウェアを企画してから破棄に至るまでのすべての工程と、それぞれの工程における作業内容、使われる用語の意味です。これをソフトウェアライフサイクル（SLCP）といいます。

ソフトウェアライフサイクルの世界的な規格としては

用語

ソフトウェアパッケージ

ソフトウェアを使う場合は、オリジナルのシステムを開発することも、出来合いのパッケージを利用することもある。オリジナルのシステムではなくパッケージを使う目的は、コストを低く抑えられることと、標準規約などに準拠しやすいこと。WordやExcelなどはパッケージの典型例だったが、近年はOffice365でサブスクリプションモデルに移行している。

ISO/IEC/IEEE12207があり、これに商習慣など日本独自の事情を加味したガイドラインが共通フレームです。

SLCPにはいろいろなプロセスがありますが、一番重要なテクニカルプロセスは以下のように進みます。

> **得点のツボ** テクニカルプロセスの工程
> 1. 企画プロセス
> 2. 要件定義プロセス
> 3. システム開発プロセス
> 4. ソフトウェア実装プロセス
> 5. ハードウェア実装プロセス
> 6. 保守プロセス

各プロセスには、さらに細かい作業を記したアクティビティやタスク、リストなどの工程も存在して、実際の作業を組み立てたり、チェックしたりするのに使えます。

共通フレームでの開発の流れ

共通フレームに基づいた開発の流れは、次のようになります。大きな矢印が開発の順番を示します。

	作業の流れ（作成）
企画プロセス	システム化構想立案 システム化計画立案
要件定義プロセス	要件定義
システム開発プロセス	システム要件定義　　　　　　　システム適格性確認テスト システム方式設計　　　　　　　システム結合
ソフトウェア実装プロセス	ソフトウェア要件定義 　ソフトウェア方式設計　　ソフトウェア適格性確認テスト 　　ソフトウェア詳細設計　ソフトウェア結合
	ソフトウェア構築 ・ソフトウェアコード作成 ・ソフトウェアユニットテスト

ひと言

もう少しくわしく解説すると、共通フレームはJIS X 0160とJIS X 0170をもとに作られており、ソフトウェアだけでなくシステム全体のライフサイクルについても必要な作業をまとめている。

用語

JIS X 0160
ISO/IEC/IEEE12207を和訳したもの。ソフトウェアライフサイクルプロセスに関する規格。

JIS X 0170
ISO/IEC/IEEE15288を和訳したもの。システムライフサイクルプロセスに関する規格。

知らない用語がたくさん出てきて、なにがなにやら…

　表中の用語の意味はいったん後回しにしましょう。まず大枠から説明します。
　共通フレーム2013では、システム開発をそれ単独で考えず「事業計画との整合性」も含めて考えます。

- 巨大な事業計画を実行するために、どんな業務をする？
- さらに、その業務のためにどんなシステムが必要？
- そのシステムは何と何があればいい？
- 実際にどんなソフトウェアコード（プログラムのことです）を書く？

といった具合に大から小へ作業が絞りこまれていくと考えてください。
　また、できあがったものは、きちんと動くか必ずテストをします。これをやらないと非常に無責任なものができあがります。テストはシステム開発とは逆に、小から大へ流れていきます。さきほどの図を見ると、各テストは、各開発プロセスと対応していることがわかりますね。テスト結果に責任を持つ主体もプロセスごとに決まっています。業務運用テストであれば、業務部門がその結果を確認・承認します。テストケースの作成は、システム方式設計をした担当者になるでしょう。
　なお、共通フレームでは「ソフトウェア」と「システム」を区別しています。ソフトウェアに加え、ハードウェア・ネットワーク・人をも含めたものを「システム」といいます。たとえば「経理システム」には、伝票を受け渡す手作業まで含めるという感じです。どこまでソフトウェアで実現するか、どこを手作業にするかの切り分けも重要です。

上流工程でまちがえると後がたいへん

　ものづくりに共通して言えることですが、最初の段階で

用語

テストケース
「Aを入力したらちゃんとBが出力されるか」「範囲外のデータを入力したらちゃんとメッセージが表示されるか」など、テストする項目を書き出したもの。

まちがえて、そのまま進めてしまうと、後になっての修正が困難です。端的に言って時間とお金がかかります。

巨大プロジェクトが増える中、最初でコケるリスクは減らしたいので、**企画プロセス**に注目が集まっています。開発対象を明確にし、費用、費用対効果、スケジュール、開発体制を定めます。

重要なのは、これらが**経営層**によって承認されていることです。システム開発は経営戦略と不可分で、経営上のニーズと合致していなければなりません（情報戦略）。「経営層はITにうといので、特に報告せず情報部門単独で計画を進めた」は、やってはいけない典型的な失敗事例です。

続いて、さきほどの図（177ページ）と照らし合わせながら、各プロセスについて、特に問われやすいところを1つひとつ見ていきましょう。

なお、ここでは共通フレーム2013以前の「昔の呼び方」もカッコ書きで入れてあります。情報処理技術者試験でも古い用語の出題がまだ散見されるため、対応を示しました。

企画プロセス

システム化構想立案

経営上のニーズや課題を確認し、対象となる業務を選び、新業務体制の全体像を作ります。

システム化計画立案

システム化構想を具体化するために、対象業務を確認・分析して、システムで解決する課題を決め、業務機能をモデル化します。開発スケジュールを決め、導入した場合の費用対効果を予測します。

要件定義プロセス

要件定義（基本計画）

取得者のニーズを考慮して、システム化の対象になる業務の業務手順や、関連する組織における責任、権限などを決めて、業務要件、組織及び制約条件として明確にします。

用語

取得者
システムを発注しようと考えている企業。設問によってはユーザ企業などと書かれることも。

供給者
システムを売ろうとしている企業。ベンダ、システム開発企業など呼び方はさまざま。

だれがどの要件を求めたのか、記録しておくことも重要です。

　業務要件は、利用部門が決めるものです。したがって、利用部門の責任者が決定に関わっている必要があります。

システム開発プロセス

システム要件定義

　上位で定義された要件を、システムの技術的要件へ変換します。新たに構築する業務や、その業務でどのようにシステムを使うのか、システム化する範囲と機能要件、非機能要件などを明確にします。必要なデータ項目や、取得者の利害関係の調整、稼働時間の取り決めなどもここでおこない、文書化します。

　もう少しくわしく見てみましょう。システム要件は、**機能要件**と**非機能要件**に大別できます。**機能要件**とは、「あれができる、これはできない」といった部分で、以下の6つで成り立っています。

　①画面（画面に何を表示するか）
　②システムの振る舞い（何をどう処理するか）
　③データモデル（データの構造をどうするか）
　④帳票（伝票に何を印刷するか）
　⑤バッチ（一連の自動処理をどうするか）
　⑥外部インタフェース（外部との連携をどうするか）

　非機能要件は、機能要件で定めた「できること」をどのくらいの品質や速度でできるのかを定めたものです。システムの拡張や修理のしやすさ、初心者の学びやすさなど幅広い項目を含んでいます。

①機能性	②信頼性	③使用性	④効率性
⑤保守性	⑥移植性	⑦障害抑制性	
⑧効果性	⑨運用性	⑩技術要件	

　⑦障害抑制性は障害の発生と拡大をどのくらい抑えられるか、⑧効果性は費用対効果、運用性はSLAや運用のしや

用語

ユースケース図
システム全体の振る舞いを可視化した図。要件定義などで使う。システム外部のユーザ（アクター）の操作に対して、1つひとつの機能（ユースケース）がどう応じるかをすっきりまとめることができる。

参照

・①機能性〜⑥移植性
→ p.186
・SLA
→ p.205

すさ、⑩技術要件はシステム実現方式やシステム開発方法、採用する標準規約に関わる項目です。

　一般的に非機能要件はコストをかけるほど高められるので、どの水準まで要求するかを事前に決めておくことがとても重要です。

　要件定義では、発注者の説明不足、開発者の聞きとり不足、開発者の誤認、拡大解釈などで誤解が生じがちで、望まないソフトウェアが作られる原因になります。

　誤解のない要件の合意を導くために、3つの合意成熟度が設定されています。

①仕掛レベル
- ・システム化の目的と範囲が明確になる
- ・どこまでが仕事で、何が譲れないかなど

②実レベル
- ・図表に書いてレビューをくり返す
- ・共通ルールに沿っていて、矛盾がないかを確認

③完成レベル
- ・合意内容が管理され、合意内容を確認できたと両者が納得できる

システム方式設計（外部設計）

　システム要件を具体的なシステム方式に落としこみます。たとえば、

- ・機能の分担を、ハードとソフトに割り振る
- ・使いやすいように、システムを複数のサブシステムに分ける
- ・画面や帳票のデザイン、レイアウトを決める
- ・会員番号など、システムで使うコードを決める

など、ユーザ側から見た機能を決める段階ともいえます。

用語

帳票
おもに伝票のこと。イメージとしては請求書や納品書。

ソフトウェア実装プロセス

ソフトウェア要件定義（外部設計）

システム方式設計を受けて、セキュリティ仕様、データ定義などの要件を定めます。ソフトウェア適格性確認テストは、この要件を満たしているかを確認するものです。

ソフトウェア方式設計（内部設計）

ソフトウェア要件定義で定めた要件をシステムの物理的な設計にはめこみます。たとえば、

- ・サブシステム　→　機能分割
- ・画面や帳票　→　入出力詳細設計
- ・コード　　　→　物理データ設計

など、システム開発側から見た機能を決める段階です。

ソフトウェア詳細設計（プログラム設計）

ソフトウェア方式設計をもとにして、プログラムを設計します。動作ロジックなどもここで決定します。

　動作ロジックって何ですか？

たとえば「60点未満は無視、60点以上なら合格証印刷」などの、処理の条件や分岐などのことです。機能ごとモジュールに分割することで、作りやすく保守しやすいプログラムになります。

ソフトウェアコード作成（プログラミング）

詳細設計書をもとに、プログラミング言語の文法にしたがって、処理手順を記述します。

参照

・プログラミング言語
→　p.257

> 得点のツボ 「設計」がいろいろあって混乱する！
> ① **システム方式設計**
> ② **ソフトウェア方式設計**
> ③ **ソフトウェア詳細設計** の順

　また、工程とからめて覚えておきたいのが、修正コストです。システムを開発中に「あっ、まちがえた！」が発覚したとき、それを直すためにかかる費用は、作りはじめであるほど少なくてすみます。あたりまえの話に聞こえますが、重要な出題ポイントですので、おさえておきましょう。

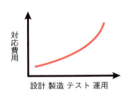

テストの工程

　完成したプログラムやシステムが設計どおりに動くか確かめる段階がテストです。いろいろなテスト手法が出題されますので、まずはテスト工程を覚えてしまいましょう！

> 得点のツボ　テストの工程
>
> | | |
> |---|---|
> | **ソフトウェアユニットテスト**（**単体テスト**） | モジュールを単独で動かすテスト。プログラム内の動作ロジックの網羅性などを確認 |
> | **ソフトウェア結合テスト**（**結合テスト**） | モジュールをつなげてテストする |
> | **ソフトウェア適格性確認テスト** | ソフトウェア要件のとおりに動くかを確認するテスト |
> | **システム結合テスト**（**システムテスト**） | 定めた性能が発揮できるかのテスト |

用語

スループット
システムがある単位時間のあいだに、処理できる能力。

レスポンスタイム
システムに処理を要求してから、結果の出力が開始されるまでの時間。

ターンアラウンドタイム
システムに処理を要求してから、出力結果が手元に得られるまでの時間。

システム適格性確認テスト（承認テスト）	仕様書にあるシステム要件を満たしているか確認するテスト。受入れテストともいう
業務運用テスト	実運用と同じ条件でおこなうテスト

上記のうち、「単体テスト〜システムテスト」が開発者主導でおこなうテストで、「承認テスト〜業務運用テスト」が利用者主導でおこなうテストです。

　また、テストと開発の時期も重要です。たとえば、テスト実施後にプログラムを修正した場合、修正部分を確認するデータを追加して再テストを実施しなければなりません。また、修正したせいで今まで正常に動いていたところに影響が出て、エラーが起きてしまうことのないように再確認する必要があります。これをリグレッションテストといいます。

　また、テストは順調に消化されていると、テスト項目を消化するごとにバグが発見され、ソフトウェアの品質が高まっていきます。（順調な）テストであれば、最初はバグがばばばっと発見され、その後収束に向かいます。この特徴を表したグラフを信頼度成長曲線と言います。もちろん、収束せずバグが増え続ける、だめシステムもあります。

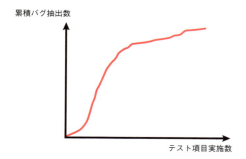

テスト手法

　各プロセスでおこなわれる、代表的なテスト手法も頻出です。

テスト手法	おもなプロセス	特徴
ボトムアップテスト	ソフトウェア結合テスト	モジュールを下からつないでいくテスト。複数のテストを並行できる利点がある
トップダウンテスト	ソフトウェア結合テスト	モジュールを上からつないでいくテスト。中核部分のエラーを早く見つけられる利点がある
ブラックボックステスト	システム結合テスト	利用者側の視点でおこなわれるテストで、プログラムの入出力に着目する
ホワイトボックステスト	ソフトウェアユニットテスト	開発者側の視点でおこなわれるテストで、プログラムの内部構造に着目する

「ブラックボックス」って言葉、よく耳にします

同じ意味です。ブラックボックステストは、実際に使われるデータやエラーデータなどを入力し、設計どおりの出力が得られるか確認します。内部構造には着目せず、入出力がOKならテストを通過するわけです。一方、ホワイトボックステストでは仮に希望どおりの出力があっても、内部の動作が理に適っていないとNGです。

ソフトウェア受入れ、検収、システム移行

供給側のテストが終わると、いよいよソフトウェアを受け入れ本番環境へ導入する段階に入ります。このとき、納品されたシステムを鵜呑みにしてはいけません。ちゃんと要求どおりに作ってもらえたか確認しないと後で殴りあいになります。これを検収といい、受入れテスト（検収テスト／承認テスト）などでチェックします。

ここに至って旧システムから新システムへ移行されるわけですが、なかなかの大仕事です。移行を滞りなく進めるためには移行計画の体制やスケジュールを整えるのが重要なので、移行計画書などとして明文化します。

また、利用者が早く新しいシステムに馴染める配慮も必要です。利用者教育やマニュアルの整備が有効です。

用語

ドライバ
上位モジュールが完成していないときにその代わりとして使う、疑似モジュール。

スタブ
下位モジュールが完成していないときに使う、疑似モジュール。

ビッグバンテスト
モジュールごとに作られたプログラムを一気につないでおこなう大胆なテスト。

運用・保守

できあがったシステムを実際に動かす（運用する）段階です。情報システムが停止すると、業務に大きなダメージを与えるので、いかに停止させないか（**予防保守**）、停止してしまった場合にどのくらい迅速に復旧できるかが鍵になります。そのほか、経営戦略の変更や技術革新にあわせて、プログラムの修正をすることも保守と呼びます。システム稼働後の仕様書やマニュアルの改善、更新もソフトウェア保守の一部です。

ソフトウェアの品質特性

ソフトウェアは通常の製品と違って、

・利用者自身が「業務に必要なスペック」を把握していないかも
・作った後で、必要性が変わるかも
・利用者ごとに動かす環境が異なるかも

といった不確定要素があり、品質の評価や維持が難しい側面があります。JIS X 0129 ではソフトウェアの品質を次の特性で表します。

得点のツボ　ソフトウェア品質特性

機能性	必要性に合致する機能がある。正確さとかセキュリティ・適法性も含む
信頼性	使いたいときに使え、障害からも回復できる
使用性	利用者にとって理解しやすく、魅力的
効率性	適切な時間内での結果表示など
保守性	変更が生じたときに、修正しやすい
移植性	ほかのハードウェアや OS でも動かせる

各項目は相互に関連しています。ソフトウェアは何らか

の目的（必要性）を実現するための手段ですから、必要性に変更があればソフトウェアも変更して機能を整えます。そのときの変更のしやすさが保守性です。

ソフトウェアの品質管理

各特性が規定の水準を満たすようにソフトウェアの品質を管理します。

ソフトウェアの品質管理は定量的におこなうのがツボです。基準データや過去データと比較して、品質の善し悪しや見直しの必要性を客観的に導けます。

レビュー

成果物（システムやソフトウェア）の機能や性能が事前に定めた水準に達しているかをチェックすることです。開発者と利用者をはじめとする利害関係者を満足させるために、双方参加でおこなうレビューを共同レビューといいます。

3.1.2 | 開発手法

作り方を決めて、ちょっとでも仕事をラクに

どんな作業をすればシステムができあがるかはわかりましたが、実際にそれをどうやっていけばいいでしょう？

ウォータフォールモデル

ぱっと思いつくのは、順番に必要な作業をしていくことです。これはウォータフォールモデルといって、業務の現場でもたいへんよく使われている手法です。最初の作業から次の作業へ、水が流れるようにステップが進んでいくわけです。大規模開発でよく使われます。システム開発手法としては最も古くてポピュラーです。作業の進み方がシンプルなので、進捗状況も把握しやすい長所があります。

ひと言

定量化の指標は、作業工数、累積バグ発見数、MTBF、MTTR (p.301) などさまざま。

---

1 企業活動

2 経営戦略

3 システム開発

4 コンピュータのしくみ

5 ネットワークとセキュリティ

6 データベースと表計算ソフト

　ただ、低いところへ流れた水が上流へ戻るのが難しいように、ウォータフォールモデルで開発を進めて、「これはなんだか設計と違うぞ」なんてことになったとき、やり直しをするのが非常にめんどうです。つまり、進んじゃってからまちがいに気づくとたいへん！　です。

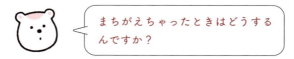

　泣く泣く前の工程に戻しますよ。もうチームが解散していたりして、別れた恋人と同じで、やり直すのはたいへんなんです。最初のほうでまちがいに気づいたケースと比べると、対策費は10倍とも100倍とも言われています。

プロトタイプモデル

　「手戻りをなくしたい」「手戻りが発生しても、あまりたいへんじゃないようにしたい」システムを開発していると、こんな思いにとらわれます。そこで出てきたのが**プロトタイプモデル**という作り方です。

　完成したときに、ユーザ側とシステム開発側のギャップが表面化するのであれば、もっと早い段階で試作品（プロトタイプ）を作って意識あわせをしておこう！　というわけです。

　ユーザ側は早い段階でシステムに触れて確かめることができますし、システム開発側はそこで「いいよ」と言われた試作品をもとに完成品の開発に着手すれば、あとになってやっぱりだめと言われることはないはずです。「これじゃ

だめだよ」と言われても、試作品であれば作り直しにかかる手間を減らせます。

大規模システムの場合、どうやって試作品を作るんですか？

試作品を作ることは無理なんですよ。だから、大規模システムでは結局ウォータフォールモデルを使うことになります。

また、試作品を見てしまうとユーザ側もいろいろ言いたくなりますので、「試作品を見せるたびに要求が変わって、いつまでたっても確定しない」という悩みを抱えることもあります。

スパイラルモデル

そこでさらに考えられたのが**スパイラルモデル**です。「ウォータフォールモデルとプロトタイプモデルのいいとこどりをしよう！」と虫のいいことを狙っています。

どんなふうにするかというと、機能ごとにプロトタイプを作るようなイメージです。単機能かそれに近いモジュールを作り、ユーザに評価してもらいます。そこで得られた問題点や対策法などは、次のモジュールの設計に活かされるので、どんどん開発スキルが向上していくというしくみです。ユーザ側の要求が変更されたときに対応しやすく、スケジュールの管理がしやすいメリットがあります。

用語

RAD (Rapid Application Development)
CASEツールなどを使って、少人数短期間でシステムを開発する手法。

アジャイル

ソフトウェア開発は大きく、計画重視型と対応重視型に分けられます。前者の代表格がウォーターフォールモデルで、後者の代表格が**アジャイル**です。

得点のツボ　アジャイルの特徴

・計画墨守よりも、変化への対応
・文書書くよりコーディング
・直接対面してのチーム内コミュニケーション
・契約交渉より、顧客との対話

計画重視型は、計画策定の手間ばかりが大きく、開発が長期化し変化に対応できず、コーディングよりも文書ばかり書いているという批判があります。アジャイルはこれに対応したもので、少人数の熟練技術者が短期間で、新規分野のソフトウェアを作るようなケースに向きます。手戻りを恐れず、ばんばんコードを書いていきます。

あわせて、アジャイルに関する用語をおさえましょう。

スクラム	アジャイルの開発手法の1つ。チームや仲間意識を重視していて、短い開発期間、少人数のチームで、指揮や命令といった方法を排して開発する
スプリント	スクラムの工程の1つ。実際にプログラミングをおこなう期間で、開発、レビュー、フィードバックが含まれる。1～4週間で短く終わらせる
エクストリーム・プログラミング（XP）	アジャイルを実現するあれやこれや。シンプルに作る、チームや顧客とコミュニケーションする、フィードバックする、変更や削除の勇気を持つ、自分も他者も尊重する、の5つの価値観が有名
リファクタリング	プログラムの内部構造をすっきりさせること。メンテナンス性が向上する。ただし、ほかのシステムに影響を与えないように、外から見ると変化がないように作業する
テスト駆動開発	テストを軸に開発していくこと。まずテストを作り（テストファースト）、そのテストがおこなえるようにプログラミングする
イテレーション	ソフトウェア開発の一連の工程を短い期間で終わらせ、それを何回もくり返して全体を作りあげていくやり方

ひと言

計画重視型開発が悪いわけではない。大規模プロジェクトでは、アジャイルは採用しにくい。

システム設計をおこなう思想の発展

UML

統一モデリング言語と訳されます。ソフトウェア開発において、要求定義工程の成果物である要求モデルや、設計工程の成果物である設計モデルは、ばらばらの形で書かれてきましたが、これを統一することで、知識を蓄積、伝達したり、コミュニケーションを容易にしたりすることが目的です。近年では、業務の流れ（ビジネスプロセス）の記述にも使われています。

スペル
・UML (Unified Modeling Language)

オブジェクト指向

データと、それをどうするかという手続（メソッド）をまとめたものがオブジェクトです。オブジェクトを使うと、メソッドさえ知っていれば内部構造を知らなくても利用できる利点が生まれます。

たとえば、自動販売機の内部構造がわからなくても、購入ボタンを押すというメソッドを実行すれば、自販機は使えます。むしろ、かんたんに使うためには内部構造を隠す（隠蔽または**カプセル化**といいます）ほうがいいくらいです。こうした考え方をシステム開発に適用したのが**オブジェクト指向**です。

オブジェクトは階層化して細分化できます。下位クラスに位置するオブジェクトは上位クラスのオブジェクトの機能や属性を受け継ぎ、これを**継承**と呼びます。

DevOps

開発（Dev）と運用（Ops）の2つのセクションが協力してソフトウェア開発をすることです。両者は協力すべきと、昔から言われてきましたが、一般的には仲が悪いのが現実です。

じゃあ、無理に仲良くさせなくてもいいような…

しかし、運用は顧客自身だったり、顧客のニーズを一番知っている人だったりします。一方、開発は技術で何ができるかを知り尽くしている人で、両者が協力しないと「顧客がホントに求めている」良いシステムはできません。

死屍累々の「だれも使わなかったシステム」をもう作らせないために **DevOps** が注目されています。開発速度、開発効率を向上するには、開発と運用が同じ文化を共有するチームになることが重要で、継続的インテグレーション（開発）、継続的デリバリ（リリース）、継続的デプロイ（顧客供給）が技術面からこれを支えます。コーディングやビルド、テスト、リリースはツール類で可能な限り自動化します。

リバースエンジニアリング

機械をバラして技術を習得する行為です。ソフトウェアの場合は実行形式（マシン語）で配布されているソフトを解析（逆コンパイル）してソースコードに戻し、それを分析します。

♛ 重要用語ランキング

① アジャイル → p.190

② DevOps → p.191

③ システム要件定義 → p.180

④ テストの工程 → p.183

⑤ 共通フレーム → p.176

用語を理解できているかおさらいしよう！

試 験 問 題 を 解 い て み よ う

✏ 問題1　令和3年度　問51

アジャイル開発を実施している事例として、最も適切なものはどれか。

ア　AIシステムの予測精度を検証するために、開発に着手する前にトライアルを行い、有効なアルゴリズムを選択する。
イ　IoTの様々な技術を幅広く採用したいので、技術を保有するベンダに開発を委託する。
ウ　IoTを採用した大規模システムの開発を、上流から下流までの各工程における完了の承認を行いながら順番に進める。
エ　分析システムの開発において、分析の精度の向上を図るために、固定された短期間のサイクルを繰り返しながら分析プログラムの機能を順次追加する。

解説1

　アジャイル開発は、すばやくシステム開発をおこなうことで顧客の要求に沿うことが最大の目的です。具体的な手法はいろいろありますが「短いサイクルを何度もくり返す」は多くの手法に共通するポイントです。

答：**エ**

✏ 問題2　令和3年度　問14

　ソフトウェアライフサイクルを、企画プロセス、要件定義プロセス、開発プロセス、運用プロセスに分けるとき、システム化計画を踏まえて、利用者及び他の利害関係者が必要とするシステムの機能を明確にし、合意を形成するプロセスはどれか。

ア　企画プロセス　　　　**イ**　要件定義プロセス
ウ　開発プロセス　　　　**エ**　運用プロセス

解説2

　アとイで迷うかもしれませんが「システム化計画を踏まえて、〜関係者が必要とするシステムの機能を明確にし」というキーワードが含まれているので、要件定義プロセスであると確定できます。システム化計画は、企画プロセスに含まれます。

答：**イ**

1 企業活動

2 経営戦略

3 システム開発

4 コンピュータのしくみ

5 ネットワークとセキュリティ

6 データベースと表計算ソフト

3.2 プロジェクトマネジメントとは何か？

学習日

出題頻度 ★★★☆☆

　納期も予算も人員も、限界まで締め上げられている昨今のプロジェクトは、いつも綱渡りの状態です。もはや、経験や勘に頼ってスケジュールを守るのは難しいので、プロジェクトを管理する専門職を置きます。日程の守り方や道具などが問われます。

3.2.1 プロジェクトマネジメント

プロジェクトはたいていうまくいかない

　夏休みの宿題とか、受験勉強とか、いやな記憶を引っ張りだしてくると、予定どおりに進んだ試しがありません。たいてい締切間際で地獄の苦しみを味わっています。

　思えば大人になってからも論文の締切で同じ気持ちを味わっています。三つ子の魂百まで、というやつです。その原因は、以下のようにさまざまです。

- そもそも計画が無茶だった
- 計画はまあまあでも、そのとおりに実行できなかった
- 不慮の事故が起こった

聞けば聞くほど、夏休みの宿題に似ていますね…

　開始と終了が存在する体系的な計画とその遂行、すなわち「プロジェクト」である点で、夏休みの宿題もシステム開発も本質的には同じです。しかし、多くの人が関わって、

複雑なものを作るシステム開発プロジェクトは、計画を立てる難易度も、それを実行する難易度も、夏休みの宿題よりうんと高いといえます。

多くの人が思春期の夏のように、システム開発の終盤で辛酸をなめた結果、**プロジェクトマネジメント**という概念ができてきました。

システム開発において計画を立てることは、もちろんそれまでもおこなわれてきたのですが、開発コストの圧縮、納期の短縮など、システム開発をめぐる環境は年々厳しくなっています。そのため、計画の立案と管理から経験や勘に頼る部分を排除し、体系化したのがプロジェクトマネジメント技法です。レビューなどを通じて、進捗、コスト、人的資源、品質などを数値化し、目標値を定めて定量的にコントロールしていきます。

PMBOK
（ピンボック）

プロジェクトマネジメントの技法はいろいろありますが、現実の業務でも情報処理試験でもよく聞く有名どころが、**PMBOK**です。

従来の計画管理は、品質、納期、コストについて、個々の項目をいかに守るかに特化していましたが、PMBOKでは**スコープ**（プロジェクトの目的と範囲）、スケジュール、コスト、品質、人的資源、コミュニケーション、リスク、調達のバランスを取りながら、業務を遂行することで結果的に品質、納期、コストを管理しようとします。

以下、10個の項目（知識エリア）があります。

① プロジェクト統合マネジメント

全体を統合して偏りや破綻がなく機能させるための項目です。すべての中心におかれ、マネジメントシステムのマネジメントをします。たとえば、スケジュールを早めたいときはタイムマネジメントで人員を増員しますが、そのぶんコストマネジメントに影響が出ます。そういった事態の調整をします。

ここで重要になるのが**プロジェクト憲章**です。

用語

インセンティブ
社員の意欲を高めて、会社に貢献するような行動を引き出すしくみのこと。「Iパスに合格すると、社食の割引インセンティブがあるんだよね」といった感じ。報奨金などだとうれしい。

スペル

・PMBOK（Project Management Body of Knowledge）

用語

プロジェクトマネジメントオフィス
プロジェクトが複数ある環境で、要員の調整や研修などの支援業務をする部署。

---

1 企業活動

2 経営戦略

3 システム開発

4 コンピュータのしくみ

5 ネットワークとセキュリティ

6 データベースと表計算ソフト

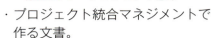

> **得点のツボ　プロジェクト憲章**
> ・プロジェクト統合マネジメントで作る文書。
> 　プロジェクトの目的や要求事項、制約条件、日程、予算、責任者を記す
> ・プロジェクトを認可する
> ・一番はじめに作り、メンバの意思統一に使う

②プロジェクトスコープマネジメント

　プロジェクトがどこまでの作業をするのかを決める項目です。作業漏れや、知らないうちに過剰な作業をしていてプロジェクトが遅延することを防ぎます。具体的には、「連携する予定だったシステムが破綻したけどどうする？」→「このプロジェクトからは切り離そう」といった仕事です。

③プロジェクトタイムマネジメント

　スケジュールを守るための項目です。全体の仕事をWBSなどで細分化して、1つひとつの正確な作業時間を見積もれるようにします。個々の作業に必要な時間がわかれば、今度はそれを積みあげていきますが、単純に加算すればいいわけではなく、別の作業の終了を待たないと始められない作業等があるため、極めて複雑な仕事になります。作業順序の組み方で大幅に所要時間が変わるため、アローダイヤグラムなどがツールとして使われます。

参照

・WBS
→　p.197
・アローダイヤグラム
→　p.199

④プロジェクト品質マネジメント

　プロジェクトそのものや、プロジェクトの成果物の品質を、事前に定めた水準にする項目です。成果物だけでなく、「プロジェクトのプロセス」もマネジメントの対象であることに注意してください。作業の手順や達成度合いが重要になります。成果物の品質コントロールには、QC7つ道具などが使われます。

参照

・QC7つ道具
→　p.64

⑤プロジェクト人的資源マネジメント

　組織や要員の配置や役割分担を担う項目です。単純に人を割り振るだけでなく、長期的に見て必要なスキルを要員

につけさせる教育などもここでおこないます。病気や退職で抜けた人の穴を埋めるなどのチーム管理も重要です。

⑥プロジェクトコミュニケーションマネジメント

プロジェクトの**ステークホルダ**（利害関係者）間で正しく情報を共有するための項目です。コミュニケーションの方法や、どのような会議体が必要かといったことを定め、実行します。特にプロジェクトのリスクに関する情報共有は重要です。

⑦プロジェクトリスクマネジメント

プロジェクトのリスク対応の方針を決め、リスクを識別、評価し、受容水準を超えたリスクには対応とフォローアップをする項目です。ここで言うリスクはプロジェクトにマイナスの効果を与える要因です。

⑧プロジェクト調達マネジメント

プロジェクトの遂行に必要な資源やサービスを、外部から取得してくる項目です。調達の計画を立て、実行し、適切な調達がなされたか監査などを通じてコントロールします。

⑨プロジェクトコストマネジメント

プロジェクトを予算内で終わらせるための項目です。情報システムのコスト見積もりは難易度が高いですが、EVMなどのツールがあります。

⑩プロジェクトステークホルダマネジメント

プロジェクトとステークホルダとの関係を円滑に保つ項目です。だれかが「聞いてないよ！」などと怒り出して、プロジェクトが破綻したりしないように、あの手この手でケアします。

WBS

情報処理試験で頻出の用語の1つです。作業分割構造などと訳されます。

用語

EVM
Earned Value Managementの略。プロジェクトがどのくらい進んだかなどを、お金に換算して考える方法。お金として、どんと示されると、スケジュールの遅れなどを実感しやすくなる。

スペル

・WBS（Work Breakdown Structure）

たとえば、いきなり「人工衛星を作れ！」と言われたら涙目になるでしょうが、人工衛星を構成する要素をものすごく細かく分割していって、「とりあえずこのネジを作ってみてください」と言われたらどうでしょう？

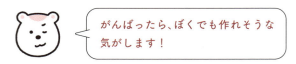

がんばったら、ぼくでも作れそうな気がします！

このように「複雑な作業も、分解していけば、自分の手に負える作業に！」を狙ったのが、WBSです。もちろん、やみくもに分割していくのではなく、階層化して最終成果物に収れんしやすくするのですが、WBSはこの分割作業、あるいはその結果得られた作業分割図のことです。

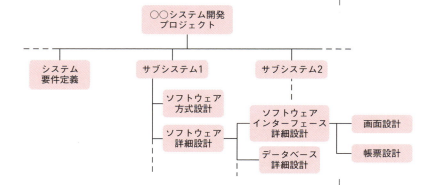

分割の行き着く先（最下位の要素。ワークパッケージといいます）は、コストとスケジュールが見積もれる細かさです。

作業人数の見積もり

定番問題です。日程と人員の管理は実務でも重要なのでよく出てきますが、解答に必要な情報が問題文に明示されるので基本的にサービス問題です。全体作業量、1人が1日にできる作業量、納期の3つが与えられれば算数の水準で

素直に解けるのですが、どれかが欠けるか、変更が加えられるかで出題されるのがよくあるパターンです。さっそく以下の問題を解いてみましょう。

メンバが欠けちゃったときの問題

- 5名で20日かかる仕事
- インフルエンザで3人倒れた
- 新メンバを入れることにしたが、能力は60%
- 20日以下で仕事を完遂するには、新メンバが何人必要?

仮に全体の仕事量を20とすれば、20日で仕事を完遂しなければないので、1日の仕事量は1です。正メンバ1人が1日にする仕事量は1÷5＝0.2ですが、新メンバは60%の能力なので0.12しか仕事できません。

正メンバが2名残っていますから、この人たちは20日で、0.2×2×20＝8　ぶんの仕事をします。残りの仕事量12を20日でこなすには、12÷20＝0.6　つまり1日に0.6の仕事をこなさないといけません。新メンバの能力だと　0.6÷0.12＝5となり、少なくとも5人の人手が必要です。

このように、はじめに全体の仕事量を仮決めしておくと、わかりやすくなります。

3.2.2 | スケジュール管理のサポートツール

アローダイヤグラム

仕事には順番があります。複数の作業からなる仕事であれば、並行して作業できるもの、ある作業が終わらないと取りかかれない作業など、さまざまな要素が絡みあい、その全体を掌握するのはなかなか困難です。だからこそ、作業の流れや緊急度、重要度をきちんと知ることが大事です。

「あの作業が終わらないと、ほかが着手できない！　とにかく、あれを終わらそう」
「あれさえ早く終われば、全体の日程が縮められるんだ」

といったことを知って、円滑にプロジェクトを動かしていくわけですね。

アローダイヤグラムは作業の流れと、ある作業が何日かかるかを可視化したものです。**PERT図**ともいいます。作業そのものを矢印、作業の開始と終了を丸で表します。全体の日数と、遅れると全体に影響を及ぼす作業を調べることができます。

スペル

・PERT (Program Evaluation and Review Technique)

全体の日数

プロジェクト全体の日数は、次の要領で調べます。

得点のツボ　全体の日数を調べるには
・各作業の終了時点での所要時間を順に足していく
・作業が合流するところでは、遅いほうの日程を採用する

たとえば、こんなアローダイヤグラムで考えてみましょう。

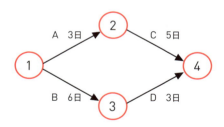

上図では、上ルート（①〜②〜④）の仕事は作業Aと作業Cから成り立っていて、作業Aが3日間、作業Cが5日間かかります。作業Cは作業Aが終わらないとスタートできないので、全部で8日間かかって仕事が完結します。

いっぽうの下ルート（①〜③〜④）は、作業Bと作業Dから成り立っています。所要時間は、作業Bが6日間、作業Dが3日間です。作業Dは作業Bが終わってはじめてスタートできますから、全部では9日間かかります。

そうすると、上ルートの仕事は8日間で終了しているものの、下ルートは9日間かかりますから、この仕事全体の所要時間は 9日間 であるとわかります。仮に上ルートの日数を短縮しても、下ルートの日数が変わらなければ、全体の日数は変わらないのです。

もう少し複雑なアローダイヤグラムも見ておきましょう。

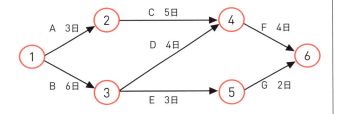

上ルート（作業A：3日間＋作業C：5日間＋作業F：4日間）が、全部で12日間かかることはいいですよね。

下ルート（作業B：6日間＋作業E：3日間＋作業G：2日間）も、同様の考え方で11日間かかります。

でも、本当にそれでいいでしょうか？作業Dに注目してください。③から④へ伸びる矢印です。下ルートから分岐して上ルートへ到達していますね。

この場合、上ルートの作業Fは、作業Dが終了して途中点④に到着しないと始められない決まりになっています。

つまり、作業Cはプロジェクト開始後、8日間で終了しているのですが、作業Dが終了して④に到達するのは10日後になります。作業Fは作業Dの到着を2日間待っていないといけないんですね。したがって、上ルートの作業は全部で 14日間 かかることになります。

なお、作業の依存関係を表す ダミー という矢印を使うこともあります。ダミーは実際の作業ではないので、かかる時間はゼロです（ダミーの矢印は点線）。

最早結合点時刻と最遅結合点時刻

④には2つの矢印が流れこんでいて、どちらも揃わないと次の作業（この場合はF）がスタートできません。次の作業が始められる最も早い日時を 最早結合点時刻 といいます。

④の最早結合点時刻はさきほど求めた10日後です。

　また、全体に影響を与えずに最も作業を遅らせた場合の日程を、<u>最遅結合点時刻</u>といいます。これは、⑤を見てみましょう。予定どおりであれば、⑤には作業Eが9日後に到着して、作業Gにバトンタッチし、下ルートの仕事は11日間で終了します。でも、どのみち上ルートの仕事は14日間かかるので、仮に作業Gが⑤を出発するのが遅れても、3日間までなら全体の計画には影響を及ぼしません。

　したがって、12日後まで作業Eが終了していればいいことになるため、⑤の最遅結合点時刻は12日後です。

クリティカルパス

　遅れるとまずいこと（痛恨の一撃というやつです）になる作業経路を<u>クリティカルパス</u>といいます。臨界経路や最長経路とも呼ばれることがあります。スケジュールに余裕がない部分というわけです。

　先の図でいうと、B→D→Fと続く一連の作業は1日でも遅れると、全体の完成が遅れる「クリティカルパス」です。プロジェクトマネジメントとしては、とにかくここが遅れないようにしっかり管理します。

　もちろん、ほかの作業も遅れちゃまずいのですが、少し余裕があるわけですね。

> **ひと言**
>
> クリティカルパスは、臨界経路や最長経路とも呼ばれる。日本語のほうが意味が取りやすくて、いい訳だと思う。

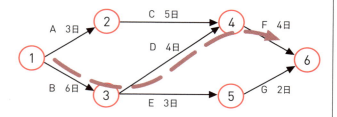

―― 得点のツボ　**クリティカルパスのポイント**
- クリティカルパスでは<u>最早結合点時刻</u>と<u>最遅結合点時刻</u>が一緒だ！
- クリティカルパスは、<u>最長ルート</u>になっている！

ガントチャート

　時系列を横軸にとって、作業計画を棒グラフで示した工程管理図です。アローダイヤグラムのように、作業間の関連を表す機能はありませんが、何日に何をするのかがばっちりわかります。

	第1週	第2週	第3週	第4週	第5週	第6週	第7週
基本計画	■						
外部設計		■	■	■			
内部設計				■			
プログラミング					■	■	
テスト						■	■

マイルストーン

　マイルストーンとは、プロジェクトの進行上重要なポイントとなる作業を指す言葉です。遅延が許されない作業や、各工程の終了確認作業などがマイルストーンの候補です。設計工程であれば、次の工程に進んでいいのかを確認する設計のレビューがマイルストーンになります。

重要用語ランキング

①WBS → p.197

②プロジェクト憲章 → p.195

③アローダイヤグラム → p.199

④PMBOK → p.195

⑤スコープ → p.195

用語を理解できているかおさらいしよう！

試験問題を解いてみよう

問題1　令和2年度　問55

図の工程の最短所要日数及び最長所要日数は何日か。

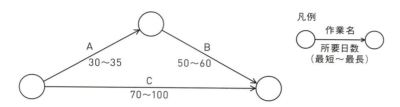

	最短所要日数	最長所要日数
ア	70	95
イ	70	100
ウ	80	95
エ	80	100

解説1

　最短になるのは、上ルートの場合（30＋50＝80日）、下ルートの場合（70日）です。上ルートも下ルートも終わらないと工程は完了しませんから、全体の最短所要日数は80日です。最長になるのは、上ルート（35＋60＝95日）、下ルート（100日）です。さきほどと同様に考えて、全体の最長所要日数は100日です。

答：エ

問題2　令和3年度　問47

システム開発プロジェクトにおいて、成果物として定義された画面・帳票の一覧と、実際に作成された画面・帳票の数を比較して、開発中に生じた差異とその理由を確認するプロジェクトマネジメントの活動はどれか。

ア	プロジェクト資源マネジメント	イ	プロジェクトスコープマネジメント
ウ	プロジェクト調達マネジメント	エ	プロジェクト品質マネジメント

解説2

　定義と実態の差を確認しています。品質と迷うかもしれませんが、スコープの差を検証しているわけです。

答：イ

3.3 システムは開発するだけじゃダメ

学習日

出題頻度 ★★★★☆

サービスは目に見えませんが、モノよりもサービスが商品になることが増えています。サービスを定量化してきちんと管理するマネジメントや、システムの信頼性、安全性、効率性をチェックするシステム監査について学びましょう。

3.3.1 サービスマネジメント

サービスマネジメントって何だ？

情報システムを使った業務では、意外とぬるい対応がまかり通ってしまうことがあります。

たとえば、「回線が混んでいるので、つながりません」「予定をオーバーするリクエストを受けつけたので、2時間ほど遅延します」…

このような事態を減らすために、ITサービスを体系的に提供する手法が、**ITサービスマネジメント**です。

単に情報システムを提供するのではなく、それをベースとしたサービスを提供するのだ、と考えれば、一般業務とIT業務の乖離が徐々に埋まってくるでしょう。情報システムが社会へますます浸透していく中で、重要な考え方だといえます。

SLA

サービスマネジメントをしていくためには、目標を決めて、それを達成するPDCAサイクル（マネジメントシステム）を構築します。どんな仕事もそうですが、最初に目標を決めないと始まらないわけです。サービスマネジメント

> スペル
>
> ・SLA (Service Level Agreement)

の目標になるのが、SLAです。

SLAはあるサービスについて、どの程度の水準を求めるか、サービス提供側とユーザ側が合意して、サービスレベル合意書として明文化します。サービスレベル以外にも、サービスの内容、提供範囲を両者が正しく認識する効果があります。

得点のツボ　SLAの内容
- 処理性能の最小値
- 許容できるシステム停止時間　など

サービス提供側が合意した水準のサービスを提供できなかった場合は、サービス料金の減額など何らかの補償やペナルティが与えられるのが一般的です。

SLAの導入が成功するかどうかは、SLAの項目をうまく作れるかに大きく左右されます。

ぼくが満足しているかどうかで、お金が返ってくる、とかですね！

「ユーザが満足している」などと定性的な項目を立ててしまうと、水準達成の可否があいまいになってしまいます。「ハンバーガーを頼んでから、1分以内に出てくる」と定量測定可能なデータを採用すれば、一目瞭然です。

ITIL（JIS Q 20000）

サービスマネジメントシステムを構築するための要求事項（認証基準）とベストプラクティス（うまくいった事例）です。JIS Q 27000シリーズなどと同様に、JIS Q 20000-1が認証基準、JIS Q 20000-2がベストプラクティスになっています。

ベースになっている規格はITILで、これが国際標準化されたISO/IEC20000になりました。JIS Q 20000はISO/

スペル
- ITIL（Information Technology Infrastructure Library）

参照
- JIS Q 27000
→ p.366

IEC20000を和訳したものです。ITILとして問われたこともJIS Q 20000で問われたこともあるので、両者の関係を把握しておきましょう。

もともとは思ったほどの費用対効果が出なかった情報システムを改善するために作られたものでしたが、近年ではSLAとのからみでも登場します。

個別にSLAをどう達成するかは、個々の企業が努力するほかないのですが、一般論として<u>マネジメントシステム</u>（例のPDCAを実行するしくみです。この場合は、サービスマネジメントシステムですね）を作ることで、目標に近づくことができます。

またマネジメントシステム…。
ITの人はこれが好きなんですか？

ほかにやりようがないというか…。文書が増えるなど批判もありますが、どんな組織にも効果があるという意味では優秀なしくみなんですよ。

具体的な目標を定め、その実現のための計画を練り、それを手抜かりなく実行し、不備があれば改善するプロセスのくり返しにより、効率的にサービスの品質を高められます。

また、すべてのマネジメントシステムがそうであるように、JIS Q20000-1においても経営者のコミットメントが必要であると定められています。

JIS Q 20000-1は次の項目で成り立っています。ITパスポートでは色文字の用語を覚えておきましょう。

| 新規サービス又はサービス変更の設計 |
| 及び移行サービス提供プロセス |

- サービスレベル管理
- サービスの報告
- サービス継続及び可用性管理
- サービスの予算業務及び会計業務
- 容量・能力管理
- 情報セキュリティ管理

関係プロセス
・事業関係管理 ・供給者管理
解決プロセス
・インシデント及びサービス要求管理 応急措置。インシデント発生時にすばやくサービスを復旧させる。 「とりあえず再起動してみる」とか ・問題管理 根本的解決。インシデントの原因を突き止め、再発を防止する。 「メールが届かない根本的な原因はこれ！」とか
統合的制御プロセス
・構成管理 サービスを構成する要素を体系化して、いつでも確認できるよう にする。「許可されてるライセンス数は30本」とか ・変更管理 変更が、リスク、サービス、顧客、財務に与える影響と、技術的 実現可能性を評価する ・リリース及び展開管理 作業のスケジュールや手順などを管理して、本番環境に実装する

サービスデスク

　操作方法の質問への回答や、サービスが使えないなどの
インシデント発生時の対応などをする窓口です。ヘルプデ
スクともいい、問い合わせを一元的に管理して、データの
蓄積や担当部署間を連携します。

FAQ

　サービスデスクへの質問はほとんどが同じパターンであ
ることが知られています。そこで、よくある質問と回答
（FAQ）を作成してWebサイトなどに掲載すると、サービ
スデスクへの問い合わせを減らすことができます。

> スペル
>
> ・FAQ（Frequently Asked Questions）

オンラインヘルプ

　ネット上で参照できる操作説明や手引書です。人を配置
したり、印刷物を用意したりせずに操作の説明ができるた
め、コストを削減できます。利用者側にとっても、待ち時
間が少ないなどの利点があります。
　ただし、未知の問題や複雑な問題には十分に対処できな

いため、すべてをオンラインヘルプだけで構成するのは無理があります。

エスカレーション

より権限や回答能力の高いところに、対応を引き継ぐことです。オンラインヘルプ（載ってないぞ）→ 窓口担当者（そんな一介の平社員の俺には判断できないぞ）→上司という感じにエスカレーションしていきます。

> それなら最初から上司が出てくればいいんじゃないですか？

上司はムダにコストが高いので、ふだんは別の仕事をさせておくのが妥当です。

チャットボット

人間の代わりに、かんたんな音声会話やテキストチャットをするシステムです。ヘルプデスクなどで採用されています。もちろん、すべての問い合わせに対応できるものではありませんが、エスカレーションの最初の段階として使われます。

ファシリティマネジメント

情報システムのマネジメントというと、どうしてもソフトウェア的なものをまっさきに思い浮かべてしまいます。でも、情報システムといえども、それを動かしているハードウェアがあり、そのハードウェアを受け入れる箱としてのサーバルームなどが存在します。これらの情報システム設備（ファシリティ）を管理することも、情報システム部門の重要な仕事です。

ファシリティ管理の仕事は多岐にわたりますが、ITパスポートで問われる可能性があるのは、どれがファシリティ管理に該当するかです。

- ウイルス対策ソフトの導入　→　大事だけど、設備関連ではありません。
- 停電への対策　→　ファシリティ管理です。
- 建物の入退室管理　→　ファシリティ管理です。
- ファイルの暗号化　→　設備関連ではありません。
- IDとパスワードの厳格な運用　→　設備関連ではありません。
- 機器の環境を最適に保つ　→　ファシリティ管理です。

UPS（無停電電源装置）

　どんなコンピュータも、電源をいきなりオフにするといろいろまずいことになります。災害などによる停電に備えるために、UPSが使われます。

スペル

・UPS（Uninterruptible Power Supply）

用語

サージ防護
落雷などで過電圧が起きると、システムがダメージを負う。それを防止するのがサージ防護デバイス（SPD）。

―― 得点のツボ　UPS ――
・バッテリにより、停電時に正常シャットダウンまでの時間をかせぐ装置
・バッテリは経年劣化するので、定期的に交換する

3.3.2　システム監査

監査とは何をするのか？

　業務は法令を遵守して、効率的に遂行する必要があります。法令遵守などの用語はこれまでにも出てきました。でも、「法令を守りましょう」と叫べばあとはうまくいく、というほどかんたんなものではありません。
　ルールを守らない人もいるでしょうし、本人はちゃんとやっているつもりでも、リスクのある行動をとっている場合もあります。
　そこでおこなわれるのが<u>監査</u>です。監査とは、何らかの業務をしていくうえで問題になる事項をチェックしていく実地調査です。
　あらゆるものごとが監査の対象になりますが、情報処理試験で問われるのはおもに次の2つの監査です。

用語

会計監査
財務諸表の適正性についての監査。

業務監査
業務が適切に手順化・運用されているかの監査。

	監査範囲	監査目的
システム監査	システムに関わる事柄	経営活動全般の評価と改善
セキュリティ監査	情報資源全般	セキュリティの構築と維持

> **得点のツボ**　監査のポイント
> ・監査によって、業務を改善していくことができる
> ・第三者的な視点でチェック！　という部分が大事
> ・システム監査は、企画、開発、運用のすべての工程が対象

　なお、監査人の業務は評価や、経営者に助言・勧告をすることまでです。監査報告にもとづいて業務の改善やルールの整備をする責任を負うのは、被監査部門になります。

監査人の立場による監査の種類

　監査をする場合、監査人の立場によっても監査の種類を分類することができます。

・第一者監査：自組織内の部署・人材による監査
・第二者監査：被監査組織の利害関係者による監査
・第三者監査：独立した監査機関による監査

　監査の性質からいって、自分自身をチェックする場合はどうしても評価が甘くなってしまう傾向があります。そのため、独立した第三者機関に監査をしてもらうのが望ましいとはいえます。
　ただ、気軽に頼めるものではありませんし、コストもかさみます。「自社業務の改善」といった目的では利害関係者に監査してもらうこともできません。
　そのため、第一者監査（内部監査）がおこなわれます。ただし、この場合も被監査部署から独立した部署によって監

査をすることが重要です。どの種類の監査にしろ、**監査人が被監査者から独立していること**が重要で、たとえば被監査者の部下が監査人になるなどは言語道断です。監査人と被監査者の間に上下関係などがあると、十分に公平な監査をすることが難しくなる場合があります。

監査基準

　監査は目的をきちんと定めないと、単に仕事の邪魔をしただけ、インタビューをしただけで終わってしまいます。監査を始めるにあたって、監査範囲と監査目的を定めることは必須で、続いて監査した結果をどう評価するかを決める監査基準を設定します。

　監査基準は「この項目は××を満たしていれば合格」といった形で必ず明文化します。また、合否を分ける判断をおこなう場合には、必ず証拠（**監査証拠**）を記録しておかなければなりません。つまり、だれが監査しても同じ結論が出るような「客観性」が重要です。

　証拠集めなんておまわりさんみたいで、たいへんじゃないですか？

ひと言

監査証拠の種類には
・信頼性に関するもの
・安全性に関するもの
・効率性に関するもの
がある。

　でも、証拠主義にしておかないと、監査人によって「この項目は合格」「いや、不合格だ」などと意見が割れてしまう可能性があります。監査証拠が残っていれば、あとから追試をすることもできます。

　このように大切な監査基準ですが、1から作るのはなかなかめんどうで、よいものが作れるという保証もありません。そこで、標準的な監査基準を自社に適用します。

　経済産業省の**システム監査基準**や、**情報セキュリティ監査基準**がよく使われます。ただ、ややこしいのは、**システム管理基準**という用語もあることです。

システム監査基準	監査人の行動規範。一般基準、実施基準、報告基準からなる
システム管理基準	監査人が判断尺度として用いる基準

名前が似ていて、混乱しそうです！

　しかも、この2つのうち「これはOK、これはNG」という判断根拠に使う「監査基準」は「システム管理基準」になるんです。「システム監査基準」は監査人として備えるべき資質などが書いてあります。まちがえやすいので、気をつけてください。

監査人の資質

　監査人は公平で論理的な判断力があり、技術知識も備えていなければなりません。そうでなければ、だれもが納得できる監査判断を導くことが難しいからです。
　監査人としては、次の資質が必要だとされています。

・誠実で実直な倫理的行動
・客観的な視点を持ち、ありのままを報告する、公平・公正なプレゼンテーション
・職務遂行に必要な判断力や、専門家としてのスキル
・組織圧力から解放された独立性
・証拠に基づく論理的な思考

　どれも私にはないものばかりでいやになりますが、希有な資質を持った人材のみが監査人になり得るといえます。
　もっとも、独立性などは本人の資質ばかりではダメで、監査を命じる上位者が監査人が独立性を発揮できるように、環境を整える義務があるといえます。

内部監査って、身内をちゃんと調べられるものなんですか？

経営者が監査人に強い立場を保証してあげることが必要です。

監査の流れ

実際にどのようにシステム監査やセキュリティ監査がおこなわれるのか、よく出題される ISMS を例にとって見ていきましょう。

ISMS は、セキュリティを維持するためのマネジメントシステムを構築し、PDCA サイクルを確立することが目的です。

マネジメントシステムというのは、ホントにいろんなところで出てきていますね。たいてい標準規約や認証制度とセットになっていますが、ISMS の場合は ISO27000 が使われます。監査を受けて合格すると、ISMS 認証を受けることができ、セキュリティに注力し一定の水準に達している組織であることを第三者にアピールできます。

監査諸元の設定

監査に先立って、監査範囲と監査目的、監査基準を明確にしておく必要がありますが、ISMS の場合は下記のようになります。

- 監査範囲：情報セキュリティマネジメントシステム
- 監査目的：ISMS 認証審査
- 監査基準：JIS Q 27001

なお、「監査は抜き打ちじゃないとダメだろう」と思われるかもしれませんが、業務に大きな支障を来したり、必要なログが取得できなかったりする可能性があるため、基本的には監査日時を決めて互いの協力のもとに監査をします。

スペル

・ISMS（Information Security Management System）

システム監査のステップ

①監査計画の策定：監査目的を踏まえて、手続、時期、対象を決め、監査計画を策定する

②監査の実施：

予備調査	文書レビューなどを中心におこない、ポイントを絞りこむ
本調査	予備調査で絞り込んだ項目を軸に、現地調査、ヒアリングなどをおこなう
評価・結論	予備調査、本調査で得た監査証拠をもとに、信頼性、安全性、効率性の観点で評価し、指摘事項、改善提案をまとめる

③監査報告：依頼者の監査報告書を提出する。改善の提案はするが、実施は経営層の仕事

④フォローアップ：監査報告を受けた改善の実施状況を、モニタリングする

ペネトレーションテスト

あるシステムの脆弱性を発見する手法の1つです。クラッカと同様のやり方で、擬似的な攻撃をすることに特徴があります。効果的だが、きちんと調整しないと、業務がストップしたりしてひどい目にあいます。

♛ 重要用語ランキング

①監査人の独立性 → p.212

②ITIL → p.206

③SLA → p.205

④ISMS → p.214

⑤チャットボット → p.209

用語を理解できているかおさらいしよう！

試験問題を解いてみよう

✏ 問題1　令和3年度　問38

システム監査の手順に関して、次の記述中のa、bに入れる字句の適切な組合せはどれか。

システム監査は、　a　　に基づき　　b　　の手順によって実施しなければならない。

	a	b
ア	監査計画	結合テスト、システムテスト、運用テスト
イ	監査計画	予備調査、本調査、評価・結論
ウ	法令	結合テスト、システムテスト、運用テスト
エ	法令	予備調査、本調査、評価・結論

解説1

システム監査は、監査計画に則って実施します。監査計画の策定→監査の実施と進みます。監査の実施はより細かく、予備調査、本調査、評価・結論に分けられます。

答：イ

✏ 問題2　令和2年度　問39

A社のIT部門では、ヘルプデスクの可用性の向上を図るために、対応時間を24時間に拡大することを検討している。ヘルプデスク業務をA社から受託しているB社は、これを実現するためにチャットボットをB社が導入し、活用することによって、深夜時間帯は自動応答で対応する旨を提案したところ、A社は24時間対応が可能であるのでこれに合意した。合意に用いる文書として、適切なものはどれか。

ア　BCP　　イ　NDA　　ウ　RFP　　エ　SLA

解説2

「サービス水準の合意」と書いてくれていれば、一発でSLAを選べますが、残念ながらそこまで素直な問題ではありません。「24時間対応が可能か」の記述から推定させる設計になっています。もっとも、誤答誘導選択肢はBCP（→p.381）、NDA（→p.164）、RFP（→p.162）なので、消去法でもSLAを選択できると思います。なお、問題文中のチャットボットはリアルタイムの会話型自動応答システムのことです。

答：エ

コラム | テキストって何冊買えばいいの？

　ダース、グロス、1000冊…このくらいの単位で買っていただけると、とてもよい気がいたします。合格可能性が増すことはありませんが、わたしの住宅ローンの負担は軽くなるのではないでしょうか。…すみません、起きながら寝言を申しました。

　技術評論社さんはとても優良な出版社ですので、1冊買うだけできっと合格できます！（当社比）

どんな形でも問題演習はおすすめ

　しかし、問題集を1冊買っておくのは手かもしれません。テキストは知識のインプットのためのもので、それだけでも勉強になりますが、ほかのすべての試験と同じく、情報処理試験にも特有のクセがありますので、アウトプットの練習もしておくと、とても得点効率が上がります。

　せっかく知識をガンガン入れていったのに、出力のしかたを知らなかったために、トンチンカンな答えを選んでしまった…という受験生が意外と多いのです。

　ITパスポートは、エントリレベルの試験ですので（多肢選択式ですし）、まだテキストだけでも対処可能ですが、上位の試験になるほど問題集を購入しての問題演習がおすすめです。午前問題は過去問の使い回しも多いですし、いろいろ良いことがあるかもしれません。

苦手分野があるときは

　明確な苦手分野があるときは、その分野の本を読むのもおすすめです。試験のテキストは、どうしても分冊にはしたくないですし、限られたページ数に収めなければならないので（あまり厚い本だと、試験前に鈍器として使用したくなってしまうかもしれません）、ある程度説明を簡素にしなければならない宿命があります。前提知識まで含めて、特定分野をがっつり対策したいときには、その分野の書籍に手を伸ばしてみましょう。

　試験対策を謳っていない本でも構いません。むしろ、アルゴリズムなどをのぞけば、試験対策用の書籍がある分野のほうがめずらしいでしょう。ただし、問われ方のクセはあるので、最後に試験対策本や過去問で知識を整えておくのが理想です。

勉強をはじめたくないときは

　薄い本がおすすめです。といっても、コミケに行って同人誌を買ってこいとか、そういう話ではありません。物理的に薄くて、軽い本です。本の重さは、そのままその本を開く心の重さになります。心身が快調であれば、歯ごたえのある少し重めの本がちょうどいいかもしれません。しかし、長い勉強期間中には、眠い日もやりたくない日もあるでしょう。そんなときに重たい本を開くのは、風邪をひいた人に10kgのバーベルを上げさせるようなもので、下手をすると怪我をします。

　その日をまるまる休んでしまうよりは、薄い本を1ページでもめくっておいたほうが勉強になるし、少なくとも「今日なんにも勉強できなかった…」という罪悪感は消えるでしょう。

違う著者の本もいいかも

　情報処理試験はシラバスがしっかりしているので、きちんと本を作っている出版社さんであれば、だいたい同じ内容が解説されています。しかし、その中でも著者の説明のクセはありますから、ある本を読んでよく理解できなかったことが、別の著者の本ではすんなり頭に入ることもままあります。

　違う著者の本に目を通してみるのは気分転換にもなりますし、余裕があれば試してみてください。技術評論社の栢木先生の本や、きたみ先生の本なんて最適だと思いますよ！

4章

コンピュータのしくみ

テクノロジ

4章の学習ポイント

仕事で使うコンピュータ特有の考え方に馴染む！

いよいよ技術知識の勉強です。なんといっても、情報処理「技術」者試験ですから、ここら辺は正念場です。

コンピュータなんて、家でも使ってますよ！

家庭用と業務用では大違いなんですよ。特にこの章は「理屈編」なので、ふだんパソコンなどを使い慣れていて、「実技」に自信のある方でも、意外な盲点が残っているケースがあります。油断せず、確認していきましょう。

コンピュータの基礎理論

二進数をはじめとする基数の理解はもちろんですが、地味に順列や組み合わせの計算などが飛んできます。中学校の教科書レベルでいいので、思い出しましょう。

デジタルデータ

各種保存形式の概要や相違点、文字コードの種類などについて覚えます。不可逆圧縮などはふだんから意識してファイルを見ると理解が定着します。

アルゴリズムとプログラミング

データ構造やアルゴリズム、プログラミングの概要を見渡しておきましょう。擬似言語を用いたプログラムの読み解きも今後問われます。

コンピュータの構成要素

個々のパーツの理解ももちろんですが、組みあわせたときの動作や稼働率に注意しましょう。

システムの構成要素

仮想化や冗長構成など、家であまり使わない技術を中心に対策すると効率的に学習できます。

4.1 コンピュータにまつわる計算を攻略しよう

学習日

出題頻度 ★★★☆☆

この辺はちょっと恐いところです。というのも、単独で問われるのはもちろんのこと、「当然このくらい知ってるよね」と、ほかの設問の前提知識になることがあるからです。見かけ上の出題数以上に重要なパートですので、ゆっくりしっかり理解していきましょう。

4.1.1 二進数

二進数って？

コンピュータを使っているとよく二進数が登場します。0と1しか数字を使わずに数を表す方法のようなのですが、何でそんなめんどくさいことをするのでしょう？

コンピュータはメモリに情報を記憶しますが、メモリというのはある回路に電荷があるかどうかで、ものを覚えるしくみです。

電球をイメージしてみてください。点いてたら明日は晴れ、消えてたら雨という具合に決めておけば、1コの電球で2つの状態を記憶できます。また、電球が2コあるなら、以下のようにほかの天気も記憶できます。

…えーと、じゃあ3コ電球があると6つの状態を記憶できるんでしょうか？

　いえ、3コは**8つ**の状態を記憶できます。覚えられる状態の個数は、**2のn乗**になるのです。このようにして、電球1個で表せる情報量のことを**1ビット**といいます。電球2個なら2ビットです。

　「オン、オンなら晴れ」とか、「オン、オフなら曇り」とか、いちいちオンだのオフだの書くのはめんどくさいですよね。このとき、二進数（0と1の2つしか数字を使わない。三進数なら0と1と2の3つしか数字を使わない、ということ。ふだん使っているのは十進数）は非常に相性がいいのです。

　「11なら晴れ」「10なら曇り」と書いたほうが、すっきりしてわかりやすいです。コンピュータの記憶方法にとてもなじむので、二進数が使われるのですね。

基数変換

　とはいうものの、私たちの感覚では「ふつうの数」は十進数ですから、二進数でデータを見せられてもよくわかりません。

　そこで、二進数を十進数に直したり、十進数を二進数に直したりします。これを**基数変換**といいます。右ページの表のように0から書き下していけばわかりやすいですが…。

こんなの本番の試験で書いてられないですよ！

　しかも、実際の本試験では「10110010」を十進数に直すといくつ？　など、大きな桁数で出題されますので、ますます0から書き下ろすのはたいへんです。短時間で基数変換できるように、対策を練っておきましょう。

用語

基数
各桁の重み付けをする数のこと。n進数を使うと、桁が上がるごとに桁の重みがn倍になる。たとえば10進数は桁が上がるごとに、桁の重みが10倍になる。1の位、10の位、100の位、1000の位と、10倍ずつになっていく。

十六進数
16を基数とした数値の表し方。16種類の数字を使うが、アラビア数字は0〜9の10種類しかないので、アルファベットのA〜Fまでを併用する。4桁の二進数を、ちょうど1桁の十六進数で表すことができる。

二進数	十進数	十六進数
0	0	0
1	1	1
10	2	2
11	3	3
100	4	4
101	5	5
110	6	6
111	7	7
1000	8	8
1001	9	9
1010	10	A
1011	11	B
1100	12	C
1101	13	D
1110	14	E
1111	15	F
10000	16	10

二進数から十進数へ

まず、二進数の各桁に1が立っているとき、十進数に直すといくつになるかを表してみました。

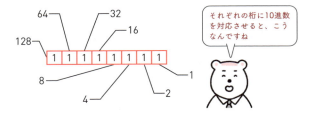

それぞれの桁に10進数を対応させると、こうなんですね

用語

シフト演算
二進数では各桁の値を左にずらすと（左シフトすると）、2倍、4倍に、右にずらすと（右シフトすると）、1/2、1/4になっていく。
たとえば、0011の2倍は0110。

さきほどの「10110010」を、これに当てはめてみると、

128のところ
32のところ
16のところ
2のところ　に1が立っていますから、

223

$128 + 32 + 16 + 2 = 178$　によって、「10110010」を十
進数に直すと178である、と導くことができます。

得点のツボ　二進数

・二進数の各桁は、1桁目は2^0、
　2桁目は2^1、3桁目は2^2、4桁目は2^3…のよ
　うに2の何乗かという重みを持つ
・二進数の桁の重みを8個分くらい覚えておく
　と何かと便利
　→　1、2、4、8、16、32、64、128

十進数から二進数へ

　反対に十進数178を二進数にするには、桁の重みとの大
小を考えて、1が立つか考えていきます。1が立てばその数
を178から引き、残りの数を次の重みと比べていきます。立
たなければそのまま、次の重みと比べます。

①178の中に128があるか？　→　あるので1　残り50
②50の中に64があるか？　　→　ないので0　残り50
③50の中に32があるか？　　→　あるので1　残り18
④18の中に16があるか？　　→　あるので1　残り2
⑤2の中に8はあるか？　　　→　ないので0　残り2
⑥2の中に4はあるか？　　　→　ないので0　残り2
⑦2の中に2はあるか？　　　→　あるので1　残り0
⑧0の中に1はあるか？　　　→　ないので0　残り0

これを上から並べて、「10110010」が答えです。

表せる数値の範囲は？

8桁の二進数で表せる数値の範囲を考えてみましょう。

最小の数値　00000000　→　十進数化　→　0
最大の数値　11111111　→　十進数化　→255

したがって、0～255の数値を表せることがわかります。

ひと言

一番左が最上位ビットで、
一番右が最下位ビット。

二進数と八進数・十六進数の変換

二進数と八進数は、かんたんに変換できます。3桁の二進数は、ちょうど1桁の八進数で表すことができるので、これを利用します。

```
二進数     →   右から3桁ずつ    →   八進数
               八進数に変換

11000110   →   11  000  110    →   306
```

八進数を二進数に変換するには、逆に1桁ずつ二進数に変換します。また、十六進数の場合は、同様に4桁で考えればOKです。

八進数はどこで使うんですか？

少し上級の試験に進んだときに、アクセス権を決める数値として出題されることがあります。たとえば、ある人に対して、あるファイルを

「読み取りは○、変更は×、実行は○」

と、こんなふうに決めたとしましょう。○とか×だとコンピュータっぽくないので、2進数を使って○なら1、×なら0と表します。すると、さきほどの○×○は「101」になり、3桁の二進数になりますね。これを八進数に変換し1桁で表せるように直します。「101」は八進数に直すと → 5になるので、5はファイルを「読むのはOK、実行もOKだけど、変更しちゃダメだよ」ということを表しているわけです。

「Aファイルのアクセス権は、755」と書かれていたら、3つの数値は「所有者、所有者と同じグループの人、その他の人」の順に並んでいるので、

・ファイルの所有者は何をしてもOK（7）
・所有者と同じグループの人は読み取りと実行（5）

・その他の人も読み取りと実行なら OK（5）

という意味になります。

二進数の足し算

　二進数の足し算は十進数と同じ手順でできます。足し算というのは、1桁の足し算さえできれば、あとは桁上がりを組みあわせることで、大きな桁数の足し算もできますよね。

　二進数の1桁の足し算は、4種類しかありません。

$$0 + 0 = 0 \qquad 0 + 1 = 1$$
$$1 + 0 = 1 \qquad 1 + 1 = 10 \ （桁上がり）$$

　これを使って筆算をしてみましょう。

```
      1 0 1 0
+)    1 0 1 1

          1
        0
      1 （←繰り上がった）
    0
  1 （←繰り上がった）
  1 0 1 0 1
```

　以上から、1010 ＋ 1011 ＝ 10101 であることがわかります。

> **ひと言**
> 二進数のかけ算も筆算でできる。本試験には出ない。

4.1.2 ｜ 集合と論理演算

ベン図は集合を表す

　ベン図というやつを昔、数学でやりました。あんまり学校の受験に関係のないところですし、記憶の彼方ですが…IT パスポート試験では出題範囲です。

　ベン図とは、グループ（集合）同士の関係を視覚的に表現するものです。

得点のツボ　集合同士の関係

- **AND**（かつ）：論理積
- **OR**（または）：論理和
- **NOT**（でない）：否定
- **XOR**（片方だけ）：排他的論理和

具体的に1つずつ見ていきましょう。たとえばこんな具合です。

A：おさいふを落とした人たち
B：先生に怒られた人たち　としたとき、

積集合

ANDの関係です。共通部分ともいいい、∩で表します。

この場合、「おさいふを落とし」かつ「先生に怒られた」人です。「おさいふを落とした∩先生に怒られた」とも書けます。

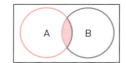

和集合

ORの関係です。∪で表します。

この場合、「おさいふを落とした」または「先生に怒られた」人です。「おさいふを落とし、かつ先生に怒られた」人も含まれます。

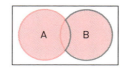

「おさいふを落とした∪先生に怒られた」とも書けます。

否定

これは、「おさいふを落とし」てもおらず、「先生に怒られて」もいない人なので、NOTの関係にあります。

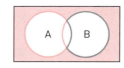

この図の場合は正確に書くと、NOT（A OR B）です。このように組みあわせて出てくることもあります。

ひと言

部分集合（A⊂B）
どっちかの集合に、もう1つの集合がすっぽりおさまる関係のこと。いわゆる包含関係で、「萌えアニメは、アニメの部分集合だよね」といった具合に使い、萌えアニメ⊂アニメと表す。

> パッと出題されたらどういう意味なのかさっぱりです

そういうときは日本語に開いてしまうとわかりやすくなります。「NOT（A OR B）」の場合は「（AまたはB）でないもの」のような感じです。

これらの考え方は、あまり日常生活に関係なさそうですが、じつはけっこう使っている概念です。たとえば、検索エンジンで、「技術評論社　料理」などと検索するのは、技術評論社と料理をAND条件で検索しているのです。

本試験では、そのまま出題されることもありますし、表計算ソフトのIF関数などと組みあわせて、「英語80点以上、数学80点以上の人のセルに『奨学金』と表示せよ」などと問われることもあります。

ちなみに、こんな関係もあります。

これは、「おさいふを落とした」だけか、「先生に怒られた」だけの人です。どちらか片方しか

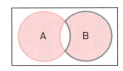

該当していないので、XORの関係です。OR（論理和）と似ていますが、両方に該当しているとダメなので、「排他的」論理和なのですね。

> 参照
> ・IF関数
> →p.450

真理値表で一目瞭然

もうちょっとコンピュータぽくしてみましょう。該当するなら1、該当しないなら0とすると、真理値表で表すことができます。両方該当してしまったかわいそうな人＝Cとしたときは、右のように表せます。この例は論理積（AND）ですね。

A	B	C
1	1	1
1	0	0
0	1	0
0	0	0

4.1.3 確率

確率ってどういうこと?

よく使う言葉ですが、ちゃんと説明しようとするとしづらいですね。確率とは、ある事柄が起こりうる可能性の度合いをいいます。通常は、全体を1として考えます。つまり、ある事柄が起こる確率と起こらない確率を足すと、1です。百分率で考えると、降水確率70%なら、降水しない確率は30%ということになりますね。

起こりうるすべての場合の数がn通りあり、ある事柄が起こる場合の数がa通りの場合、確率pを求める公式は次のようになります。

得点のツボ　確率の公式

$p = a/n$

公式だと難しく感じますが、たとえばトランプ52枚のうち、ハートを引く確率は1/4だと直感的に知っていますよね。トランプは52枚あり、これが起こりうるすべての数です。うち、ハートは13枚なので13/52 = 1/4と計算できるわけです。もちろん、イカサマトランプとかを使うと話は変わってきます。また、全種類のカードが公平にシャッフルされているというのが大前提です。

確率の足し算、掛け算

確率は足したり掛けたりすることもできます。

AとBの確率がお互いに影響されないとき、AとBがともに起こる確率は、AとBの確率を掛け算して考えます。サイコロで1の次に2が出る確率は、1の出る確率が1/6、2の出る確率も1/6であることから、1/6 × 1/6=1/36です。

それに対して、AとBが同時には起こらないとき、AとBのどちらかが起こる確率は、確率を足し算して考えます。サイコロで1もしくは2が出る確率は1が1/6、2が1/6であることから、1/6+1/6=1/3と求めることができます。

順番に意味があるときと、ないとき

さて、確率を求めるときに欠かせないのが、「いったいその事柄は何通りあるのか」を正確に数えることです。その際、考えなければならないのは「順番が関係あるのか否か」です。

世の中には順番に意味があるものと、ないものがあります。「トランプを3枚引いてください。順番によって占いの結果が変わります」と言われたら、◆2、◆3、◆4 の場合と ◆4、◆3、◆2 との場合を一緒にしてはまずいです。同じ3枚のカードを引いていても、運勢は違うはずですもんね。

順番に意味がある順列

順番も含めて、「何通りの引き方があるか」を計算するのが順列です。トランプの場合は（ジョーカー抜きで）52枚のカードがあるので、1枚目に何を引くかは52通りあります。

2枚目はすでに1枚カードを引いてしまっていますから、51通りですよね。1枚目と2枚目の関係を含めて考えると、$52 \times 51 = 2,652$ 通りの可能性があります。同様に3枚目は50通りの可能性があるので、3枚目も含めて考えると、$52 \times 51 \times 50 = 132,600$ 通りの可能性があって、けっこうバリエーションのある占い結果が出てくるぞ、とわかります。

得点のツボ　順列
- n個のものの中からr個を取りだして1列に並べるさまをイメージするのが順列
- 公式は、$_nP_r = n! \div (n-r)!$
　　　　$= n \times (n-1) \times (n-2) \cdots (n-r+1)$

式中の「！」はなんですか？

ひと言

$_nP_r$ のPは、Permutation（順列）$_nC_r$ のCは、Combination（組み合わせ）。

このびっくりマークは、階乗を表します。その数から-1引いたもの、-2引いたもの…と順に１になるまで掛けていったものです。たとえば３！なら、３×２×１となります。

それをふまえると、５個のものから３個を取り出すなら、$_5P_3 = 5 \times (5\text{-}1) \times (5\text{-}2) = 5 \times 4 \times 3 = 60$ 通りであることが導けます。

順番は気にしない組み合わせ

Ａさん～Ｅさんの５人グループが３人部屋と２人部屋に分かれて泊まることになりました。このとき、３人部屋に泊まる組み合わせは何通りあるでしょう？

ひと部屋にぶちこまれるわけですから、占いのケースと違って順番は関係ありません。（Ａさん、Ｂさん、Ｃさん）の組み合わせと、（Ｃさん、Ｂさん、Ａさん）の組み合わせは結果的に同じことです。

順列の考え方をすると、$_5P_3 = 60$ で60通りのパターーンがあるのですが、組み合わせでは「順番は違うけどメンバーは同じ」ときは「一緒」と考えるので、重複分は除いて計算する必要があります。

３人のメンバーの並べ方は3!（＝３×２×１）だけあるので、60通りを6で割った数、すなわち10通りの組み合わせがあることになります。順番を考慮しないと、意外と少なくなるんですね。

--- 得点のツボ　組み合わせ ---
・n個のものの中からr個を取りだして、箱にぽぼんと放りこむさまをイメージするのが組み合わせ
・公式は、$_nC_r = {}_nP_r \div r!$

５個のものから３個を取り出してみましょう。公式の中の、

$_nP_r$の部分は　　$5 \times (5\text{-}1) \times (5\text{-}2) = 5 \times 4 \times 3 = 60$
r!の部分は　　　　$3 \times 2 \times 1 = 6$

したがって、60÷6＝10により、組み合わせは10通りであることが導けます。

期待値

期待値とは「見込み」です。バレンタインに100円のチョコを贈って、ホワイトデーで10万円の商品券を見込むとしたら、掛け金が100円で期待値が10万円です。

100円で買った宝くじだと、戻ってくるお金の期待値は100円ですか？

そんなわけないじゃないですか。運営費とか引かれるから、払ったお金より小さくなりますよ。

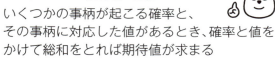

得点のツボ　期待値の定義

いくつかの事柄が起こる確率と、その事柄に対応した値があるとき、確率と値をかけて総和をとれば期待値が求まる

費用と効果の問題

よく出る問題のパターンはこんな感じです。
・4つの販売促進策があり、費用と効果が違う
・効果は大（起こる確率0.2）中（0.5）小（0.3）がある
・費用と効果の関係は表のとおり

単位　百万円

販売促進策	費用	効果の金額 大	中	小
商品発表会兼商談会への招待	7	15	12	6
ダイレクトメール	6	15	10	5
電子メール	3	10	8	5
電話	5	12	10	5

予想利益が最大になるのはどれでしょうか？

それぞれの販売促進策について効果の金額と発生確率をかけ、期待値を出してみましょう。大中小の効果を足し合わせるのを忘れないように！

招待　　15×0.2＋12×0.5＋6×0.3 ＝ 10.8 → 3.8
DM　　15×0.2＋10×0.5＋5×0.3 ＝ 9.5 → 3.5
メール　10×0.2＋8×0.5＋5×0.3 ＝ 7.5 → 4.5
電話　　12×0.2＋10×0.5＋5×0.3 ＝ 8.9 → 3.9

ここで招待だ！と飛びつかずに冷静になるのがポイントです。販売促進策には費用もかかっていますから、これを引かないと予想「利益」にはなりません。費用を引いた予想利益は、電子メールが最大となります。

👑 重要用語ランキング

①論理積 → p.227

②組み合わせ → p.231

③二進数 → p.221

④順列 → p.230

⑤真理値表 → p.228

用語を理解できているかおさらいしよう！

試 験 問 題 を 解 い て み よ う

問題1　令和2年度　問62

10進数155を2進数で表したものはどれか。

ア 10011011　　**イ** 10110011　　**ウ** 11001101　　**エ** 11011001

解説1

224ページで紹介した方法で十進数を二進数に変換してみましょう。二進数8桁までの値を、以下のように十進数で表し、1が立つか考えていきます。

128	64	32	16	8	4	2	1
1	0	0	1	1	0	1	1

答：ア

問題2　令和元年度秋期　問80

パスワードの解読方法の一つとして、全ての文字の組合せを試みる総当たり攻撃がある。"A"から"Z"の26種類の文字を使用できるパスワードにおいて、文字数を4文字から6文字に増やすと、総当たり攻撃でパスワードを解読するための最大の試行回数は何倍になるか。

ア 2　　**イ** 24　　**ウ** 52　　**エ** 676

解説2

26種類4文字の組み合わせは、26^4。これが26種類6文字の組み合わせになると、26^6。$26^6 \div 26^4 = 26^2 = 26 \times 26 = 676$により、最大試行回数が676倍になることがわかります。

答：エ

4.2 動画も音声も扱えれば、仕事も楽しい？

出題頻度 ★★★★☆

学習日

動画や音声がコンピュータのなかでどのように扱われているのかを見ていきます。単にファイル形式を覚えるだけでなく、形式ごとの違いを理解し、かんたんなファイルサイズの計算もできるようにしておくと得点力が増します。

4.2.1 情報量と情報の表し方

接頭語はよく出てくる

ビットの話はすでにしました。1ビットで、0と1の2つの状態を表せましたよね。基本的な情報量の単位ですから、よく覚えておきましょう。

<u>バイト</u>も必須の単位で、8ビット＝1バイトです。8ビットは、00000000～11111111までの状態を表せ、これは十進数に直すと0～255ですから、256個の状態を表現できます。

でも、実際にコンピュータを使うときは、もっともっと大きなデータを扱います。「このファイルは10,000,000,000バイトのサイズだよ」と言われても全然ピンと来ませんので、接頭語をつけてわかりやすくします。

10,000メートルといわれるとわかりにくいので、10キロ・メートルと換算するのと同じです。

> **ひと言**
> 指数が3の倍数のものを使うことがほとんど。一応、10^1倍はデカ、10^2倍はヘクトって決まってるけど、あまり使わない。

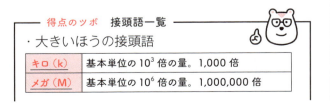

得点のツボ　接頭語一覧

・大きいほうの接頭語

キロ（k）	基本単位の10^3倍の量。1,000倍
メガ（M）	基本単位の10^6倍の量。1,000,000倍

ギガ（G）	基本単位の 10^9 倍の量。1,000,000,000 倍
テラ（T）	基本単位の 10^{12} 倍の量。1 兆倍
ペタ（P）	基本単位の 10^{15} 倍の量。1,000 兆倍

・小さいほうの接頭語

ミリ（m）	基本単位の 10^{-3} 倍の量。1/1,000
マイクロ（μ）	基本単位の 10^{-6} 倍の量。1/1,000,000
ナノ（n）	基本単位の 10^{-9} 倍の量。 1/1,000,000,000
ピコ（p）	基本単位の 10^{-12} 倍の量。 1/1,000,000,000,000

アナログとデジタルとは？

「コンピュータはデジタルでしか情報を扱えないけど、自然界に存在する情報はアナログだ」よくそんなこと言われますけど、デジタルとアナログってそもそも何でしょうか？

日本語でいうとデジタルは離散量、アナログは連続量です。

離散っていう言葉が難しくてよくわからないんですよね…

漢字から読みとれるように「とびとび」という意味です。アナログの時計とデジタルの時計を想像してみてください。デジタルの時計では1分と2分の間って、なかったみたいに扱われてますよね。とびとびです。

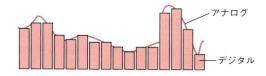

「歌声の音の高低を記録しよう」と思ったときに、アナログ方式では連続したカーブとして音を記録しますが、デジタル方式はキリのいい数値の集合として記録します。

歌声はもともとアナログとしての性質を持っているので、そうそうキリのいい数値にはなりません。どうしてもキリのいい数値にするための誤差が生じてしまいます。

一度、デジタルデータにしてしまえば通信時に劣化しないなどの特性があるのですが、最初にアナログデータをデジタルに変換するときに、データは劣化してしまうのです。

サンプリング周期と量子化段階数

アナログをデジタルに変換するときに、どのくらいの時間のアナログデータを1個のデジタルデータにするかを**サンプリング周期**、アナログデータをどのくらいに区切るかを**量子化段階数**といいます。

サンプリング周期は短く、量子化段階数は多くすると、元のアナログデータに近いデジタルデータが作れますが、データ量は大きくなります。

> **ひと言**
> デジタルの語源は指。指で数えられるキリのいい数字ってこと。

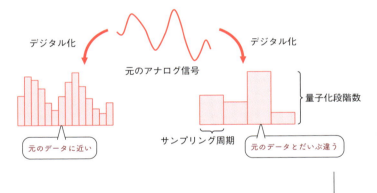

同じデジタル化でも、全然違いますね

デジタルにすれば、なんでもいいわけではないんです。ただ、元のデータを正確に再現しようとするとデータが大きくなります。

実際のデータで練習してみる！

それでは、具体的なデータを使ってアナログデータをデジタルデータに変換したときの情報量を計算してみましょう。スマホで風景写真を撮ることを考えてみます。

写真を撮る対象である風景はアナログですよね。これをスマホのメモリに静止画データとして記録するには、デジタルデータ化しないといけません。

スマホが横1,024ドット、縦768ドットの写真を撮る能力を持っていたとして、1,024×768＝786,432個のドットがあります。スマホ風にいうと、786,432画素ですね。

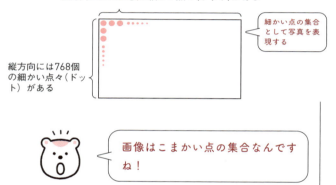

スーラの絵にそんなのがありますよね。点描ってやつです。単純な白黒写真の場合は、ドットが白か黒になるので1ドットあたり1ビットの情報量になります。グレーの濃淡がついた白黒写真やカラー写真の場合は、もっと情報量が大きくなるわけです。

色味と濃さの情報をあわせると、1ドットでどのくらいの情報量が発生するのでしょう？

16色　　　　　→　1ドットあたり4ビット必要
256色　　　　→　1ドットあたり8ビット必要
65,536色　　　→　1ドットあたり16ビット必要
16,777,216色　→　1ドットあたり24ビット必要

16色や256色くらいだとかなり画質が悪いというか、写真としては不自然な感じになりますが、1677万色クラスになると目で見た風景と遜色ないほどです。このため、1ドットをR、G、Bそれぞれ8ビットずつ、つまり24ビットの情報で表現することを**フルカラー**と呼びます。

128ビットカラーとかにしたら、もっと画質がよくなる…？

> **ひと言**
>
> トゥルーカラー（true color）という用語が使われることもある。特殊な例を除けば、フルカラーと同じ意味。

　そこまで行くと人間の目では見分けがつかないんですよね。単にデータが大きくなるだけで、違いがわからないかもしれません。ここはフルカラーで情報を残しましょう。すると、786,432ドット×24ビット＝18,874,368ビットによって、1枚の写真は18,874,368ビットの情報になることがわかります。

　ただし、本試験では、何メガ**バイト**？　という聞かれ方をするので、このままではダメです。18,874,368ビット÷8＝2,359,296バイト　→　およそ2.4メガバイトと、単位をきっちりあわせないと得点をもらえません。

得点のツボ　静止画の情報量の計算

縦ドット数×横ドット数×色数（ビット）÷8
　＝情報量（バイト）

　ディスプレイやプリンタ、動画の情報量の問題も同じ考え方で解けるので、くり返し練習してみてくださいね。

加法混色と減法混色

　さきほどRGBというのがでてきました。**RGB**とは、光の三原色であるR（Red）、G（Green）、B（Blue）のドットの組み合わせで画像を表現する方式です。全部均等に重ねると白くなる（光が強くなる）ので、**加法混色**といいます。ディスプレイで使われます。

239

プリンタなどは、印刷の３原色であるＣ（Cyan：シアン）、Ｍ（Magenta：マゼンタ）、Ｙ（Yellow：イエロー）に、黒（Keyplate）の４色の組み合わせで画像を表現する**CMYK**方式を使っています。CMYの３色を混ぜれば黒になるはず（**減法混色**）ですが、現実には綺麗な黒にならないこと、黒の使用が多いことから単独で黒を持っています。

文字コード

さきほどから出てきているように、コンピュータは数（二進数）しか記憶できず、ほかの種類のデータを覚えるのは非常に苦手です。スマホの写真も二進数に直していたくらいですから、文字も当然二進数に直して覚えています。このとき文字につける番号を**文字コード**といいます。

どの文字に何番の数字を割り当てるかは、考えた人や団体、国によって違っています。狙われそうなところを覚えておきましょう。

ASCII コード （アスキー）	超基本的な文字コード。英数字や少数の記号の番号しか決めておらず、ほかの文字は使えない。７ビットで１文字を表す
EUC	UNIXでよく使われる文字コード。複数バイトで１文字を表すため使える文字数は多い。日本語向けのコードは EUC-JP
S-JIS （シフトジス）	漢字やひらがなど複数バイトを使わなければ扱えない文字と、ASCII コードが混在していても大丈夫なように工夫された文字コード。１文字２バイト
Unicode （ユニコード）	文字コードがいろいろあると違う文字コードのコンピュータ同士でデータを交換するのが大変！　なので世界的に統一しちゃいましょうよ、という文字コード。最初１文字２バイトだったが、文字数が足らないので３バイト、４バイトとどんどん増えている

ひと言

大型の汎用コンピュータ（メインフレーム）では、文字コードとしてEBCDICなども使われている。

文字と言えば、ときどき意味不明な漢字と記号だらけになって、読めなくなっちゃうんです…

それは文字化けですね。入力時に設定していた文字コードと違う文字コードで読み込んだりすると、文字化けが発生します。

4.2.2 機械とヒトをつなぐ「情報」をデザインする

時代とともに変わるインターフェースの考え方

機械や道具を使うには、人間が操作する必要があります。操作をするための、機械とヒトの接点になる部分のことを<u>ヒューマンインタフェース</u>（マン・マシン・インタフェース）と呼びます。

コンピュータのインタフェースは、もともとはキーボードから文字情報により命令を入力し、その演算結果を文字情報としてディスプレイに出力する<u>CUI</u>（文字インタフェース）が主流でした。

スペル
・CUI (Character User Interface)

> 昔のコンピュータはマウスを使わず、真っ黒な画面にカチャカチャ文字を打ちこんでいるイメージです！

そうですね。ただ、コマンドと呼ばれる命令文字列を覚える必要があるなど、比較的習得の難易度が高いです。そのため、視覚的、直感的な操作が可能な<u>GUI</u>（画像インタフェース）が登場し、だれでも使いやすくなったことが、コンピュータの普及に寄与しました。

しかし、今やインターフェースの役割はそれだけに留まりません。スマートフォンのような常時携帯型の小型端末を、さほどリテラシの高くない利用者が大量に使う状況下では、直感的で使うこと自体が楽しいと思える体験（<u>UX</u>：ユーザエクスペリエンス）を構築することが求められます。たとえば、タッチパネル＋ピンチ操作は、情報に直接触れているかのようなUXを作り上げたと言えるでしょう。

このように「接点をどうするか」だけの話が、機械とヒトの関係や、そこから得られる体験も含めて、より良いモノを作ろう！　と考えられるようになりました。これらすべてをひっくるめた<u>情報デザイン</u>が近年ますます重要視されています。

スペル
・GUI (Graphical User Interface)

用語

アフォーダンス
環境がヒトにもたらす意味のこと。たとえば分厚い本を見つけたとき、ヒトは「これで勉強できそうだな」とか「これでヒトを殴れるぞ」とアフォードする。

シグニファイア
ヒトを導く手がかりのこと。たとえば本に「勉強」のマークを付けておくことで「これは勉強するモノで、ヒトを殴るモノではない」とアフォードする。

なお、よい情報デザインとは、ヒトを深く理解したうえで、ヒトを最優先にし、ヒトがもっとも使いやすい設計（<u>人間中心設計</u>）から得られると言われています。

情報デザインの注意点

インタフェースは人間が直接操作するところですから、ここの出来が悪いとやたらと疲れたり、操作ミスをしがちだったりして、時には危険なことすらあります。

いいインタフェースを作るためには、統一性と論理性が大事です。

いままで使ってきた紙の書類と同じ画面デザインにしちゃえば、わかりやすいですね

まあそうなんですが、せっかく情報化しても紙の再現にこだわったら効率が上がらないのでは？　という批判もあります。全体として、仕事の成果が最大になるようにすることが大事です。

得点のツボ　　人間中心設計の6つの原則
①利用者、仕事、環境の理解に
　基づいたデザイン
②デザインと開発全体への利用者の参加
③利用者中心の評価によるデザイン
④プロセスの繰返し
⑤利用者体験（UX）全体に取り組むデザイン
⑥学際的なスキル、視点を含むデザインチーム

これは、以下の考え方にもつながってきます。

ユニバーサルデザイン

どんな人でも快適に利用できるよう工夫したデザインの

ことで、能力差、年齢差、障害の有無、育った文化・国籍などに関わらず使えることを目指します。たとえば、テキストを音声読み上げする機能の利用を想定して、文字を画像化しない、テキストの配置・順序を工夫するといった作り方をします。

ユニバーサルデザインってよく聞きますけど、どんなモノかわかってないです…

　意外と身近にありますよ。駅名を番号でも表示したり、「トイレ」と書かずにわかりやすいマークで表示したりするのもそうです。
　また、関連して**アクセシビリティ**という用語があります。年齢や身体的特性にかかわらず、だれでも使えるようになっているかどうかです。Webサイトであれば、テキストの読み上げや音声によるナビゲーション、コントラストの変更、拡大表示機能などに、アクセシビリティの有無がでます。

フールプルーフ

　だいたい「変な使い方をしても安心！」程度の意味で使われます。ドアが閉まらないと電車が発車しないというのはフールプルーフです。
　ソフトウェアのインタフェースでも、ファイルを消したりする操作の時に、「本当に消しちゃっていいんですか？後悔しませんか？」的なメッセージが出ることがありますが、一種のフールプルーフです。

　なお、利用する人の作業量を減らす工夫も大事です。郵便番号を入力すれば、対応する住所が自動的に入力されるようにしたり、前画面で入力したデータを引き継いであらかじめテキストボックスやリストボックスに入力されるようにしたりすることで、利用者の負担や誤入力を減らすことができます。

用語

ユーザビリティ
使いやすさのこと。わかりやすさ、学びやすさ、使う効率、まちがえにくさなどから成る。

ジェスチャーインタフェース
体の動きで機器やソフトを操作するしくみ。指によるジェスチャーや体を動かしてのジェスチャーなどがある。ダンスゲームなどは実装例の1つ。

VUI
音声で機器に指示をおこなうしくみ。スマホのアシスタント機能などで、利用範囲が拡大した。

243

4.2.3 マルチメディア

いろいろな種類の情報が使えるようになった

かつてはコンピュータが扱う情報といえばまず文字でした。ですが、

この授業が終わったら、スマホでF1の中継動画をライブで見るんです！

…このように、処理能力が上がった結果、画像や音声・動画もスムーズに扱えるようになりました。こうしたいろいろな種類の情報を統合して扱うのが**マルチメディア**です。

画像や音声はもともとアナログの情報ですから、コンピュータ上で（デジタル情報として）どう扱い、保存するのかを決めておく必要があります。

本試験では、マルチメディア情報を保存するためのファイル形式が問われますので、じっくり覚えてください。

なお、マルチメディア情報は非常に情報量が大きく、そのまま保存すると補助記憶装置がすぐいっぱいになってしまうため、情報量を小さくする**圧縮**がおこなわれるのが一般的です。

得点のツボ　圧縮形式

- **可逆圧縮**：
  データを保存する際に圧縮はするものの、元に戻す（解凍や伸張という）ときに完全に復元できること。圧縮率は低め
- **不可逆圧縮**：
  一度圧縮をしてしまうと、完全には元に戻せないもの。高い圧縮率を実現できるが用途を選ぶ。劣化が目立ちにくいビデオや写真などに向いている

用語

ストリーミング
ライブ動画などで、ダウンロードをしながら再生を始めてしまう方式。サイズの大きなファイルでも待ち時間なく視聴できる。視聴後はPC側にファイルを残さないため、著作権保護を目的として使うこともある。

参照
・補助記憶装置
→ p.277、279

用語

ランレングス法
可逆圧縮の基本的なアルゴリズム。繰り返しに着目してデータを減らす。たとえば、「あああああ」を「あ5」と書く。

ハフマン法
よく出てくる情報に短いコードを、あまり出てこない情報に長いコードを割り当ててデータを減らす。「英文にはeが一番出てくる」と述べるシャーロック・ホームズを信用するなら、eに0を、zに00000とかを割り当てると効率がいい。

ちなみに、いくつかのファイルをまとめて1つのファイルにしたり、元に戻したりするソフトウェアを**アーカイバ**といいます。同時に圧縮できる製品が多いです。元に戻して使うことになるので、もちろん可逆圧縮です。

試験にでるファイル形式

次のようなファイル形式が出題されます。特徴と名前をしっかり覚えておきましょう。

動画

エムペグ **MPEG**	動画を圧縮して記録する形式。用途によっていくつか種類がある。不可逆圧縮をする MPEG1：通常のテレビ放送などを録画するのに向く MPEG2：ハイビジョン放送などを録画するのに向く。高画質だが、ファイルサイズは大きくなる MPEG4：携帯機器など、画質はそこそこでいいからファイルサイズを小さくしたい用途に向く
エーブイアイ **A V I**	もともとはマイクロソフト社が開発した動画フォーマット。しかし、ほかの各種のフォーマットにも対応したため、AVIという入れものの中に、いろいろなフォーマットの動画が格納される事態になっている
エイチにいろくご **H.265**	高効率な動画圧縮形式。HEVC、MPEG-H Part 2も同じ意味

静止画

ビットマップ **B M P**	画像を圧縮せずにそのまま保存する形式。画質の劣化はないが、ファイルサイズが大きくなる
ジェーペグ **JPEG**	画像を圧縮する形式で、写真などを保存するのに向いている。不可逆圧縮するので、文字を含む画像やイラストなどを保存する場合は、画質の劣化が目立つ場合がある
ジフ **GIF**	可逆圧縮するため、イラストや文字の保存に向いている形式。ただし、最大で256色までしか使えないため、写真などを保存する用途には向かない
ピング **PNG**	GIFの利用にお金がかかるようになってしまったので、開発された可逆圧縮の形式。フルカラーが扱えるようになり、写真などの用途にも使えるようになった。JPEGより圧縮率は低い

また、静止画とは違いますが、ピーディーエフ **PDF**というドキュメント（書類）配布用のファイル形式も覚えておきましょう。ハードウェアやOSに依存せず、無料の閲覧ソフトがあれば同

用語

ファイル拡張子
ファイル名の最後にドットで区切って追加する文字列。Windowsの場合、OSはこれでファイルの種類を認識する。BMPファイルなら.bmp、JPEGファイルなら.jpgや.jpeg。

フレームレート
動画において、1秒間に何枚の画像を表示するか。単位はfps。テレビは29.97fps。

じレイアウトとフォントで読めるのが特徴です。画像の埋めこみも、もちろん可能で、本試験では超長期保存に向いていることなども問われます。

音声

MP3（エムピースリー）	MPEG Audio Layer-3 の略で、MPEG1 のうち（動画は音声を含むので）音声を扱っている部分を抜き出したもの。不可逆圧縮方式だが、CD に準じた音声品質を保つといわれる。これを記録・再生できる携帯音楽機器である MP3 プレーヤが普及している
MIDI（ミディ）	音声そのものではなく、楽曲の演奏データを保存する形式。MIDI データをもとにシンセサイザを演奏することなどができる
WAV（ワブ）	Windows 標準の音声データ形式。非圧縮を基礎としていたが、データ形式を変更できるので圧縮データも保存できる

> **用語**
>
> **PCM**
> パルス符号変調。音声データをアナログからデジタルへ変換する方式の1つ。標本化、量子化、符号化のステップを経てデジタルデータになる。

コンピュータを使ったさまざまな表現方法

コンピュータグラフィックス

　略して **CG** とも言いますが、コンピュータグラフィクスの作成には、おもにペイント系ソフト（絵を点の集まりの情報として扱う＝**ラスタ情報**）とドロー系ソフト（絵の描き方を情報として扱う＝**ベクタ情報**）が使われます。

　ベクタ情報なら拡大・縮小しても絵がぎざぎざになること（ジャギー）は生じないし、情報量も一定ですが、写真などをベクタ情報で表わすのは困難です。

ヴァーチャルリアリティ（VR）

　従来の出力装置としてはディスプレイが最も一般的でした。しかし、CG などが高度化してくると、聴覚や触覚を同時に刺激することで、より現実感のある体験をすることができるようになってきます。これをヴァーチャルリアリティ（仮想現実）といいます。

VRって、ゲームに使うアレですか？

体験をコピーする技術ですね。音や映像などはすぐにデジタル技術で劣化なくコピーされてしまうので、モノ消費からコト消費へ、つまりコピーできない「体験」を売る方向へ世の中がシフトしていますが、体験もコピーしてしまうのがVRです。すごく洗練されたら、握手会商法なども形が変わるかもしれませんね。

拡張現実（AR）

人が五感で知覚する情報に、デジタル情報を重ねることで、人の知覚を強化・拡張する技術です。五感ならなんでも構いませんが、実製品は視覚に頼ったものが多いです。車のフロントガラスにナビゲーション画面やほかの車との接触警報を表示して、現実とデジタル情報を融合して見せている製品などがあります。

スペル
・AR（Augmented Reality）

ウェアラブルデバイス

常時身につける端末のことです。眼鏡型や時計型が最も普及しています。スマートフォンよりも携帯性にすぐれ、VRやARの利用には必須と言えますが、現時点では演算能力や表示能力に制約があります。

♛ 重要用語ランキング

①アクセシビリティ → p.243

②接頭語 → p.235

③アナログデータとデジタルデータ → p.236

④可逆圧縮 → p.244

⑤UX → p.241

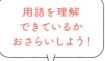
用語を理解できているかおさらいしよう！

試 験 問 題 を 解 い て み よ う

✎ 問題1　令和3年度　問66

RGBの各色の階調を、それぞれ3桁の2進数で表す場合、混色によって表すことができる色は何通りか。

ア　8　　イ　24　　ウ　256　　エ　512

解説1

3桁の二進数で表せるのは、0（000）～7（111）の8通りです。これを三原色でかけあわせるわけですから、8×8×8＝512となり、512通りの色を表現できることがわかります。ちなみに、現在のモニタは各色を8桁の二進数（8ビット）で表すフルカラー（1677万色）以上を採用しているものが多いです。

答：エ

✎ 問題2　令和2年度　問14

ウェアラブルデバイスを用いている事例として、最も適切なものはどれか。

ア　PCやタブレット端末を利用して、ネットワーク経由で医師の診療を受ける。
イ　スマートウォッチで血圧や体温などの測定データを取得し、異常を早期に検知する。
ウ　複数の病院のカルテを電子化したデータをクラウドサーバで管理し、データの共有を行う。
エ　ベッドに人感センサを設置し、一定期間センサに反応がない場合に通知を行う。

解説2

ウェアラブルデバイスとは、常時身につける端末の総称です。選択肢の中ではスマートウォッチがもっともフィットします。タブレットやスマホも常時持ち歩く人が多いですが、身につけている感覚が乏しいので、ウェアラブルデバイスには含めません。

答：イ

4.3 コンピュータへの指示の出し方を考える

出題頻度 ★★★☆☆

コンピュータにやらせたいことを命令の形でプログラミング言語に置き換えていく…といっても、1から全部自分で考えるのは大変です。こんなときはこう、と先達が考え残した手順などを覚えて応用しましょう。

4.3.1 データの構造

どんな感じで保存されているか

コンピュータの中で実際にどんな感じでデータが保存、読み出しされているか見ていきましょう。

データ構造はいろいろあって、プログラムを作るときに目的にあった構造を選ぶことで、処理効率がよくなります。ここでは本試験にちょくちょく出る構造を見ていきます。

キュー

「先に入ったデータが、先に出てくる」(FIFO) 形式のデータ構造です。

よくところてん方式なんて言います。待ち行列などは、この構造ですよね。

スタック

「後に入ったデータが、先に出てくる」(LIFO) 形式のデータ構造です。

木構造

木を逆さまにしたような形で分岐していく形式のデータ構造です。パソコンのファイルシステムや、DNSは木構造になっています。

参照
・DNS
→ p.350

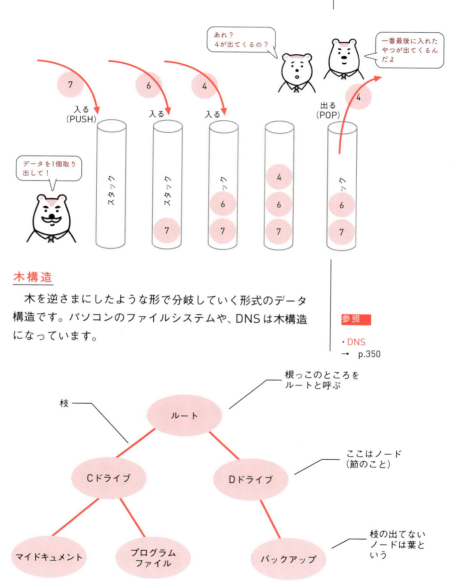

リスト

　データとデータを、ポインタと呼ばれる次のデータのアドレスを示す要素で結ぶ形式の構造です。あとからデータを挿入したり削除したりするときに、ポインタの変更だけですむ柔軟さがあります。

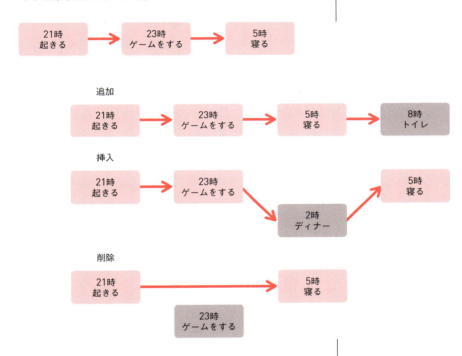

　なお、この例のように1つの方向に結ばれているリストを単方向リストといいます。このほか、両方向に結ばれている双方向リストや、輪のように結ばれている環状リストがあります。

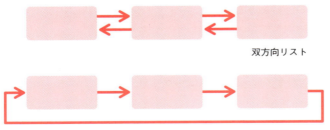

配列

　データを連続して並べる形式の構造です。添え字（下図のうち[0]とか[1]）を使うことで、どのデータにも直接アクセスできる利点があります。

[0]	[1]	[2]	[3]	[4]	[5]
コーヒー	紅茶	カフェラテ	カプチーノ	エスプレッソ	アメリカーノ

　一方で、データの挿入や削除にはリストよりも手間がかかります。また、配列の上限値を指定する必要があるため、データの個数がはっきりしない場合には、メモリ領域にムダや不足が生じるかもしれません。

4.3.2 アルゴリズム

どんなやり方で仕事をしていくのか

　「1～100の合計を計算せよ」という問題があるとします。1＋2＋…と足していくやり方もありますし、「1＋100」「2＋99」…のようにペアを作り、すべて101になることを利用して101×100÷2＝5,050　と計算するやり方もありますね。

　プログラミングの際にも、同じ仕事をするのにいろいろなやり方があります。この「やり方」「手順」のことを**アルゴリズム**といいます。アルゴリズムをわかりやすく表した図を「流れ図（**フローチャート**）」と呼びます。

> アルゴリズムって、難しそうなイメージがあります…

　ITパスポートでは深い理解は問われないから大丈夫ですよ。基本情報技術者に挑戦するときに、がんばってください。

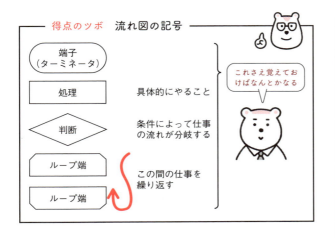

得点のツボ　流れ図の記号

- 端子（ターミネータ）
- 処理　　具体的にやること
- 判断　　条件によって仕事の流れが分岐する
- ループ端　この間の仕事を繰り返す
- ループ端

これさえ覚えておけばなんとかなる

ひと言

このほかにも「手入力」などを表す記号がある。

たとえばこんな感じです。

（問）図はよく当たると評判の占い師の行動を観察し、その知見を導くプロセスをフローチャート化したものである。図中の空欄を埋める文言を想像せよ。

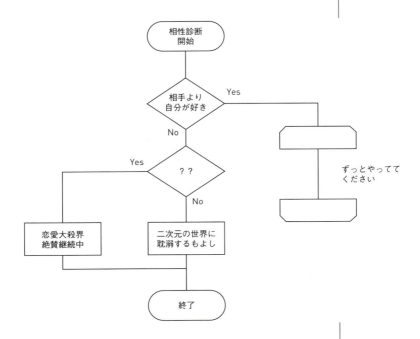

スタートである端子記号から進んでいくと、判断記号に

253

ぶつかります。判断記号からは複数の線がのび、ここが人生の分岐点であることを示しています。相手より自分が好きだった場合、その先に待ち受けているのは、ループ記号でした。自己愛の無限循環です。

　Noであるならば、次にぶちあたる判断記号が空欄になっています。ここの選択によって大殺界ルートか二次元ルートにはまることになります。したがって、Yesなら大殺界、Noなら二次元にいかざるを得なくなる条件を妄想し、空欄を埋めてみてください。

構造化プログラミング

　複雑なプログラムを書いているとむやみにあっちこっちに飛んだりしがちです。とても読みにくくなるので、約束に基づいてプログラムを書きましょうという考え方が登場しました。それが**構造化プログラミング**です。

　ただし、構造化プログラミングをするためには、構造化ができるような機能をプログラミング言語がそなえていなければなりません。現在では、ほとんどのプログラミング言語が構造化に対応しています。

得点のツボ　構造化プログラミングのお約束

・おおまかな流れ＋細かな仕事＋
　さらに細かな仕事のように分ける
・細かな仕事もおおまかな流れも入口は１つ、
　出口も１つ
・順構造、選択構造、繰り返し構造の３つの組
　み合わせとする

参照

・順構造、選択構造、繰り返し構造
→　p.260

有名なアルゴリズムをいくつか

　情報処理技術者試験でよく問われるアルゴリズムには、合計、探索、併合、整列などがあります。ITパスポート試験では深く突っこんで問われることはありませんが、有名なアルゴリズムをざっと見ていきましょう。

バブルソート

データを整列するうえで基本となるアルゴリズムです。整列（ソート）とは小さい順（昇順）や大きい順に（降順）データを並べ直すことで、いろいろな方法があります。

バブルソートでは、隣りあったデータを比較して、目的としている並び方と大小関係が逆であれば、順番を入れ替えていくことで、整列します。

用語

昇順
数字なら1、2、3のような小さい順のこと。アルファベットならA、B、Cのような順番。

降順
数字なら10、9、8のような大きい順のこと。アルファベットならZ、Y、Xのような順番。

> バブルソートってなんで「バブル」なんですか？

数字が移動する様子が、泡（バブル）が浮かぶみたいに見えるからだそうです。そう見えるかどうかは下図で確認してみてください。

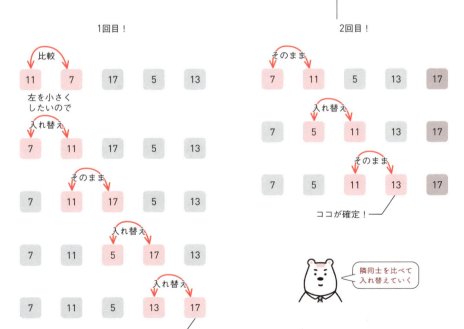

これをすべての数値が確定するまでくり返します。

苦手意識があったんですけど、意外といけそうです！

　隣と比べて入れ替えてるだけなので、整列アルゴリズムの中ではシンプルでわかりやすいほうです。ただ、あんまり効率のいいアルゴリズムとはいえません。くり返しの回数が多く、整列の完了までに時間がかかります。そのため、<u>クイックソート</u>など、もっとすばやく整列できるアルゴリズムが考えられています。

二分探索法

　データの探索（検索ですね）をするとてもポピュラーな方法です。検索対象のデータ群を昇順や降順に整列しておき、その真ん中のデータと検索語のデータを比較します。

　もし「当たり」でなければ、大小を覚えておき（この場合は検索語のほうが小さかったので）小さいほうのグループの、また真ん中のデータと比較します。これを、「当たり」になるまでくり返すわけです。

用語

選択ソート
データ全体から1番大きい（小さい）ものを探し、先頭の値と交換。次は2番目以降で1番大きいものをさがし、先頭の値と交換…と繰り返していく。効率がよくないのはバブルソートと同じ。

クイックソート
効率のいい整列アルゴリズムの代表例。境界値を定め、境界値より大きい値は先頭側、小さい値は末尾側に集めるなどと決める。先頭側と末尾側の両方から値を探索し、先頭側なのに境界値より小さな値と、末尾側なのに境界値より大きな値を見つけて交換していく。

用語

線形探索法
探索アルゴリズムの基本形。総当たりで最初から順番に、目的の値を探していく。

ひと言

N件のデータがあるときの、「当たり」を引くまでの平均探索回数は $\log_2 N$ 回。

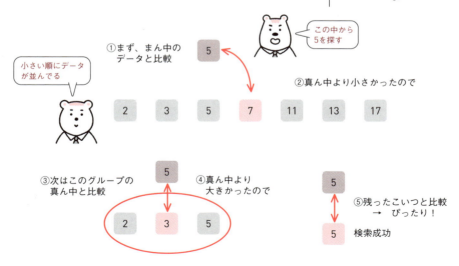

256

単純に先頭から、あるいは末尾から比較していくよりすばやく目的データを探し出せます。

4.3.3 プログラミング言語

コンピュータへの仕事の頼み方

コンピュータは頼むと仕事をしてくれますが、その頼み方が問題です。

同じ言葉が通じれば話はかんたんなのですが、あいにくコンピュータがわかるのは**マシン語**（機械語）という二進数でできあがった言葉だけです。

「英語しか喋れない子を好きになったので、英語を習ってみる」のは、下心が人生に寄与する偉大な事例ですが、マシン語は「ちょっと覚える」にはあまりにも難解です。仮に覚えたとしても、効率が悪いと思います。

そこで、そこそこ人間にわかりやすく、マシン語に翻訳しやすい人造言語が作られました。これが**プログラミング言語**です。プログラミング言語でコンピュータに対する命令（プログラム）を書き、それをマシン語に訳して伝えるわけですね。

> **用語**
>
> **プログラミング**
> プログラムを書くこと。コーディングともいう。
>
> **ソースコード**
> マシン語に翻訳する前のプログラムのこと。
>
> **ローコード**
> プログラミングをちょこっとしかしないでソフトウェアを開発する。
>
> **ノーコード**
> プログラミングをまったくしないでソフトウェアを開発する。
>
> **ライブラリ**
> ありがちな機能をモジュール化したものが、たくさんまとめられている。いちいちプログラミングしなくても、ここから引用できる。

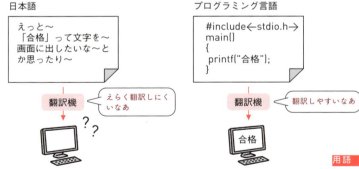

どうせ翻訳するなら日本語を直接マシン語にしてくれればいいのですが、現在の技術では困難です。プログラミング言語は用途に応じてさまざまな種類が用意されています。

> **用語**
>
> **ロードモジュール**
> すぐに動かせる実行ファイルのこと。ソースコードをマシン語にコンパイルして、ライブラリを追加して作る。Windowsの場合はexe拡張子がついたファイルが実行ファイルである。

代表的なプログラミング言語

C言語

現在最も普及しているプログラミング言語の1つです。もともとOSを書くための言語として設計されたため、きめの細かい処理が可能であったり、プログラマにとっての自由度が大きかったりと、言語として大きなポテンシャルを持っています。

Java

文法的にはC言語に似た言語ですが、設計の初期段階からオブジェクト指向とネットワーク機能が強く意識されていたのが特徴です。特定のOSやCPUに依存せず、Java仮想マシンという環境さえ用意すれば、理論上はどんなコンピュータでも動くため、Web関連システムで多用されています。

得点のツボ Java関連用語

- **Javaアプレット**：
Javaで作られたアプリケーション。ソフトの中で、サーバから配布され、ブラウザ上で実行されるもの。

そのほか以下のプログラミング言語もおさえておきましょう。

JavaScript	ブラウザ上で実行されるスクリプト言語。名前がよく似ているが、Javaとは別物
Fortran	科学技術計算向けのプログラミング言語。古い
C++	C言語にオブジェクト指向などの新しいプログラミング方法論を加えて拡張したもの
Python	使いやすさ、読みやすさを重視したプログラミング言語。たとえば、従来型の言語ではブロックを括弧で表すが、Pythonはインデント（字下げ）で表現する。ネスト（入れ子）が複雑になっても比較的読みやすい特徴がある。機械学習のライブラリが充実している

用語

スクリプト
簡易的なプログラムや、そのプログラムを書くための言語を指す。直訳すると、台本。

| R | 統計解析向けのプログラミング言語 |

マシン言語への翻訳方法

なお、プログラミング言語の翻訳方法は次の2種類があります。

> **得点のツボ　インタプリタとコンパイラ**
> - **インタプリタ**：
>   逐次訳。命令を1行ずつ訳しながら実行する。デバッグしやすい、未完成でも動かせるなどの利点があるが、低速
> - **コンパイラ**：
>   一括訳。命令全体をまとめて訳してマシン語ファイルを作ってしまう。翻訳済みのマシン語命令を連続して実行できるので高速

C言語はコンパイラで翻訳します。Javaは、コンパイラでバイトコード（中間コード）を生成したあと、Java仮想マシン上ではインタプリタ形式で実行します。

> インタプリタとコンパイラって、どっちがいいんですか？

どっちがよくてどっちが悪いという関係ではないのですが、インタプリタの場合、異常が起きたら「今まさに訳していたところ」がミスであることが多いので、バグが見つけやすいです。一方、コンパイラは全体を見渡して訳せるので効率のよいマシン語が作れます。ただ、開発途中で試しに動かしてみるには工夫が必要で、使用難度は高めです。

用語

デバッグ
プログラムのまちがい（バグ）を見つけて修正すること。

マシン語の特徴

マシン語でシステム開発することはないんですか？

　いえ、マシン語でシステムを開発する事例はあります。極端に速度を重視するとか、超小さくプログラムを作りたいときなどですね。翻訳機を通すよりも、人間が職人芸的に上手なマシン語を書いてあげたほうが効率はいいのです。

　その場合、マシン語は数字の羅列でとても書きにくいので、マシン語と1対1で対応するかんたんな文字列を使って開発をします。これが**アセンブリ言語**です。

　ただし、マシン語はCPUに依存します。異なるメーカー、異なるシリーズのCPUではマシン語の命令や、命令を実行したときの機能が異なるので注意してください。

　プログラミング言語ならば、コンパイラ、もしくはインタプリタを変更すれば、同じプログラムから各CPUで動く別々のマシン語を作ることは可能です。プログラミング言語を使ってプログラムを書くことには、こんな利点もあるんですね。

4.3.4 擬似言語によるプログラム

プログラムの3大原則

　プログラムとは、人間がコンピュータにやらせたい仕事を記述した「やることメモ」のようなもの。その意味で、運動会のプログラムも、コンピュータのプログラムも本質的に同じものだと言えます。

　この項では、プログラムの具体的な書きかた、つまり「コンピュータに仕事内容をどう伝えるか」を学びます。まずは、プログラムの大原則を3つ覚えましょう。

①上から順番に実行する（順構造）

　コンピュータは「この順序だとおかしいぞ？」などとは

> **参照**
>
> ・構造化プログラミング
> → p.254

思ってくれません。愚直に書かれたことを順番に実行していきます。全体としてやることが網羅されていても、順番をまちがえると思いどおりに動きません。

②分岐するかもしれない（選択構造）

書かれていることを全部実行するわけではありません。「お金を入れると缶ジュースが出てくる」「お金を入れなければ出ない」といったように、条件によってやることが変わるケースがあります。

③繰り返しの指示ができる（繰り返し構造）

同じことを100回繰り返すのに、命令を100個書くのでは効率が悪すぎです。そのため「ここは繰り返しだ！」と端折って書くための手段が用意されています。

でも、コンピュータに指示するためには、たしかプログラミング言語で書かなきゃですよね？

試験では、ほぼ日本語の擬似言語で出題されます。プログラミング言語を覚えることは「プログラミングは難しい！」と感じる理由の1つですが、この部分の学習はパスできるのです！

つまり、ITパスポートでは、プログラミング言語を習得するより、プログラムの3原則をふまえて「書かれていることを正確に追えるか」が試されると考えてください。

擬似言語記述のルール

次ページの表がITパスポートの擬似言語で使われる記述形式です。試験中に確認できるので、カリカリ暗記する必要はありません。

記述形式	説明
○手続名又は関数名	手続又は関数を宣言する
型名：変数名	変数を宣言する
/* 注釈 */	注釈を記述する
// 注釈	
変数名 ← 式	変数に式の値を代入する
手続名又は関数名（引数 ,…）	手続または関数を呼び出し、引数を受け渡す

if（条件式1）
　処理1
elseif（条件式2）
　処理2
elseif（条件式n）
　処理n
else
　処理n＋1
endif
	選択処理を示す
	　条件式を上から評価し、最初に真になった条件式に対応する処理を実行する。以降の条件式は評価せず、対応する処理も実行しない。どの条件式も真にならないときは、処理n＋1を実行する
	　各処理は、0以上の文の集まりである
	　elseif と処理の組みは、複数記述することがあり、省略することもある
	　else と処理n＋1の組みは1つだけ記述し、省略することもある

for（制御記述） 　処理 endfor	繰返し処理を示す 　制御記述の内容に基づいて、処理を繰返し実行する 　処理は、0以上の文の集まりである
while（条件式） 　処理 endwhile	前判定繰返し処理を示す 　条件式が真の間、処理を繰返し実行する 　処理は、0以上の文の集まりである
do 　処理 while（条件式）	後判定繰返し処理を示す 　処理を実行し、条件式が真の間、処理を繰返し実行する 　処理は、0以上の文の集まりである

　表中の用語を、上から順に1つひとつおさえましょう。
　「手続」や「関数」は、ITパスポートの出題レベルだと、「このプログラムは何をしようとしているのか？」を説明するものだと考えておけばいいでしょう。
　また「注釈」は人間向けのコメントで、コンピュータはここを読み飛ばします。

変数ってなに？

　「変数」とはプログラムを動かしたときに、どんどん変更されるデータを記憶しておくものです。バケツのようなものだと考えてください。

整数型：A ← 5

用語

整数型
整数だけを入れることができる変数。

実数型
小数点以下がある実数を入れることができる変数。プログラミング言語にもよるけど、1を入れて表示すると1.0と出てくる。

これで「整数を1コ入れられるバケツを用意し、Aと名づけ、その中に5を入れた」という意味になります。

```
A ← A+1
```

こうすると、バケツA（いま5が入っている）に1をプラスして（6になる）、得られた結果である6をあらためてバケツAに入れ直すことになります。

この「変数」は、どう使えるのでしょうか？　たとえば、プログラムに「1を表示」と書くと1しか表示されません。しかし、もし「Aを表示」と書けばバケツAの中身を変更することで、1や2や100を表示できるわけです。

用語

論理型
ブール型とも言う。真か偽、trueかfalseといったように、2種類の値しか入らない変数。条件式に使ったりする。

文字型
文字を入れることができる変数。文字（1文字）と文字列（複数文字）を厳密に区別するプログラミング言語もあるが、ITパスポートの擬似言語は分けない。

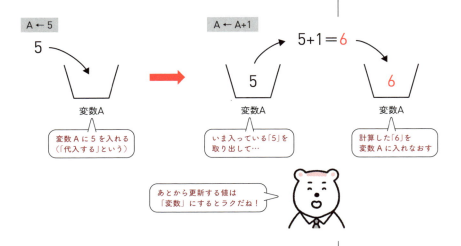

ちなみに、プログラムで計算するときの書き方は、さきほど「A＋1」で示したような算数で習った内容や、今まで学んできた内容とおおむね一緒です。次ページの表をみてみましょう。表中の「not」「and」「or」は4.1.2項で学びましたね。

演算子の種類		演算子	優先度
式		( )	高
単項演算子		not ＋ －	↑
二項演算子	乗除	mod × ÷	
	加減	＋ －	
	関係	≠ ≦ ≧ ＜ = ＞	
	論理積	and	↓
	論理和	or	低

用語

mod
割り算の余りを求める演算子。たとえば「5 mod 2」の結果は1。5÷2＝4余り1だから、余り部分だけを返してくる。

　ただし、計算の優先度には注意しましょう。カッコで囲ったものは最優先されます。

３つの関数を攻略しよう

　関数が何をするかはプログラミング言語によっても違うのですが、ITパスポートの擬似言語ではいくつかの「やること」をまとめたブロックだと考えてOKです。たとえば、

たしざん（2, 5）

と書いてある場合、足し算をするための「たしざんブロック」に**引数**（ここでは2と5）を渡して仕事を頼む、という意味になります。ブロックの中身を書いていないのでなんとも言えませんが、たぶん処理結果として7を返してくれることでしょう。

if文

　ifは条件によって実行することを変える命令です。

```
if（お年玉をくれた）
　「ありがとう」と言う
elseif（おみやげをくれた）
　「まあまあだね」と言う
else
　「ふざけるな」と言う
endif
```

これがif文の例です。最初のifでお年玉をくれたかどうかを判断して（評価と呼びます）、くれたら「ありがとう」と言い、ifブロック（ブロックの最後はendifで示されています）を抜けます。

　お年玉をくれなかったときはelseifのところを見ます。ここでおみやげをくれたかどうかをあらためて評価して、おみやげをくれたのであれば「まあまあだね」と言ってifブロックを抜けます。

　お年玉もくれず、おみやげさえ忘れた場合はelseのところに書かれていることを実行します。「ふざけるな」と言っておしまいですね。

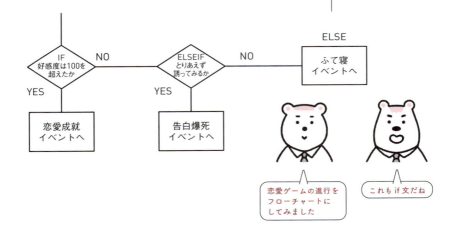

for文

　繰り返しのプログラムを書くための命令は2つ用意されています。forとwhileです。どちらも同じように使えるのですが、forはおもに「回数を軸に」、whileはおもに「条件を軸に」繰り返すときに使われます。たとえば、

```
for（変数iを1から10まで1ずつ増やす）
   変数iを表示する
endfor
```

というプログラムなら、12345678910と表示されます。

・ループ1回目：変数iに <u>1</u> を入れ表示。変数iに入れた
　　　　　　　1に1を加算した2を入れ直す
・ループ2回目：変数iに入っている <u>2</u> を表示。2に1を
　　　　　　　加算した3を変数iに入れ直す
・ループ3回目：変数iに入っている <u>3</u> を表示。2に1を
　　　　　　　加算した4を変数iに入れ直す
…

　このように、繰り返す度に表示する数値は1ずつ増え、ループ10回目が完了した時点で繰り返しが終了します。ループから抜けた時点で、変数iの中身は11になります。
　for文と配列の組み合わせもあわせて見てみましょう。

```
for (変数iを1から配列dataArrayの要素数まで1ずつ増やす)
  num ← dataArray[i]
endfor
```

参照

・配列
→　p.252

ひと言

配列の添え字（要素番号）は0からはじまることが多い。ただし、擬似言語の添え字は1からのケースもあるので、問題文をよく確認しよう。

　この配列dataArrayの要素数が、たとえば3であれば、次のように入れ物が3つ用意されています。

dataArray[1]　　　dataArray[2]　　　dataArray[3]

　繰り返しの回数は1から3（dataArrayの要素数）ですから、変数numにdataArray[1]のデータを代入、dataArray[2]のデータを代入…と、配列に格納された各データを変数numに代入する仕事を3回繰り返すことになります。

while文

　回数で表現しにくい繰り返しは **while** がよく使われます。

```
while (テストで80点未満だった)
  テストを受ける
endwhile
```

　こう書かれていたら、（テストを何回受けることになるかわかりませんけど）80点以上の点数が取れるまで延々テストを受け続けなければなりません。

266

また、whileを使った繰り返しには**前判定**と**後判定**があるので気にとめておきましょう。さきほどの例が前判定です。繰り返しがはじまる前に条件を評価するので、すでに80点以上を取っていれば、繰り返しの中身は一度も実行しなくて大丈夫です。

一方、次のような書き方をすると後判定になります。

```
do
   テストを受ける
while (テストで80点未満だった)
```

この場合はたとえ80点以上をすでに取っていたとしても**一度はテストを受ける**羽目になります。

試験ではどう出題される？

ここまで学んだことを活かして、令和3年度にIPAで公開されたサンプル問題を使って、プログラムを実際に読み解いてみましょう。

手続printStarsは、"☆"と"★"を交互に、引数numで指定された数だけ出力する。プログラム中のa、bに入れる字句の適切な組合せはどれか。ここで、引数numの値が0以下のときは、何も出力しない。

```
○printStars (整数型: num) /*手続の宣言*/
   整数型: cnt ← 0 /*出力した数を初期化する*/
   文字列型: starColor ← "SC1" /*最初は"☆"を出力させる*/
   ┌───────┐
   │   a   │
   └───────┘
      if (starColorが"SC1"と等しい)
        "☆"を出力する
        starColor ← "SC2"
      else
        "★"を出力する
        starColor ← "SC1"
      endif
      cnt ← cnt＋1
   ┌───────┐
   │   b   │
   └───────┘
```

1 企業活動

2 経営戦略

3 システム開発

4 コンピュータのしくみ

5 ネットワークとセキュリティ

6 データベースと表計算ソフト

267

	a	b
ア	do	while（cnt が num 以下）
イ	do	while（cnt が num より小さい）
ウ	while（cnt が num 以下）	endwhile
エ	while（cnt が num より小さい）	endwhile

　思わず拒否反応が出てしまうかもしれませんが、1つひ
とつ丁寧に考えていけば大丈夫です。

①コンピュータになにをさせたい？

　まず、最終的に実現すべきことは何か、日本語で表現し
てみましょう。たとえばnumに5が代入されていた場合、
☆★☆★☆と、計5つの星を表示したいわけです。

②実現したいことを擬似言語で表現するには？

　次に、これをコンピュータに伝えるために、擬似言語で
どう落とし込んでいるかみてみましょう。

　☆と★を交互に表示するしかけが、虫食いになっていな
いif文のところです。ifによる条件分岐で変数starColor
の中身がSC1なら☆を、SC2なら★を表示しています。そ
のままだと同じ色が出続けてしまうので、表示した瞬間に
SC1とSC2を入れ替えていますね（starColor ← "SC2"、
starColor ← "SC1"のところ）。

③問われていることは？

　設問が直接問いかけてくるのは「星の表示をnum回繰り
返すにはどうする？」ということです。繰り返し表示のた
めに、変数numと変数cnt（いま何回目かを保存する変数）
が用意されていて、星を表示するたびにcntのなかみは1
つずつ大きくなっています（cnt ← cnt＋1のところ）。

　選択肢を見ると、ここではwhileを使えばいいようです
ね。while（条件式）は条件式が真の間、繰り返します。

　したがって、条件式は「cnt（出力した数を数える変数）
がnum より小さい」でないといけません。cntには最初に
0が代入されて0から数えはじめていますから、たとえば
numに5が代入されたらcntは0 → 4で星を表示して繰り

返し終了にしたいわけです。「以下」にすると1つ多く表示されてしまいます。

あとは、while文では前判定と後判定を判断しなければなりません。「numに0が指定された場合は一度も☆を表示しない」とあるので**前判定**を選択しましょう。答えは**エ**です。

♛ 重要用語ランキング

①<u>キュー、スタック</u> → p.249、250

②<u>構造化プログラミング</u> → p.254

③<u>JavaScript</u> → p.258

④<u>コンパイラ</u> → p.259

⑤<u>ソースコード</u> → p.257

用語を理解できているかおさらいしよう！

試験問題を解いてみよう

問題1　平成30年度秋期　問76

複数のデータが格納されているスタックからのデータの取出し方として、適切なものはどれか。

- ア　格納された順序に関係なく指定された任意の場所のデータを取り出す。
- イ　最後に格納されたデータを最初に取り出す。
- ウ　最初に格納されたデータを最初に取り出す。
- エ　データがキーをもっており、キーの優先度でデータを取り出す。

解説1

スタックは積み重ねるタイプの書類入れ（後に入れたものが先に出る）、キューはところてん（先に入れたものが先に出る）をイメージするとわかりやすいかもしれません。ここで問われているのはスタックですので、イが正答です。

答：イ

問題2　令和3年度　問74

流れ図Xで示す処理では、変数 i の値が、1→3→7→13 と変化し、流れ図Yで示す処理では、変数 i の値が、1→5→13→25 と変化した。図中のa、bに入れる字句の適切な組合せはどれか。

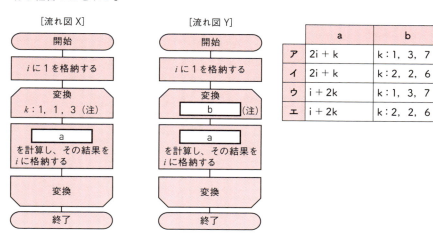

（注）ループ端の繰返し指定は、変数名：初期値，増分，終値を示す。

解説2

　流れ図Xでは、ループの設定が初期値1、増分1、終値3になっています。つまり、変数kは「1→2→3」と変化します。また、変数iは初期値1がセットされます。

　これをふまえて流れ図Xで変数iが「1→3→7→13」と変化するためには、空欄aの式に「2i＋k」「i＋2k」のどちらが入ればいいでしょうか。実際に空欄に入れて考えてみると、以下のようになります。

・2i＋kの場合
　1回目のループ：2×1＋1＝3
　2回目のループ：2×3＋2＝8

・i＋2kの場合
　1回目のループ：1＋2×1＝3
　2回目のループ：3＋2×2＝7

　2回目のループで7にならなければいけませんので「i＋2k」が正しいといえます。それをふまえたうえで、同様に流れ図Yを検討すると「k：2, 2, 6」であることが特定できます。

答：エ

✏ **問題3　平成29年度秋期　問81**
　コンピュータに対する命令を、プログラム言語を用いて記述したものを何と呼ぶか。

ア　PINコード	イ　ソースコード
ウ　バイナリコード	エ　文字コード

解説3

　コンピュータに対する命令を、プログラミング言語を用いて記述したものをソースコードといいます。しかし、これは直接コンピュータが解釈できるコードではありません。実行可能ファイルを作る際には、ソースコードをコンパイルし、コンピュータが理解できるマシン語に翻訳したバイナリコードを生成します。

答：イ

1 企業活動
2 経営戦略
3 システム開発
4 コンピュータのしくみ
5 ネットワークとセキュリティ
6 データベースと表計算ソフト

271

4.4 コンピュータはなにで構成されている？

学習日

出題頻度 ★★★★★

コンピュータを構成しているハードウェアやソフトウェアを学ぶ節です。ちょっと暗記物が多い印象ですが、全体の構成を思い浮かべて知識をリンクさせていきましょう。「SRAMはキャッシュにも使える。ではキャッシュとは？」などと紐づけてください。

4.4.1 五大機能

コンピュータをばらしていくと…

複雑でややこしいものを勉強するときに、単純になるまでバラして、単純なものの集合として理解する、という手法がよく使われます。要素分解主義ってやつですね。

コンピュータでも、この手を使うと、5つに分けられます。

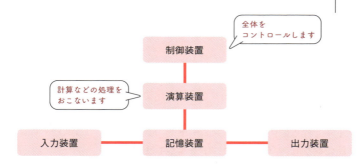

制御装置	ほかの4つの装置を協調して動作させる装置。全体をコントロールする
演算装置	計算などをする装置。～GHzなど、動作速度（クロック周波数）で性能を表す
記憶装置	演算装置は計算はできるけど、記憶はしておけないというふざけた性質を持っているので、こいつが記憶を担当する

入力装置	計算のネタになるデータを記憶装置に投入する機械。キーボードやマウス、ジョイスティック、マークシートリーダ、スキャナ、バーコードリーダ…などが該当する
出力装置	計算結果を人にわかる形で排出する装置。ディスプレイやプリンタ、スピーカーなどが該当する

コンピュータの頭脳

実際の製品では、制御装置と演算装置が一緒になった CPU（中央処理装置）が組みこまれています。

クロック周波数

上の表でも触れていますが、CPUの性能を示す数値として、クロック周波数が使われます。クロックとは、各部品間の動作タイミングを合わせる（同期する）ための信号のことで、1秒間に1回同期信号が出るCPUであれば1Hz（ヘルツ）、1000回であれば1000Hz（＝1kHz）と表します。

当然、たくさん同期信号が出ているCPUのほうが、決まった時間の中でこなせる仕事量が多くなります。クロック周波数が高いCPUは、低いCPUより高性能というわけです。

たとえば、実行に100クロックかかる命令の場合、1HzのCPUでは100秒、1kHzのCPUでは0.1秒の処理時間がかかります。

スペル
・CPU (Central Processing Unit)

用語

互換CPU
CPUはメーカやアーキテクチャごとに使えるソフトが異なる。メーカなどが違うのに同じように使えるものは互換CPUと呼ぶ。

クロック周波数が高いほど性能がいいんですよね！

実際には処理効率の問題もあるので、周波数が2倍になったからといって、アプリも2倍の速度で動くわけではありません。

ベンチマークテスト

クロック周波数はあくまでCPUの性能を表す1つの目安です。たとえば、クロック周波数が低くても、効率のよい処理機構を持っているため、総体としての性能は高くな

273

るケースなどもあります。CPUの基本設計やメーカが違う
と、クロック周波数を直接比較してもあまり意味がないわ
けです。

そこで、より実態に即した、あるいは利用者の体感に即
した「性能の目安」を提供するためにおこなうのがベンチ
マークテストです。これは、専用に作られたベンチマーク
ソフトや、自分が使いたいと考えているソフトを動かして
性能を測定するもので、ゲームソフトの体験版を利用者に
配布して快適に動作するか試してもらう例などは一種のベ
ンチマークテストであると言えます。

ベンチマークソフトは、異なるハード、異なるOSでも
動作できるよう工夫されていて、異機種間でも性能比較で
きるようになっています。

マルチコアプロセッサ

見かけ上は1個のCPUなのに、内部には複数（マルチ）
のCPU（コア）があるものだ、と考えてください。

CPUの性能向上は、クロック周波数を上げることで実現
してきましたが、消費電力が増える、発熱がすごいなどの
副作用があって、だんだん効果が落ちてきました。そこで、
1個のCPUの性能を上げるのではなく、複数のCPUを並
べることで全体の性能を向上させたのが、マルチコアプロ
セッサです。ただし処理の割り振りなどがあるので、コア
が2個なら能力も2倍とはいきません。

CPU単体の速度向上はアタマ打ちなので、コア数を増や
す方向にあります。実速度を上げるには、いかに並列処理
（複数の処理を同時に実行する）を効率よくやるかが鍵にな
ります。

コアが2つあるプロセッサのことはデュアルコア、コア
が4つあるプロセッサのことはクアッドコアといいます。
また、マルチコアCPUで、特定のコアに負荷が集中してい
るとき、全体としての発熱量に余裕が出ることがあります。
そのとき、特定コアの動作周波数を規格よりも引き上げる
ことをターボブーストといいます。

CPUのデータ処理単位

レジスタやアドレスバスなどのアーキテクチャ（構造）

が、32ビット単位で作られているのか、64ビット単位で作られているのかによって、**32ビットCPU**、**64ビットCPU**などの違いがあります。一般的に処理単位が大きいほうが使用できるメモリを大きく取れるなどの利点がありますが、32ビットCPU用に作られた古いアプリケーションが64ビットCPUでは動かない場合があるなどの弊害もあります。

GPU

　Gはグラフィックを表します。**画像処理**を特別に担当するCPUと考えてOKです。画像処理はCPUへの負荷が高いため、専用回路化して高速にするとともに、メインCPUの負荷を減らしています。近年ではGPUの性能が極めて高くなったため、GPUを画像処理以外の一般的な用途にも使う**GPGPU**が普及しています。

スペル
・GPU（Graphics Processing Unit）

スペル
・GPGPU（General-Purpose computing on GPU）

描画専用に作ったGPUを、汎用に使うんですか？

本末転倒な気はしますよね。でも、速いんですよ。

コンピュータと人とをつなぐ入出力装置

　入力装置といえばマウス・キーボードですが、試験では以下のようなものが問われたりします。

---- 得点のツボ　よく出る入力装置

タブレット	ペンと板を組みあわせて、ペン（スタイラス）で紙の上に書くような要領で位置を入力する。イラストを書いたりするのに使う。ペンタブレットともいう。大型のものはディジタイザともいい、建築用図面の作成などに使われる

スキャナ	書類などを光学センサーで読みとって、画像データ化する。OCRソフトを使うと、画像の文字をテキストデータにできる
トラックパッド	指を押しつけて位置を入力する。ノートPCでマウスの代わりに使う
テンキー	キーボードの右側の、数字、四則演算子（＋、-、＊、／）などが並んでいる部分。数値や式を効率的に入力できる

用語

オートコンプリート
入力の履歴などから、現在タイピング中の文字を予測する機能。

ファンクションキー
OSやアプリケーションごとに固有の機能を割り当てるためのキー。F1、F2…などとして配置される。

得点のツボ　よく出る出力装置

液晶ディスプレイ	液晶の性質を利用。バックライトが必要
プラズマディスプレイ	プラズマ放電を利用して発光させる
有機EL	有機物に電圧をかけ発光させる。省エネ
レーザプリンタ	レーザでトナーを付着させる。高速・高品質
ドットインパクトプリンタ	インクリボンを物理的に叩いて印字。動作音が大きく、品質も劣るが、複写帳票に印刷できる
3Dプリンタ	CADやCGソフトのデータから立体物を生成する装置。材料に樹脂などを使い、紫外線や熱などにより形状を作る

解像度

　ディスプレイの性能は**解像度**で表します。解像度が高いほうがたくさんの情報を表示できますが、同じ画面サイズの場合、解像度が高いほうが画面に表示される文字や画像は小さくなります。

dpi（dots per inch）

　1インチの幅に、何個のドットを並べられるか、その密度（解像度）を示します。ディスプレイ、プリンタ、スキャナの性能を表すのに使われます。

ひと言

フルHDの1920×1080画素、SXGAの1280×1024画素、SVGAの800×600画素、QVGAの320×240画素、などが代表的な解像度。

用語

ppi（pixels per inch）
ピクセル（画素）が1インチにいくつ存在するか。ディスプレイではdpiと同じ意味で使われる。プリンタはCYMKの4色のドットを組みあわせて1ピクセルを作るので、異なる数値になる。

記憶装置は2種類

　五大装置の中で注意したほうがいいのは記憶装置です。記憶装置は主記憶装置と補助記憶装置に分かれます。CPUがデータを直接読み書きできるのが<u>主記憶装置</u>、できないのが<u>補助記憶装置</u>です。

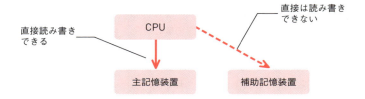

　「メモリ」は一般的には主記憶装置を指す用語です。しかし、SDメモリ、フラッシュメモリなどのように、「記憶装置」の意味で「メモリ」を使うことがあるので、明示するためにメインメモリと表現することもあります。

ややこしいですね…主記憶装置だけあればいいんじゃないですか？

　じつは主記憶装置は電源を落とすと記憶内容が消えてしまうという、悪夢のような性質（<u>揮発性</u>）があります。加えて、高価で記憶しておける容量も小さいので、それを補完する安価で大容量な補助記憶装置が出てくるわけです。

記憶装置の階層化

　記憶装置がどのくらい速くデータを読み書きするかは、頻出問題です。ポイントは容量が小さいほど<u>高速</u>で、容量が大きくなると<u>低速</u>になる関係が成り立つこと。
　つまり、CPU内部の記憶装置（<u>レジスタ</u>）→主記憶装置→補助記憶装置の順に遅く、大容量になっていきます。しかし、そうなると各記憶装置間の処理速度の差で、CPUは

主記憶装置から読み込むとき、主記憶装置は補助記憶装置から読み込むとき、うんと待たされることになります。

そこで、CPUと主記憶装置の間に<u>キャッシュメモリ</u>という主記憶装置よりも高速な記憶装置を設置します。CPUは主記憶装置から情報を読み込むと、キャッシュメモリにその情報をキープしておきます。再度同じ情報が必要になったときは、キャッシュメモリから読み込めば、主記憶装置まで取りにいくより短い時間で読み込めます。

同じような考え方で、主記憶装置と補助記憶装置の間にも<u>ディスクキャッシュ</u>という装置を設置します。

速度差のある装置の間にキャッシュメモリやディスクキャッシュを置くことで、速いほうの装置が待たされる時間を減らすわけです。

用語

スプール
CPUとプリンタの速度差を緩和するしくみ。印刷データをハードディスクなどにキャッシュする。

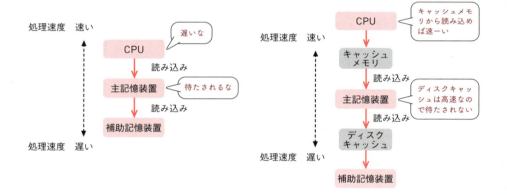

よくできてますね！

ぼくらもやってますけどね。動画ダウンロードの待ち時間にカップラーメン食べたり。効率化の工夫です。

二次キャッシュ

処理性能を向上させるために、キャッシュメモリを二段階、三段階にわけることがあります。CPUと直結した高速・小容量のキャッシュメモリを一次キャッシュ、もう少し容

量が大きく、速度に劣るものを二次キャッシュと呼び、
CPU → 一次キャッシュ → 二次キャッシュ →
メインメモリの順で情報が流れます。

DRAM と SRAM

RAM は記録を一時的に保持するメモリで、大きく
DRAM と SRAM に分けることができます。

	リフレッシュ	読み書き	価格	容量	電源を落とすと、データは？
DRAM	必要	遅い	安い	大きい	もちろん消える
SRAM	不要	速い	高い	小さい	もちろん消える

基本的には「SRAM のほうが性能がいいぞ！」と覚えて
おけばまちがいありません。フリップフロップ回路という
のを搭載していて、リフレッシュと呼ばれる電荷付加作業
が不要なのがその理由です。

そのぶん、お値段が高くなって、大容量化が難しいため、
広大なメモリ空間がほしいパソコンの主記憶装置には、
DRAM を用いるのが一般的です。SRAM はキャッシュメモ
リによく使われます。どちらも電源を落とすとデータは消
えるので、電源がなくてもデータが消えない不揮発性メモ
リと混同しないよう注意しましょう。

補助記憶装置

主記憶装置には DRAM で作ったメインメモリが使われ
ますが、補助記憶装置はたくさん種類があります。試験に
出そうなやつを並べておきます。

ハードディスク	安価、大容量で読み書き速度が速い。補助記憶装置の雄。衝撃に弱いことが欠点だったが、最近は携帯電話や携帯音楽端末に実装されている
SSD	記憶媒体として半導体を用いた装置。ハードディスクとインタフェースやサイズは同じ。衝撃に強い、読み書きが速い、消費電力が少ないという特長があるが、高価
磁気テープ	安価、大容量だが、読み書きの速度は遅い。しくみがシンプルなので、保管状態さえよければ壊れにくい。バックアップ用によく使われる

スペル

・DRAM（Dynamic Rand
om Access Memory）
・SRAM（Static Random
Access Memory）

用語

DIMM（Dual Inline Me
mory Module）
基板の裏表で別の信号を処
理できるメモリ。効率がい
い。同じ信号しか処理でき
ないものを SIMM という。

用語

アドレス
メモリは膨大な情報（命令
やデータ）を記憶する。そ
こで、メモリ上の格納場所
にはアドレス（番地）がつけ
られ、情報を特定できるよ
うになっている。

1 企業活動

2 経営戦略

3 システム開発

4 コンピュータのしくみ

5 ネットワークとセキュリティ

6 データベースと表計算ソフト

CD-ROM	安価だが、容量はハードディスクや磁気テープに劣る。耐久性に優れるが、読み書きの速度はハードディスクより遅い。追記のみできる（書き換えできない）CD-R や、書き換えできる CD-RW などもある
DVD	性質的には CD-ROM と同様。容量は CD-ROM の数倍。+R、-R など各種の規格が乱立しているので注意
Blu-ray Disc	データの大容量化や動画のハイビジョン化に対応するため開発された光ディスク。1層に 25GB の情報を保存でき、多層化することで記憶容量を増やせる。DVD 同様、ROM、書込可、上書可の 3 種類がある
フラッシュメモリ	基本的に主記憶装置と同様の技術が用いられるが、不揮発性といって、電源を切っても記憶内容が消えない。手軽で DVD ほどの容量を持ち、低価格化も進んだため、人気を博した。USB メモリ、SD メモリ、メモリスティックなど、各種の形態がある

仮想記憶

ソフトウェアやデータの種類によっては、とんでもなく大きなデータを主記憶装置に展開することがあります。でも、主記憶装置は高いので、そうそう巨大なものは用意できません。

そこで、ソフトウェアにはデータが全部主記憶装置にあるように見せかけつつ、じつは使っていない部分は補助記憶装置に追い出してしまい、必要な時だけ主記憶装置に読み込んでくる方法でお金をケチります。このやり方を**仮想記憶**と呼びます。ソフトウェアをだますわけですが、当然、補助記憶装置とのやりとりに時間がかかるため、ホンモノの主記憶装置ですべてを揃えた場合より性能は落ちます。

入出力インタフェース

CPU（を収めたマザーボードや筐体）と、補助記憶装置、入出力装置を接続するために、いろいろな方法が考えられています。本試験で問われる代表例を見てみましょう。

用語

フラグメンテーション
断片化。補助記憶装置にデータの削除、追記などをくり返した結果、1 つのファイルであってもあちこちに細切れの状態で保存されるようになること。読み書きの性能が落ちるので、デフラグ処理をして断片化を解消する。

スラッシング
用途に対して主記憶装置があまりに小さいと、補助記憶装置とのやりとりばかりが発生して動作が極端に遅くなるスラッシングが発生する。主記憶装置を増やすことで対策する。

USB

名前のとおり、「なんでもかんでもつなげられるインタフェース」を目指した技術です。それまでのインタフェースは、ディスプレイ用とかプリンタ用と分かれていたので、ケーブルや差し込み口の共用ができず不便でした。

USB は高い汎用性でプリンタやキーボード、情報家電に至るまでさまざまな機器をつなぐのに使われています。<u>USB ハブ</u>を使って最大 127 台を接続できます。

USB Type-C

USB のコネクタ形状の規格です。PC 側の Type-A と周辺機器側の Type-B、その中にも標準と Mini、Micro があって複雑だった形状が Type-C に統一されました。裏表がなくて指しやすく、給電能力が高い USB PD 規格への対応にも優れています。

スペル
・USB（Universal Serial Bus）

ひと言

USB は広く愛されている規格だけに、がんがんバージョンアップされている。おもな違いは伝送速度と給電能力。USB 2.0 は 480Mbps、USB 3.0 は 5Gbps、USB4 Gen 2x2 は 20Gbps。

ボクの部屋、いろんなタイプの USB ケーブルだらけでゴチャゴチャしてたのでうれしいです！

統一規格と言いつつ、いろんなコネクタがありましたからね。USB Type-C で、少なくともコネクタ形状では悩まなくてすむかもしれません。

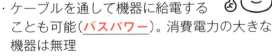

得点のツボ　USB のメリット

・ケーブルを通して機器に給電することも可能（<u>バスパワー</u>）。消費電力の大きな機器は無理
　複雑な設定をしなくても、差しこむだけで使える「<u>プラグ・アンド・プレイ</u>」がうれしい！
・PC の電源を入れたままケーブルを抜き差ししていい「<u>ホットプラグ</u>」でイライラ減少！

HDMI

デジタル家電同士をつなぐためのインタフェースで、PCとディスプレイをつなぐDVI規格をベースに作られました。フルHD規格に対応し、1本で**映像**と**音声**を伝送できるのが特徴です。著作権保護機能も持っています。

IEEE1394

情報家電同士やPCと情報家電をつなぐインタフェースです。FireWire、i.Linkとも呼ばれ、最大で63台の機器を接続できます。

Bluetooth

ここからは無線を使ったインタフェースです。無線といっても、無線LANのようにコンピュータとネットワークを結ぶ用途ではなく、**周辺機器**をつなぐのに使われるわけです。

用語

ZigBee
近距離低電力無線規格の1つ。高速性ではなく、低電力消費を追求しているのが特徴。IoTなどのセンサ類が主用途。通信速度は数k～200kbps程度。

ワイヤレスイヤホンもBluetoothでスマホとつないでいるんですよね。ケーブルがなくなって快適です！

まさに無線インターフェースの恩恵ですね。そのほかワイヤレスキーボードやワイヤレスマウスなどにも使われています。

IrDA

これも無線インタフェースですが、赤外線を使うところがBluetoothとの決定的な違いです。電波を使うものと比べると通信速度は遅いですが、赤外線には指向性があるので盗聴されにくい利点があります。携帯電話同士でメールアドレスの交換をするのに使うあれです。

スペル

・IrDA（Infrared Data Association）

> **得点のツボ　BluetoothとIrDAの違い**
> ・Bluetoothは障害物があってもOKだけど、盗聴されるかも！
> ・IrDAは障害物で遮られるけど、盗聴されにくい！

シリアルとパラレル

インタフェースを、情報の送り方で2種類に分けることがあります。1本の線で送るのがシリアル、複数の線を束ねて送るのがパラレルです。

> パラレルのほうが見るからに速そうです！

たしかに昔はパラレルのほうが速いといわれていましたが、伝送速度が高速化するにつれて並行するデータを同時に送ることが難しくなったため、今はUSBなどのシリアル形式が優勢です。

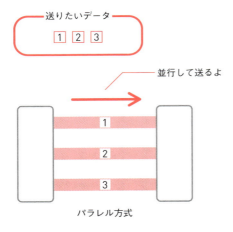

パラレル方式

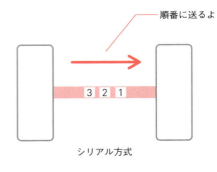

シリアル方式

283

4.4.2 OSとファイルシステム

ソフなければただの箱

コンピュータを動かすためには、さまざまなソフトウェアが必要です。

ワープロソフトや表計算ソフト、プレゼンテーションソフトなど、目的にあわせた応用ソフトウェアを用いますが、「コンピュータを使う以上は、だれがどんな用途に使ってもまあこのくらいは必要でしょ」という機能を集めたソフトが、**OS**（**基本ソフトウェア**）です。

代表的なOSとして、WindowsやUNIX、Mac OS、Androidなどがあります。異なるOS同士では、応用ソフトやデータを共有できないことがあるので注意が必要です。

OSは、ハードウェアの管理や応用ソフトウェアの管理、インタフェースの管理などを地味にこなしています。具体的には、応用ソフトに対してCPUやメモリ、補助記憶装置などの資源を割り当てたり、取り上げたりします。

ファイルの管理はとっても大事

OSのとても重要な仕事の1つにファイルの管理があります。ファイルはいろいろな補助記憶装置に分散していますし、たくさんあるのでツリー構造で管理されるのがふつうです。

得点のツボ　ディレクトリ

- **ディレクトリ**：
  ファイルを入れる入れもの。ファイルをグループに分けられる。ディレクトリの中にディレクトリを入れる（サブディレクトリ）こともできる
- **ルートディレクトリ**：
  ファイルを管理するツリー構造の頂点
- **カレントディレクトリ**：
  自分がいま見ているディレクトリ

用語

パッケージソフト
お店で売られている出来合いのソフト。

プラグイン
あるソフトの機能を拡張するための追加ソフト。必要に応じて自由にインストール・アンインストールできる。

用語

アプレット
ほかのソフトウェアに組みこんで動作するソフトウェア。特に、サーバからダウンロードして、ブラウザに組みこんで使うモノをこう呼ぶ。

マルチブート
PC起動時に、複数のOSを選択できるしくみ。2つから選ぶ場合はデュアルブート。

外部ブート
OSをHDD以外から起動できるしくみ。CDやUSBメモリ、ファイルサーバなどから起動できる。

ひと言

Windowsではディレクトリを「フォルダ」と呼ぶ。

ディレクトリで管理すると、たとえばこんな風になります。

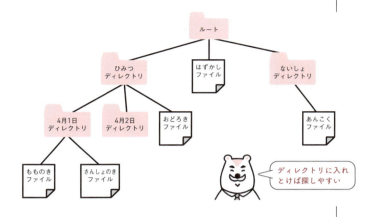

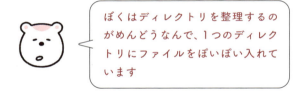

そのほうがかえって使いやすいという人もいますね。でも、会社のファイルサーバでそれをやらないほうがいいですよ。

絶対パスと相対パス

今や1台のパソコンの中には、数万～数十万のファイルが入っていることがあります。この中から「これ！」と目的のファイルを指定するのは骨が折れそうですが、どうやっているのでしょう？　2つ指定の仕方があります。

絶対パス

ルートディレクトリから、お目当てのファイルに至る道筋（パス）を全部書く方法です。「もものきファイルが見たいぞ」と思ったとしたら…

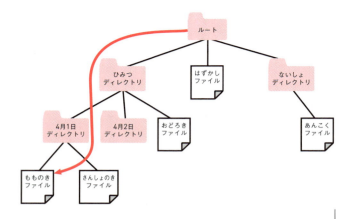

　ルートディレクトリから矢印のようにたどっていけば、たどり着くことができます。それをこんなふうに表現します。

/ひみつディレクトリ/4月1日ディレクトリ/もものきファイル

　ディレクトリとディレクトリ、もしくはディレクトリとファイルの境目を示すのには、/（または\）記号を使います。
　ちなみに、同じ名前のファイルや、同じ名前のディレクトリがあってはまずいです。しかし、要は絶対パスで判別ができればいいので、違うディレクトリや階層が異なるディレクトリへ配置するのであれば、同一名称のファイルやディレクトリを作ることができます。

相対パス

　自分がいま見ているディレクトリを起点に、お目当てのファイルに至る道筋を書く方法です。場合によっては、絶対パスよりうんと書く量を短くできます。
　たとえば、自分がいま「4月2日ディレクトリ」を見ているとして、「もものきファイルが見たいぞ」と思ったとします。今度はこの道筋をたどれば、行き着くことができますね。

ひと言

絶対パスの最初の「/」は、ルートディレクトリを表している。ツリー構造になっているディレクトリシステムの頂点に位置する。

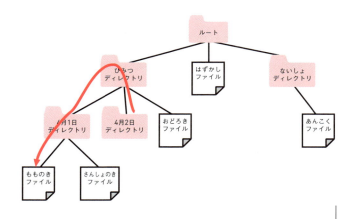

相対パスでは、次のルールが使えます。

― 得点のツボ　相対パスのルール ―
・「..」は、1コ上のディレクトリを指す
・「.」は、カレントディレクトリを指す

4月2日が起点ですから、このように書きます。

../4月1日ディレクトリ/もものきファイル

さっきより短くなりました！

OSに関するその他の知識

BIOS

最も基本的なハードウェアの操作を司るプログラムです。コンピュータが動作するのに必須のハードウェア（メモリ、ハードディスクやキーボードなど）を動かします。パソコンの電源を入れた直後に、きれいな写真が表示されますが、その裏でBIOSが動いています。BIOSがこのあと、おもむろにOSを起動します。

スペル
・BIOS（Basic Input/Output System）

デバイスドライバ

　プリンタやスキャナなど、各種のハードウェアを動作させるためのソフトウェアです。デバイスドライバは、ハードウェアごとにOSメーカやハードウェアのメーカがそのOS向けに作ります。OSの一部として組みこまれていることもあります。

　OSがデバイスドライバを読み込むと、応用ソフトウェアを使う準備が整います。近年ではデバイスドライバのインストールは、周辺機器の接続時に自動的におこなわれる**プラグアンドプレイ**になり、とてもラクチンになりました。ただ、デバイスドライバの出来が悪いと、OSがフリーズする原因になりがちなのは従来どおりです。

　応用ソフトウェアがOSに対してハードウェアを使うぞと命令すると、OSはその要求に応じ、デバイスドライバを使ってハードウェアを操作するわけです。

プロセス

　コンピュータから見た仕事の単位のことです。利用者視点での仕事の単位は**ジョブ**になります。プロセス＝ジョブになることも、複数のプロセスからなるジョブもあります。

　また、プロセスはさらに**スレッド**に細分化できます。スレッドは並列に実行可能な処理の最小単位で、プロセス内で複数のスレッドを同時に動かすこと（**マルチスレッド**）で処理効率を上げています。

マルチタスクOS

　複数のソフトウェアを擬似的に同時に動かせるOSのことをいいます。CPUは基本的に1つのことしかできないので、「最初の0.1秒はソフトAのためにCPUを使っていいよ。0.2秒目はソフトB、0.3秒目はソフトCの番だ！」というふうに、短い時間でCPUを使う権利を切り替えて、同時に動いているように見せかけます。

　切り替え処理にも時間がかかるため、ソフトが増えるたびに実行速度は低下します。現在のOSはほとんどがマルチタスクです。

> タスクとかプロセスとか覚えにくいです。なんとかしてください！

　タスク＞プロセス＞スレッドの順番で単位が小さくなるのが基本です。まずはここをしっかりおさえましょう。

👑 重要用語ランキング

①クロック周波数 → p.273

②記憶の階層化 → p.277

③揮発性メモリ → p.277

④ルートディレクトリ → p.284

⑤デバイスドライバ → p.288

> 用語を理解できているかおさらいしよう！

試 験 問 題 を 解 い て み よ う

問題1　令和3年度　問90

CPUのクロックに関する説明のうち、適切なものはどれか。

ア　USB接続された周辺機器とCPUの間のデータ転送速度は、クロックの周波数に
よって決まる。
イ　クロックの間隔が短いほど命令実行に時間が掛かる。
ウ　クロックは、次に実行すべき命令の格納位置を記録する。
エ　クロックは、命令実行のタイミングを調整する。

解説1

ア　USBの規格で定められた転送速度によって決まります。
イ　間隔が短いほど、同じ時間でたくさんの処理ができます。
ウ　レジスタの説明です。
エ　正答です。クロックは実行タイミングをあわせるための信号です。

答：エ

問題2　令和3年度　問64

CPU内部にある高速小容量の記憶回路であり、演算や制御に関わるデータを一時的に記憶するのに用いられるものはどれか。

ア　GPU　　　イ　SSD　　　ウ　主記憶　　　エ　レジスタ

解説2

ア　画像処理に特化した処理装置です。
イ　磁気ディスクではなく、フラッシュメモリを使った補助記憶装置です。
ウ　(レジスタと比較すると) 低速大容量の記憶装置です。
エ　正答です。CPUの速度に追従できる高速な記憶装置ですが、高価で小容量です。

答：エ

問題3　平成31年度春期　問96

　Webサーバ上において、図のようにディレクトリd1及びd2が配置されているとき、ディレクトリd1（カレントディレクトリ）にあるWebページファイルf1.htmlの中から、別のディレクトリd2にあるWebページファイルf2.htmlの参照を指定する記述はどれか。ここで、 ファイルの指定方法は次のとおりである。

〔指定方法〕
(1) ファイルは、"ディレクトリ名/…/ディレクトリ名/ファイル名"のように、経路　　上のディレクトリを順に"/"で区切って並べた後に"/"とファイル名を指定する。
(2) カレントディレクトリは"."で表す。
(3) 1階層上のディレクトリは".."で表す。
(4) 始まりが"/"のときは、左端のルートディレクトリが省略されているものとする。

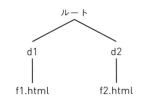

ア　./d2/f2.html　　　イ　./f2.html
ウ　../d2/f2.html　　エ　d2/../f2.html

解説3

　各選択肢を見ると、絶対パスで書かれているものはないので、カレントディレクトリであるd1を出発点とする相対パスでの指定になります。d2に移動するためには1階層上のディレクトリ（親ディレクトリ）に移動しなければならないので、正答はウになります。

答：ウ

4.5 仕事ならではのコンピュータの特徴

学習日

出題頻度 ★★★★★

　業務用ということで、複数のコンピュータを組みあわせて使うのに特有の製品や技術が頻出します。業務を止めないための冗長構成についてもよく問われるので、フォールトトレラントの発想を中心に理解していきましょう。

4.5.1 会社のコンピュータは家のとどう違う？

コンピュータを協調して働かせる

　家庭と企業でコンピュータの使い方を考えた場合に、大きく異なるのは単独で動かすか、協調させて動かすかです。
　家庭のコンピュータはかなりの割合で、スタンドアローン（単独）で動いています。企業だってそうしても構わないのですが、たくさんのコンピュータで効率的に仕事をするためには、協調させたほうが都合がいいです。中央にどでんと構えた大型コンピュータ（スーパーコンピュータやメインフレーム）にすべての仕事を押しつけ、ほかの端末たちは結果を受けとるだけなのが**集中処理**、全員で仕事を分担しましょうね、というのが**分散処理**です。

　　得点のツボ　　集中処理と分散処理

・**集中処理**：
　まとめて処理をしたほうがいい仕事に向いてる
　例）銀行のATM。ATMがそれぞれ勝手に計
　　　算してたら残高が合わなくなるかも

292

- **分散処理**：
  効率がよさそうに見えるが、いろいろなところでやってる仕事を1つにまとめるのはけっこうたいへん。ただし、管理負担の増大に注意！

集中処理　　　　　　　　　　　　　分散処理

スーパーコンピュータ

　最も大規模で高速なコンピュータです。地球規模の気象シミュレーションなど、用途に応じて専用に作られることがほとんどです。CPUを数万個もっていたりします。

> スーパーコンピュータってすごいですね、すべてが特注品なんですか？

　そういうのもありますが、ものすごい数の一般的なCPUを数珠つなぎにして「スーパーコンピュータ相当の性能」とすることも増えましたね。

メインフレーム

　スーパーコンピュータに準ずる大型コンピュータです。ホスト、汎用機とも呼ばれます。企業の基幹業務など、高信頼性、高速性を要求される業務で利用されています。

クライアント・サーバ・システム

「コンピュータ１台１台の能力が高くなったので、それぞれが力を発揮して仕事しないともったいないよ」
「分散処理なら、自分好みのシステムに変えちゃっても周りに迷惑かけないしね」

…たしかにそうなのですが、会社は全体としてまとまった仕事をしているわけで、1台1台のコンピュータが勝手に動かれるとけっこう困ります。

そこで、集中処理と分散処理のいいとこどりをしたようなシステムが**クライアント・サーバ・システム**です。

サーバやクライアントって、そういうマシンがあるんですか？

これは単に役割を指す言葉なので、普通のパソコンをサーバにすることも、超高性能のコンピュータをクライアントにすることもできます。でも、一般的には処理能力が高く、故障対策などを施したものをサーバにしますね。

得点のツボ　サーバとクライアント

- **サーバ**：
  比較的処理能力が高く、難しい仕事をこなす役割を与えられたコンピュータ。データベースやメールなど、1箇所でやらないと収拾がつかなくなる仕事も担当する
- **クライアント**：
  ユーザが手元で使うコンピュータ。個人的な仕事はそれ自体でこなしてしまう。高い処理能力が要求される仕事や、ほかのユーザと連携しておこなう仕事はサーバと協調して仕事をする

ひと言

サーバが別のサーバに対してクライアントになったり、複数のサーバ機能を1台で兼ねたりすることもある。

サーバには、メールサービスを提供してくれるメールサーバや、Webサイトを見せてくれるWebサーバなどがあります。この場合、私たちが手元で使っているコンピュータが「メールを送って！」とか「Webサイトを見せて！」と依頼しているクライアントになります。

> 用語
> **ブレードサーバ**
> 薄い板状（タブレット端末を数枚重ねた程度の大きさ）のサーバブレードを、ラックタイプの筐体に何枚も挿したもの。省スペース、省電力に特徴がある。抜き差しできるので、柔軟性、保守性も高い。

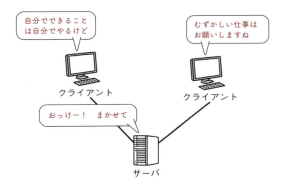

シン・クライアント

サーバに依存する比重の高いクライアント・サーバ・システムです。クライアントは**表示や入力**のみを担当します。クライアントの自由度や処理能力が減りますが、処理や情報をサーバ側で一括管理できるため、セキュリティを高めることができます。

たとえば、ノートパソコンをどこかに置き忘れてしまっても、シン・クライアント型であれば情報はクライアントに保存されていないので、漏えいなどのリスクを小さくできます。モバイル機器を業務に使うことが多くなったので、最近注目されています。

ピア・ツー・ピア

協調して動作するコンピュータ同士が完全に対等の関係にある構成方法です。

クライアント・サーバ型では、あるネットワークの中でアカウント情報はアカウント管理サーバが、メールはメールサーバが統括管理していますが、ピア・ツー・ピア型ではだれかが集中して何かの情報を管理したり、仕事を処理したりすることはありません。

> 用語
> **アカウント**
> ネットワークサービスを利用できる権限のこと。権限が与えられると、識別のためのユーザIDが発行される。

仮想化

　コンピュータの物理的な装置と、利用する際に意識する装置とを切り離すことです。

　たとえば、複数台の物理的なコンピュータをまとめて、1台のコンピュータであるかのように使ったり、逆に1台の物理的なコンピュータ上で、複数台の仮想コンピュータを動かしたりすることを仮想化と呼びます。

　ふつうのサーバ（物理的なサーバ）を使っていて、「今だけ性能を上げたい」というのは難しいですが、仮想化されたサーバであれば、「今だけ仮想サーバへ割り当てるCPUを多くしよう」とすることができます。

　故障の際も、仮想サーバへ割り当てる物理的なCPUやHDDを変更することで、仮想サーバの動作や性能を維持できます。また、1台のコンピュータ上で異なる複数のOSを動かしテストする、などの使い方も可能です。

ライブマイグレーション

　マイグレーション（システムの移行）を、サービスを止めずにおこなうことです。本来、すごく難易度の高い行いで、仮想マシンならではの手法です。

NAS

　ネットワークに接続するディスク装置です。PCやサーバからは、直接接続したHDDと同じように使えます。TCP/IPネットワークにつなぐので、かんたんに設置と取り外しができ、データの共有が容易になります。ファイルサーバと似ていますが、機能を特化させた専用機だと考えてください。

オンラインストレージ

　大容量の記憶領域をインターネット上に確保して、利用者に貸し出すサービスです。自宅と職場、外出先から同じファイルにアクセスしたり、容量の小さいスマートフォンやタブレット端末で大きなデータを扱う用途に使えます。これもいわゆる「クラウド（クラウドコンピューティング）」の一種です。

　サーバが冗長化されている場合は、自分のPCだけに

参照

・TCP/IP
→ p.338
・クラウドコンピューティング
→ p.165

ファイルを保存しているのに比べて可用性が向上すること
もあります。サービスがインターネット上で展開されてい
るため、本試験では情報漏洩対策の視点を持つようにしま
しょう。

仕事を止めないようにするPCの構成

　企業では業務でコンピュータを使うわけですから、仕事
が止まったり遅れたりすると怒られます。家庭でコン
ピュータが壊れたときもしょぼんとしますが、仕事が破綻
したときの恐ろしさはその比ではありません。そこで、業
務用途のコンピュータにはいろいろ対策がしてあります。

デュアルシステム

　2つのコンピュータ（や機器）で同じ仕事をする贅沢な使
い方です。
　1台の機器ですむところを常に2台の機器で処理してい
るわけですから、片方が壊れたときも何の支障もなく仕事
を続けることができます。
　欠点としてはお金がかかることが挙げられます。

デュプレックスシステム

　2つのコンピュータを使うのですが、ふだんは違う仕事
をやらせます。
　主系はオンライン処理のようにより無停止が求められる
処理を、従系はバッチ処理のように比較的停止時に余裕を
持って対応できる処理をします。
　従系がダウンした場合はそのまま修理しますし、主系が
ダウンした場合は修理している時間が取れないので、従系
をオンライン処理に切り替えてしまいます。
　従系で当初おこなっていたバッチ処理が止まってしまい
ますが、そちらのほうが影響が小さいわけです。

用語

ホットスタンバイ
従系を常に稼働させておく
方法。障害時にものすごく
すばやく切り替えられる。
デュアルシステムはホット
スタンバイのひと形態。

コールドスタンバイ
従系を電源などを落とした
状態で待機させておく方法。
従系の運用コストを安くあ
げることができる。ただし、
いざ障害というとき、切り
替えに時間がかかる。

用語

バッチ処理
あるタスクを一度にまとめ
て実行する処理形態。

対話型処理
ディスプレイやキーボード
などのインタフェースを介
して、人とシステムが対話
をするようにタスクを実行
していく処理形態。

---

1 企業活動
2 経営戦略
3 システム開発
4 コンピュータのしくみ
5 ネットワークとセキュリティ
6 データベースと表計算ソフト

297

> 従系のほうは、たいして大事な仕事ではないって言われてるみたいで、ちょっと切ないですね

　私の人生がそうでしたね。ただ、大事なものとそうでもないことを切り分けるのは、システム運用でもセキュリティ対策でも、とても大事です。

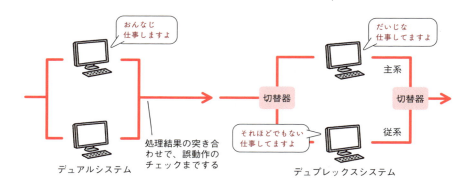

得点のツボ　デュプレックスシステムのポイント

・主系がダウンした場合、切替時間が必要になるので、デュアルシステムよりは<u>対応時間がかかる</u>
・いつもは従系に違う仕事をさせているので、デュアルシステムより<u>ムダがない</u>

クラスタシステム

　複数のコンピュータを連携させて処理できるようにしたシステムです。クラスタとは房のことです。ぶどうをイメージしてみてください。多数のコンピュータが連携するため、単体より処理性能が上がり、必要に応じてコンピュータの追加や削除をすることで性能の調節も可能です。あるコンピュータが故障しても、別のコンピュータが作業を肩代わりするので、可用性も向上します。

用語

レプリケーション
複製をとること。遠隔地に複製データベースを置くような運用で、負荷分散ができる。ただし、クラスタと違って、同期にタイムラグが生じる。

RAID

最近、よく聞く用語です。もともと業務用途を想定した技術でしたが、ちょっと高価なパソコンであれば装備している機種も増えてきました。「安いディスクを組みあわせて、冗長化を実現しようぜ！」くらいの意味です。組み合わせ方によってRAID0～6までの種類がありますが、RAID0、1、5を覚えておけば十分です。

> **スペル**
> ・RAID (Redundant Arrays of Independent Disks)
>
> **ひと言**
> 似ているけれども、RAIDはバックアップではないことに注意しよう。現時点のデータの複製なので、まちがって上書きしたデータの復旧などはできない（複製側でも上書きしてしまっている）。

RAID0

データを複数のハードディスクに分散して配置する**ストライピング方式**です。高速な読み書きが特徴です。

1台でもディスク装置が故障すると読み書きが不能になるため、全体としての信頼性はかえって低下します。ここ重要です。

RAID1

2台のハードディスクにまったく同じデータを書き込む**ミラーリング方式**です。片方の装置が壊れてもそのまま業務は継続できますが、実質的な記憶容量はハードディスク全体の半分になってしまいます。もったいないですが、信頼性の代償です。

RAID5

3台以上のハードディスクを使用して、各ディスクに**パリティデータ**（**誤り訂正用データ**）を配置する方式です。1台の装置が故障した場合でも残った装置はパリティデータからデータを復元して業務を継続することができます。

RAID1と比較した場合、実効記憶容量は増大します。また、パリティデータが各ディスクに分散しているためボトルネックになりにくい特徴があります。書き込み時はパリティ演算をするため、処理速度が遅くなりますが、読み出し時の速度はRAID0と同等です。

パリティ	データ	データ
データ	パリティ	データ
データ	データ	パリティ

　RAID5で1台のディスクが故障し、パリティデータから演算によってデータを復元する場合、アクセス速度はものすごく低下します。
　また、2台のディスクが同時に故障した場合には対処できません。パリティデータの性質上、最低でも3台以上の物理ディスク装置で構成する必要があります。

4.5.2 故障対策や費用はどうなってるの？

コンピュータはどのくらい信用できるか

　デュアルシステムのところでも出てきましたが、仕事が止まるととにかく怒られます。現在は仕事や社会のしくみがコンピュータに依存する度合いがどんどん増しているので、コンピュータが壊れると本当にしゃれになりません。
　でも、コンピュータにそんなに頼り切っていいのでしょうか？　やつらは機械ですから、壊れることもありますし、誤作動することもあります。そのため、

どのくらい信頼していいのか？
どうやったら止まっている時間を短くできるのか？

これらをよく把握しておく必要があります。
　信頼性を表す指標には、稼働率、MTBF（平均故障間隔）、MTTR（平均修理時間）などがあります。**稼働率**が最も基本的な指標で、以下の式で求めます。

　　　得点のツボ　稼働率の公式その1
稼働率＝**実際に動いた時間**÷
　　　　動くことが期待されていた時間

MTBFは何時間(何日)に1回故障するのかを表す指標で、大きければ大きいほど、故障が少ないことを表します。

MTTRは故障したときに、何時間(何日)で直せるのかを表す指標で、小さければ小さいほど、速く直せることを表します。

> スペル
> ・MTBF (Mean Time Between Failures)
> ・MTTR (Mean Time To Repair)

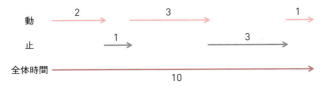

$$\text{MTBF} = \frac{\text{動いてた時間}}{\text{故障した回数}} \frac{6}{2} = 3 \qquad \text{MTTR} = \frac{\text{止まっていた時間}}{\text{故障した回数}} \frac{4}{2} = 2$$

なお、MTBFとMTTRがわかっていれば、これらから稼働率を計算することもできます。

得点のツボ　稼働率の公式その2

$$\text{稼働率} = \frac{\text{MTBF}}{\text{MTBF}+\text{MTTR}}$$

この公式にさきほどの例を当てはめると、次のようになります。

$$\text{稼働率} = \frac{3}{3+2} = 0.6$$

MTBFは言い換えれば、「ちゃんと動いていた時間」ですし、MTTRは「故障していた時間」です。だから、上の式は、ちゃんと動いていた時間÷(ちゃんと動いていた時間+故障していた時間)ということになります。「ちゃんと動いていた時間+故障していた時間」とは、全体時間のことです。

さっき出てきた稼働率の公式と同じことを言っていますよね。

複数システムの稼働率の計算

ITパスポート試験では、複数の要素(システムや単体のコンピュータ、通信装置など)を組みあわせたときに、全体で稼働率がどうなるかを問う問題が出ます。

この種の問題が出題されたときは、まず複数の要素がどんな風につながっているかを確認します。一番かんたんなのは直列つなぎになっている例で、それぞれの要素の稼働率を掛け算すれば、全体の稼働率になります。

直列つなぎは、要素が増えるほど稼働率が悪くなるんですか?

そうです。すべてがきちんと動いていないと、全体も動作しないので、単体のときより稼働率が小さくなります。

参照

・確率の掛け算
→ p.229

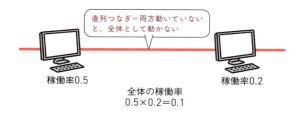

並列つなぎは、それに比べると少し複雑です。問題の条件にもよりますが、ここではどちらか1つが動いていれば全体としての動作にも支障がない例で説明します。

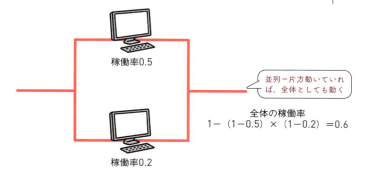

> 並列つなぎは、逆に要素が増えるほど安心？

はい。どれかが動いていれば、全体としてちゃんとうごくわけですから。この場合の稼働率は、以下の計算式で求めることができます。

どちらか片方が動いている確率
　＝全体の確率 - 両方とも動かなくなる確率
　＝全体の確率 - 上のPCが動かなくなる確率×下のPCが動かなくなる確率
　＝ 1-（1- 上のPCの稼働率）×（1- 下のPCの稼働率）

どうやったら信頼性を上げられるか

　コンピュータに100％の信頼性を求めるのは酷というか無茶な話ですが、100％に近づくように対策することはできます。

　その考え方の基本になっているのが<u>フォールト・トレラント</u>です。機械というのはいつもこいつも信用ならないので、壊れたりまちがったりすることを前提にいろいろ対策を考えておく発想です。

　フォールト・トレラントを実現するための具体的な手法をいくつか覚えておきましょう。

得点のツボ　フォールト・トレラントの手法

- **フェールセーフ**：まずくなったときに、安全なように壊れる
　例）壊れたら赤しかつかなくなる信号機
- **フェールソフト**：まずくなったときに、中核機能を残す
　例）与圧はやめるけど、エンジンは最後まで回る飛行機

用語

フォールト・アボイダンス
1つの機械を絶対に壊れないように作るぞ！という考え方。フォールト・トレラントの反対。

デュプレックスシステムは、フェールソフトっぽい考え方でした。データなどの場合は、複製（バックアップ）を異なる媒体に残しておくなどの対策があります。

　バックアップでは、定期的に取得すること、すぐに復旧（リストア）できる状態にしておくことが大事です。また、「3日前に消したファイルを復元したい」のような要望に応えるためには、最新のものだけではなく、「1日ごとに1週間分のバックアップを残してある」といった世代管理も必要になってきます。

バスタブ曲線

　機器の故障は導入段階で多く起こり（初期不良）、その後安定します。しかし、時間が経過すると摩耗などにより再び故障が増加します。これをグラフ化すると風呂桶のような見た目になるので、バスタブ曲線と呼ばれています。

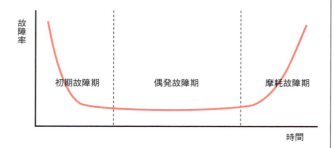

お金のはなし

　いやらしいはなしですが、避けて通れないお金の話題です。いくらコンピュータが便利だといっても、そのために破産するほどのお金がかかるのであれば、やはり導入するわけにはいきません。

　会社で使う場合は特にその傾向が強くどのくらいのお金でどのくらい便利になるのか、儲かるのか、といった費用対効果をシビアに計算しないとダメです。次のようなコストを考える必要があります。

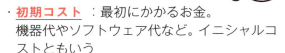

- **初期コスト**：最初にかかるお金。
機器代やソフトウェア代など。イニシャルコストともいう
- **運用コスト**：使っていくのに日々かかるお金。電気代や修理代、運用要員のお給料、教育費など。ランニングコストともいう
- **TCO**：全部ひっくるめたお金

用語

コンティンジェンシーコスト

不測の事態に備えて計上しておく費用。予備費。

ソフトウェア開発の見積もり方法

　システムの導入時には、初期コストとしてハードウェアやソフトウェア代金がかかります。ハードウェアは適正代金が比較的わかりやすいのですが、ソフトウェアは原材料費がかかっているわけでもありませんし、その算定方法は不透明になりがちです。

　そこで、何とか標準的な指標を導入しようということで、いろいろな方法が考えられています。

ファンクション・ポイント法（FP法）

　そのソフトが持つ機能に着目して見積をします。入力、出力などの機能を、易、普、難の3段階に分類して基準点を設定し、そのソフト特有の複雑さを6段階評価して基準点に加え、最終的な得点（ファンクションポイント）を決めます。

　入力、出力の例として、画面数や帳票数があります。

類推見積法

　経験と勘で見積をします。見積をする人が非常に有能で、過去に膨大な経験の蓄積があり、見積をするソフトウェアと過去の経験の差異などを熟知している場合、正確な見積ができる可能性があります。裏を返せば、人によって出てくる見積が異なります。利点は低コストであることです。

用語

LOC (Line of Code) 法

作ろうとしているシステムで書かれるプログラムの行数から規模を測定する。ただし、プログラムの行数を見積の根拠にしても、プログラムの長さとソフトウェアの品質は必ずしも比例しない。

COCOMO法

開発に必要な作業の工程数と、それぞれの工程の難易度から見積もる。LOC法の発展型で、プログラムの複雑さや、難易度を見積根拠に追加している。

TCOで考える

　昔はコンピュータにかかるお金といえば、まずハードウェアの代金だったため、初期コストがかからないように苦心しました。

　でも、ハードウェアやソフトウェアが安くなってくると、「おいおい、一番お金がかかってるのは運用コストじゃないか」という話になってきました。グラフにすると下図のような状況です。いくらPCを安く買っても、使いこなすのに高い講座に行かなくてはならなかったり、やたらと壊れて修理代がかかったりしては台無しです。そのため、全部ひっくるめた <u>TCO</u> でお金のことは判断するのが近年の流行です。

スペル
- TCO (Total Cost of Ownership)

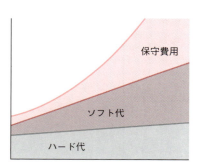

👑 重要用語ランキング

① <u>稼働率</u> → p.300

② <u>仮想化</u> → p.296

③ <u>クライアントサーバ</u> → p.294

④ <u>類推見積法</u> → p.305

⑤ <u>RAID</u> → p.299

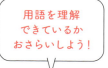

用語を理解できているかおさらいしよう！

試 験 問 題 を 解 い て み よ う

✏ 問題1　令和3年度　問57

CPU、主記憶、HDDなどのコンピュータを構成する要素を1枚の基板上に実装し、複数枚の基板をラック内部に搭載するなどの形態がある、省スペース化を実現しているサーバを何と呼ぶか。

ア　DNSサーバ　　　イ　FTPサーバ
ウ　Webサーバ　　　エ　ブレードサーバ

解説1

データセンタなどでは膨大な数のサーバを運用するため、基板（ブレード）上にすべての構成要素を載せて省スペース化します。複数のブレードを納めるラック、ラックをたくさん設置するサーバルームは排熱で高温になるので、空調・冷却設備が必須です。

答：エ

✏ 問題2　令和元年度秋期　問74

サーバ仮想化の特長として、適切なものはどれか。

ア　1台のコンピュータを複数台のサーバであるかのように動作させることができるので、物理的資源を需要に応じて柔軟に配分することができる。
イ　コンピュータの機能をもったブレードを必要な数だけ筐体に差し込んでサーバを構成するので、柔軟に台数を増減することができる。
ウ　サーバを構成するコンピュータを他のサーバと接続せずに利用するので、セキュリティを向上させることができる。
エ　サーバを構成する複数のコンピュータが同じ処理を実行して処理結果を照合するので、信頼性を向上させることができる。

解説2

ア　サーバ仮想化の特長を説明しています。これとは逆に、複数台のコンピュータを1台のサーバであるかのように動かすこともできます。
イ　ブレードサーバについての説明です。
ウ　スタンドアロンについての説明です。
エ　デュアルシステムについての説明です。

答：ア

307

✏ 問題3　令和2年度　問61

　サーバの性能向上策に関する次の記述中のa、bに入れる字句の適切な組合せはどれか。

　あるシステムで、処理件数の増加に伴い、サーバの処理時間の増大が問題となっている。サーバの処理性能の向上策として、サーバの台数を増やして並行処理させて対応することを　　a　　という。サーバ自体を高性能のものに交換したり、CPUや主記憶などをより性能の良いものに替えたりなどして対応することを　　b　　という。

	a	b
ア	スケールアウト	スケールアップ
イ	スケールアップ	スケールアウト
ウ	スケールアップ	ダウンサイジング
エ	ダウンサイジング	スケールアップ

解説3

　サーバの処理性能向上策です。台数を増やす方法をスケールアウト、高性能にすることをスケールアップといいます。スケールアウトのほうがお金はかからないと言われていますが、あとでいらなくなっても持ち続けるのは一緒です。そこで、仮想サーバを使って、ピーク時だけ処理能力をたくさん借りるといった運用がおこなわれるようになりました。

答：ア

| コラム | ITパスポートを取ると入試や就職に有利ってほんと？ |

　ほんと！　と断言したいところですが、本当に就活を有利に戦って、温泉気分で面接を迎えるためには、基本情報か応用情報が必要になってくると考えてください。

　私は、応用情報（まだ第一種と呼ばれていた時代でしたが）を持った状態で就活をしたので、けっこうラクチンな思いをしました。…今の就活はコミュニケーション能力が重視されるので、本当にいい時代に就活をすませたと思います。ええ、私はコミュニケーション能力がないのです。

エントリーシートに書かせる企業が増加

　ではITパスポートは役に立たないかというと、そんなことはありません。何よりITパスポートはけっこういい試験なのです。「資格取得のためだけに必要な知識を丸暗記させられて、取った後は思い出すこともない」といった目には遭わなくてすみます。社会人としてやっていく力がつきます。

　また、「世界最先端IT国家創造宣言工程表」などで、「ITパスポートを活用するぞー」と勝ちどきを上げているので、企業もエントリーシートに「ITパスポートを持っていますか？」と書かせるケースが出てきました。1つでもほかの学生との差別化をはかりたいエントリーシートにおいて、ここを埋められる意味は大きいです。

　また、資格を取るという行為自体が、生きていくための戦略を検討して、短期的な目標を立案し、その達成のために必要な資源を計算・投入して、過たずに実行することそのものですので、高いモチベーションや自己管理能力をアピールできます。少なくとも、怠惰では資格はとれません。結果的に受験しにいく企業がIT系でなかったとしても、自己PRに使えますよ。

資格取得者優遇入試もあるよ

　大学の入試でも、ITパスポート取得者が有利になることがあります。学校によって制度がまちまちなので、一概には言えませんが、取得者だけの特別推薦入試などを実施している学校があります。筆記試験の一部免除など、かなりの特典があるケースもあるので、自分の進学したい学校に制度がある場合は、利用を検討するといいでしょう。

仮に資格入試といったカテゴリがなくても、AO入試や公募制推薦入試でアピールすることもできます。大学入試のために、興味もないのにITパスポートを取るのは本末転倒ですが、もともと受験を考えていたのであれば、うまく相乗効果を発揮できると思います。

上位資格の免除制度を運用している学校も

　さらについでに言うと（ITパスポートの話からはズレますが…）、専門学校や大学、大学院によっては、基本情報技術者試験や情報処理安全確保支援士試験の一部免除制度を運用している学校もあります。たとえば、以下のように基本情報技術者・情報処理安全確保支援士の一部試験が免除になります。

・基本情報技術者の「午前試験」免除
　　→学校で指定されている単位を取得し、学校内でおこなわれる試験に合格する

・情報処理安全確保支援士の「午前II試験」免除
　　→学校で指定されている単位を取得し、卒業する

　情報処理安全確保支援士の受験者は、応用情報技術者試験や高度情報処理技術者試験に合格したり、午前I試験の基準点に達したりして、情報処理安全確保支援士の午前I試験免除を手にしている方も多いと思います。併用すれば「本試験は午後のみの受験！」なんてこともできるのです。

　どちらも、運用している学校の数は多くないので、そのためにわざわざ学校を選ぶようなものではありません。しかし、もし自分が通っている学校がもし免除制度に参加していたら、ITパスポート合格後、ぜひ基本情報等の資格取得にチャレンジしましょう。

　このように、情報処理試技術者試験と企業・大学のつながりは意外とあるので、入試や就職が有利に運ぶように上手に活かしてください。

5章

ネットワークとセキュリティ

テクノロジ

5章の学習ポイント

試験勉強の山場！ 1つひとつの知識を
関連づけて理解の基盤を作ろう！

5章は配点も大きく、会社や学校でも習う機会の多い、ネットワークやセキュリティに取り組みます。ここを攻略すれば合格へ大きなステップになります！

でもなんか難しそうで不安しかありません…

たしかに複雑な部分もありますが、意外と身の回りに浸透してますよ。パスワードつき暗号化ファイルとか、メールでもらったことありませんか？ あれって対策として大丈夫なのか、ダメだとしたら何に気をつけるのかなど、役立つ知識が満載です。

ネットワークの基本と各階層の役割

まずはネットワークの基本構造をわしづかみにします。生活に身近な無線LANにも目を配りましょう。そのうえでプロトコル（約束事）の上下関係をおさえつつ、各種アドレスやサブネットマスクについて理解していきます。

特にアプリケーション層には星の数ほどのプロトコルがあります。試験に出るものに絞って効率よく覚えましょう！

セキュリティの基本と対策

セキュリティの定義やリスクについてしっかりと理解したあと、どうやって対策していくかに展開していきます。

クラッカが使うあの手この手や、具体的な対策手法（たとえば、パスワードやウイルス対策ソフト、暗号化とデジタル署名など）を学んでいきます。避けて通れないややこしい単元ですが、ぜひ克服して得点源にしましょう！

ぼくはセキュリティ意識が高いから、
対策はバッチリです！

最も大きな脆弱性は油断ですからね！ 気をつけてください。

5.1 ネットワークの基本

学習日

出題頻度 ★★★★☆

　ふだんの生活も仕事も、いまはネットワークなしには成立しないほどになっています。そのネットワークがどのように作られているのかを学んでいきましょう。複雑怪奇なものには、必ず基本構造が隠れています。それをしっかりおさえるのが理解の早道です。

5.1.1 ネットワークってなんだ？

ネットワークは大きくわけて2種類

　「これから新しい住居に住むんだ！」というとき、ライフラインとして、電気や水道、ガス、そしてインターネットのことを考えると思います。SNSやメールが使えなければ仕事もできませんし、電気や水道もWebから届け出るほうがかんたんですね。

　しかし、そもそもインターネットとはなんでしょうか？インターネットを理解するために、まずは複数のコンピュータ同士を接続するしくみである**ネットワーク**から理解しましょう。ネットワークには以下2種類があります。

- **LAN**：家庭や会社などの「構内」に構築するネットワーク
- **WAN**：もっと大規模で公共の場所などを含んだ（自分で勝手に敷設するわけにはいかない）ネットワーク

　インターネットは、もともとLANとLANの間を結ぶ技術（**IP**：インターネットプロトコル）として誕生しました。

スペル
- LAN（Local Area Network）
- WAN（Wide Area Network）

用語

VLAN
仮想LANのこと。物理的な結線とは別に、ヘッダにタグ情報を付加するなどの方法でLANを制御する技術。柔軟にネットワークを分割でき、効率化やセキュリティ向上に寄与する。

しかし今日では、膨大なLANやWANが接続されてできあがった「世界中をくまなく結ぶ巨大ネットワーク」のことをインターネットと呼んでいます。

「新居からインターネットにつなぐぞ！」というのは、この世界規模で敷かれている巨大なネットワークにつなぐ、という意味あいですよね。その実態は、IPという通信ルールにしたがって動く、LANやWANの集合体と考えておいてください。

自宅からインターネットへのつなぎ方

インターネットに接続するには、通信事業者に回線を借り、必要なサーバ類を設置して…という作業をしなければなりません。

そのため、めんどうなことを肩代わりしてくれるISP（いわゆるプロバイダ。インターネット接続事業者）を利用します。図のようなしくみになっています。

用語

広域イーサネット
遠距離の拠点間を結ぶために、本来はLAN技術であるイーサネットを使ったもの。高速でネットワーク構成の自由度が高い、という利点はあるが、設定は煩雑になる。LANとWANの境目があいまいになった例の1つ。

スペル

・ISP（Internet Service Provider）

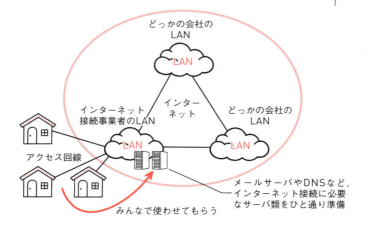

個人の利用者にとって、ISPはインターネットへの窓口です。まずは自宅からISPに接続しなければ話がはじまりません。そのためのアクセス回線にはいくつかの種類があります。どれもいわゆるブロードバンド（広帯域高速通信）の技術で、動画などをストレスなく見ることができます。

用語

輻輳（ふくそう）
通信が混雑して、支障を来すこと。

FTTH

「光回線」の一種で、光ファイバを家庭に引きこんで通信する技術です。電話回線などでも基幹部分は光ファイバ化されているのですが、家庭に引きこむ部分が昔ながらの電話線だったので、高速化された基幹部分の通信速度を活かせませんでした（ラストワンマイル問題）。

それならいっそ光ファイバを家庭まで！　と勢いよく作られたのがFTTHで、一気に通信速度が向上します。電話線を利用するADSLと違って減衰などの問題も生じませんが、比較的高価なためゆっくりと普及が進み、今は主流になっています。

スペル
・FTTH（Fiber To The Home）

CATV

ラストワンマイル問題を解決する手段の1つです。「新しく回線を引いてもらう」のは費用や手間の問題から難しいので、すでに家庭に導入されている回線を応用することが多いのですが、CATVでは有線放送を受信するためのケーブルを用いて通信します。

CATVで使われる同軸ケーブル（光ファイバのこともあります）は、電話回線に比べると伝送能力が高く、安定して遠距離まで通信できるためFTTH並の通信速度を発揮します。

スペル
・CATV（Community Antenna TeleVision）

用語

PLC
電気のコンセントを使って通信する方法。Power Line Communicationsの略。これも既存の設備を応用した技術である。

データをまるっと送るか、小分けに送るか

ここまで、ネットワーク回線についてご説明しました。あわせて「ネットワークの通信方式」も、ここでおさえておきましょう。たとえば、日ごろのスマホのお支払いって、

・電話→「○○分まで通話無料」
・ネット→「○○GBまで無料」

などのプランがありますよね。しかし、なぜ電話だと時間、ネットだとデータ通信量で課金されるのでしょうか？

この慣習の根っこには「通信方式の違い」があります。電話は回線交換、ネットはパケット交換で通信がおこなわれていたので、時間ごと、データ通信量ごとに課金するのが

1 企業活動

2 経営戦略

3 システム開発

4 コンピュータのしくみ

5 ネットワークとセキュリティ

6 データベースと表計算ソフト

わかりやすかったのです。回線交換とパケット交換の違いについておさえておきましょう。

回線交換

　交換機を使って、送信者と受信者の間にある回線を占有して通信する方式です。ほかの利用者が通信をしたい場合は、回線が空くのを待たなければなりません。回線を占有するため、通信品質が高くなりますが、同時にコストも高くなります。

パケット交換

　データを**パケット**（小包）と呼ばれる形にまとめて送り出す方式です。パケットは最大サイズが決められていて、送りたいデータがそれより大きい場合は複数のパケットに分割します。それぞれのパケットにはヘッダという配送情報が付加されます。郵便小包の配送票のようなものです。ネットワーク上に設置されたルータがヘッダを見て、受信者に届くようにパケットを振り分けます。

　パケット交換の最大の特徴は、回線を占有しないことです。データを小分けにしてちびちび送り出すので、だれかがたくさんのデータを送信中でも、スキマに自分のパケットを滑りこませて送ることができます。回線を占有しないので、コストを低くできますが、通信品質も低くなります。

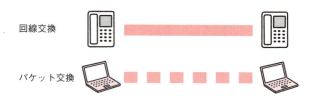

―― **得点のツボ**　パケット交換と回線交換 ――
- 回線交換の通信量の目安
    → 　回線を占有した**時間**
- パケット交換の通信量の目安
    → 　送受信した**パケットの数**
- 回線交換は**通信品質**、パケット交換は**コスト**が優れている！

5.1.2 | 「無線」でインターネットにつながるしくみ

無線LAN

　最近はケーブルを使用しなくても、あたりまえのように無線でインターネットに接続できます。あなたもPCをはじめ、スマホやゲーム機などで無線LANを活用しているのではないでしょうか？

　無線LANは、モバイル機器の爆発的な普及や、オフィスの美観確保、柔軟な構成変化への要求などにより、ネットワークへの接続経路の主流に躍り出た技術です。登場してすぐのころは、機器の相性によってつながったり、つながらなかったりといったことがありましたが、Wi-Fi Allianceという団体が設立され、相互接続性が確認された機器にWi-Fiロゴを貼るようになり、状況が改善されました。

　このようにWi-Fiは最初、相互接続の保証規格に過ぎなかったのですが、無線LANのもとになっているIEEE802.11規格がわかりにくかったため、今では無線LANのブランドとして積極的に使われています。

　無線LANには周波数や最大伝送速度によって、いくつかの種類があります。無線は同じエリアで同一周波数（チャンネル）を使うと干渉して通信ができません。しかし、チャンネルをずらすことで同じエリアに3つまでのアクセスポイントを設置可能です。

　歴代の無線LAN規格は以下のようなものがあります。

規格	使用周波数	最大伝送速度	特徴
IEEE802.11a	5GHz	54Mbps	比較的長距離まで届く
IEEE802.11b	2.4GHz	11Mbps	安価
IEEE802.11g	2.4GHz	54Mbps	11bと互換性
IEEE802.11n（Wi-Fi4）	2.4GHz／5GHz	600Mbps	11b／11gと互換性
IEEE802.11ac（Wi-Fi5）	5GHz	6.9Gbps	5GHz帯であることに注意！
IEEE802.11ax（Wi-Fi6）	2.4GHz／5GHz	9.6Gbps	多くの利用者の同時アクセスにも強い

用語

Wi-Fi Direct
アクセスポイントを介さずに、パソコンやスマホなどの機器同士が直接通信する形式。

メッシュWi-Fi
アクセスポイント同士を無線で接続することで、経路を網の目状に構成する。1台では電波が届きにくかった場所でも通信できる。有線LANにつなぐアクセスポイントは1台ですむので、複数の独立したアクセスポイントを立てるのに比べ手間も費用もかからない。

ひと言

無線LANにはアクセスポイントと機器を接続するインフラストラクチャモードと、アクセスポイントなしで直接機器同士を接続するアドホックモードがある。

参照

・bps
→　p.355

企業活動 1

経営戦略 2

システム開発 3

コンピュータのしくみ 4

ネットワークとセキュリティ 5

データベースと表計算ソフト 6

317

前ページの表を見てわかるとおり、無線LANに使われる周波数帯は **2.4GHz** 帯と **5GHz** 帯の2種類があります。

2.4GHz帯はISMバンドといって、産業科学医療に広く利用することが認められている周波数帯です。家庭内では、電子レンジやコードレス電話にも使われており、無線LANと干渉して、速度低下や通信の不安定化を引き起こすことがあります。

無線LANの注意すべき解答ポイントは2つです。

得点のツボ　無線LANの注意点

・カタログ上の数値が同一でも有線LANより**伝送効率が落ちる**
・無線の性質上、電波の届く範囲であればだれでも受信できるので、**暗号化が必須**

無線LANのセキュリティ

本試験で出題される無線LANの暗号化技術は、規格として古い順にWEP、WPA、**WPA2**、**WPA3**です。WEPは初期の技術で、暗号解読の手法が確立されているため、使用が推奨されないことはぜひ覚えておきましょう。WPA2、WPA3ではより高度な暗号が使えるようになって、セキュリティが強化されました。

WPAシリーズには認証サーバを使うエンタープライズモードと、アクセスポイント単独で動作するパーソナルモードがあります。

その2つはどう違うんですか？

エンタープライズモードだと、利用者1人ひとりに異なるIDとパスワードを割り当てられます。運用は煩雑になりますが、こちらのほうがセキュリティは強固にできますね。

ほかに無線LANのセキュリティを確保する手段として、**MACアドレスフィルタリング**があります。接続するクライ

用語

WPS
Wi-Fi Protected Setupの略。煩雑で一般利用者には難しい無線LANのセットアップを自動化する技術。

スペル

・WEP(Wired Equivalent Privacy)
・WPA (Wi-Fi Protected Access)

参照

・MACアドレス
→ p.326

アントのMACアドレスをアクセスポイントに登録しておき、異なるMACアドレスからのアクセスを拒否するしくみです。ESSIDはアクセスポイントを識別するもので、32文字までの英数字で名前がつけられます。複数のアクセスポイントが使える状況で役に立ちます。ESSIDをセキュリティ対策としていた時代もありましたが、漏れやすいため現時点ではセキュリティ対策と考えるべきではありません。

スペル

・ESSID（Extended Service Set Identifier）

ひと言

ESSIDはクライアントが接続しやすいよう、ビーコン信号でIDを配信している。配信しないステルスモードもあるが、いずれにしろセキュリティ対策としては脆弱。

スマホ経由でパソコンをネットにつなぐ！

ノートパソコンの小型軽量化や、ノマドワークス（場所に拘束されない働き方）の進展で、モバイル通信のニーズが急拡大しました。これらを実現する技術のうち、最もポピュラーなのがテザリングです。

テザリングは、PCやタブレットなどの端末をスマホやフィーチャーフォン（ガラケー）経由で、インターネットに接続する技術です。テザリングを使えば、PCやタブレットで携帯回線（5Gや4G）の契約を結ばなくてもいいことになります。

現在ではほとんどのスマホがテザリングに対応しており、通信事業者に費用を支払うと追加機器なしで接続できます。PC、タブレットとスマホの間の接続には、無線LANやBluetooth、USBなどが使われます。

テザリングには注意点もあります。スマホに最適化されていないPC向けサイトで重量級のアプリや動画などにアクセスすると、すぐに通信事業者が定めるパケット制限に達してしまうことがあります。通信事業者としても、携帯回線は大切な資源なので、無線LANが使えるスポットなどを各所に設置して、携帯回線から負荷を分散するデータオフロードがおこなわれています。

モバイル通信の基礎用語いろいろ

SIM

　スマホなどに挿入するICカードで、電話番号などの情報が記録されています。SIMを挿入することで、スマホやタブレットで携帯回線を使えるようになります。

　従来はSIMロックといって、端末とSIMは切り離せない関係でした。しかし、SIMフリー端末の登場によりSIMの使い回しが可能になりました。同じ端末をあるときはA社の回線で、あるときはB社の回線で使えるわけです。たとえば、MVNOが提供するデータ通信のみの格安SIMを、状況に応じて使うようなケースが増えています。

スペル

・SIM (Subscriber Identity Module)

MVNO（仮想移動体通信事業者）

　インフラを他社（NTTドコモ、au、ソフトバンク）から借りることで、携帯電話やスマホなどのサービスを提供する事業者のことです。たとえば、mineoやイオンモバイルなどが挙げられます。消費者にとっては、料金プランやサービスの選択肢が広がることに利点があります。現在ではMNPによって電話番号を変えずに他社サービスへ移行できるので、手軽に利用できるようになりました。

スペル

・MVNO (Mobile Virtual Network Operator)
・MNP (Mobile Number Portability)

LTE

　3.9Gと呼ばれることもある、3Gを発展させた携帯電話のデータ通信技術です。その後これを4Gと呼ぶことが許されました。

スペル

・LTE (Long Term Evolution)

5G

　第5世代移動通信システムです。4Gよりさらに高速、大容量なのはもちろん、低遅延と同時大量接続に特徴があります。IoTをさらに活用できる、と期待が高まっています。

キャリアアグリゲーション

　複数のキャリア（搬送波：携帯の電波）をアグリゲート（束ねる）して、高速化する手法です。従来1つだった搬送波を2つ確保して、両方に並行してデータを送信すれば、理屈のうえでは2倍の通信速度が得られます。これが**キャリ**

アアグリゲーションです。LTE-Advanced に盛りこまれています。

　携帯回線以外でも、アグリゲーションは高速化・冗長化のためによく使われています。ブリッジ同士の接続に使う、リンクアグリゲーションなどが本試験で問われることがあります。

5.1.3 │ 通信の約束事

コミュニケーションで大事なこと

　5.1.1〜5.1.2項では、身近な例からネットワークの基礎知識を身につけてきました。ここからは、さらにネットワークのしくみを深掘りしていきましょう。まずは、いままで何度も登場してきた「通信」という言葉をちゃんと理解することが大事です。

　通信は communication を和訳した言葉です。コミュニケーションをとるのにとても大事なのは、自分と相手が同じルールに従っていること。従うルールが違うと、うまく伝わりません。

　私たちは日常生活でルールをうまくさばいています。友だちに話しかけるときは、それがカフェなのか授業中なのかで声量を選びますし、英国人に話しかけようと思ったら、とりあえず英語を使ってみます。これはすべて、「相手と同じルールを使って、コミュニケーションを成立させよう」という試みです。

　でも、コンピュータは「TPO に合わせて」とか「場の空気を読んで」といったことができません。したがって、コンピュータを使ってコミュニケーションするときには、ひどくたくさんのルールをあらかじめ明文化して作っておく必要があります。このルールのことをプロトコルと呼びます。

ルールはどうやって作る？

　プロトコルは星の数ほどあるのですが（仲間内で使うぶんには勝手に作ったってかまいません）、好き勝手に作っていると重複があって、もったいなさそうです。

そこで、「だいたいこんな感じでプロトコルを作りましょうよ」というモデルのようなものができました。それが<u>OSI基本参照</u>モデルです。

プロトコルを作るのは、標準化団体、メーカなどさまざまです。いちメーカが作ったプロトコルが普及し世界標準化したものを<u>デファクトスタンダード</u>と呼びます。

スペル

・OSI(Open Systems Interconnection)

ひと言

OSI基本参照モデルを策定したのは、ISO（国際標準化機構）。

―― 得点のツボ ―― OSI基本参照モデル ――

上位層	アプリケーション層	ソフト間のやり取りルール
	プレゼンテーション層	データ形式に関する決めごと
	セッション層	会話の管理
	トランスポート層	信頼性のある通信
	ネットワーク層	違うネットワークのPCと通信
	データリンク層	同じネットワークのPCと通信
下位層	物理層	とりあえず線をつなぐ

「ケーブルの形をどうしようか」といったコンピュータっぽいルールから、「Webサイトを見るときには」といった、かなりふだんの生活に近いルールまで、プロトコルにはいろいろな種類があります。

「一番コンピュータっぽい」ルールを物理層（第1層）、「一番人間っぽい」ルールをアプリケーション層（第7層）と呼んで、全体で7つの層に分けています。

なんで階層化するんだろう？

コミュニケーションを成立させるためには、基本的に7つの層すべてのプロトコルが必要になります。

7つもルールやしくみを作るんですか？　めんどくさくないですか？

でも、「7つの層に分ける」と決めておけば、「新しいプロトコルが必要になったんだけど、第1層から第6層までは

ひと言

OSI基本参照モデルはあくまでモデルなので、実際のプロトコルがこれに即しているかどうかはわからない。たとえば、インターネットで使われるTCP/IPは独自の4層構造（<u>TCP/IP階層モデル</u>）を持っていて、OSI基本参照モデルのアプリケーション層〜セッション層を「アプリケーション層」として1つに、データリンク層と物理層を「ネットワークインタフェース層」として1つにまとめている。

ほかの人が作ったやつがそのまま使えそうだ。第7層だけをぼくが考えればいいや」といったことができ、とても便利でラクができますよ。

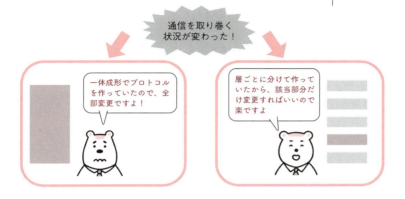

　各階層については次節以降でくわしく説明しますが、覚えておいてほしいのは、上位層のプロトコルは下位層のプロトコルがあってはじめて成立する、ということです。糸電話で「英語で話してみよう！（プレゼンテーション層）」と意気ごんでも、糸がつながっていなければ（物理層）どうしようもありません。
　「トラブルが起こったときは、下位層から順に原因を調べていこう」と言われるのは、そのためです。

♛ 重要用語ランキング

① WPA2 → p.318

② OSI基本参照モデル → p.322

③ MVNO → p.320

④ ESSID → p.319

⑤ キャリアアグリゲーション → p.320

試 験 問 題 を 解 い て み よ う

🖊 問題1　令和元年度秋期　問77

無線LANに関する記述のうち、適切なものはどれか。

ア　アクセスポイントの不正利用対策が必要である。
イ　暗号化の規格はWPA2に限定されている。
ウ　端末とアクセスポイント間の距離に関係なく通信できる。
エ　無線LANの規格は複数あるが、全て相互に通信できる。

解説1

ア　電波を使うがゆえに、だれでもアクセス可能であるため、対策は必須です。
イ　推奨されてはいないもののWPAなども使えますし、WPA3も登場しています。
ウ　電波の到達範囲が、利用できる距離です。
エ　互換性のある規格同士でしか通信できません。

答：ア

🖊 問題2　令和3年度　問71

移動体通信サービスのインフラを他社から借りて、自社ブランドのスマートフォンやSIMカードによる移動体通信サービスを提供する事業者を何と呼ぶか。

ア　ISP　　イ　MNP　　ウ　MVNO　　エ　OSS

解説2

移動体通信において、自前の通信設備を持っている事業者をMNO、その設備を借りて通信サービスを提供している事業者をMVNO（仮想移動体通信事業者）といいます。一般的には、サービス品目や品質を絞って、低価格でサービスを提供する事業者が多いです。MNOとMVNOは、航空機のフルサービスキャリアと格安航空会社の関係に似ています。

答：ウ

5.2 ネットワークを支える下位層

学習日

出題頻度 ★★★☆☆

インターネットの根幹にかかわるMACアドレスやIPアドレス、サブネットマスクなどが出てくる要注意項目です。自分のパソコンやスマホのアドレスとも見比べてみると、理解が深まります。

5.2.1 データリンク層

データリンク層
〜まずはとなりのコンピュータと

それでは、前節のOSI基本参照モデルを下から順に見ていきましょう。
データリンク層は、同じネットワークに属しているPC同士をつなぐためのルールを定める層です。

「同じネットワーク」って具体的にどういう状態なんですか？

一般的に「ブロードキャスト（全員あての同報通信）が届く範囲」を指します。
データリンク層では、同じネットワーク内で通信するために必要なルールをいろいろ定めていますが、重要な決めごとにトポロジとアクセス制御方式、アドレスがあります。

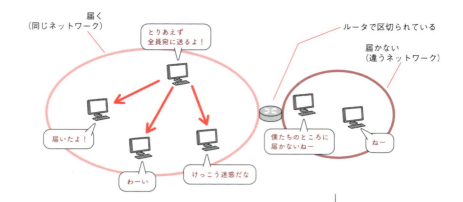

トポロジ・アクセス制御方式

トポロジとはつなぐ形のことで、1本のケーブルに複数のPCをつなぐ<u>バス型</u>、輪状につなぐ<u>リング型</u>、結節点にハブを置く<u>スター型</u>があります。通信方式によってどれが使えるか決まっています。

アクセス制御方式では、<u>CSMA/CD</u>がおもに使われています。コンピュータは電流としてネットワークに通信を送り出しますが、同時に通信すると波形が壊れてしまいます。そこで「だれも使ってなさそうなら早いもの勝ちで送っちゃおう。衝突したらちょっと後にまた送ろう」という極めて江戸っ子っぽい制御方法です。

MACアドレスはデータリンク層のアドレス

次はアドレスです。人やPCを表すとき、万能な「1つ」のアドレスはなかなか作れません。そこで、どんなアドレスもそうですが、TPOにあわせて使い分けます。これはわりと日常的なことで、たとえば郵便を出そうと思ったら「フルネーム＋住所」にしないと届かないけれど、友人同士呼びあうときはニックネームですんだりしますよね。コンピュータの通信も同じ感覚で「アドレス」を使い分けるのです。

データリンク層でよく使われるアドレスは、<u>MACアドレス</u>（物理アドレス）といいます。PCにおいて通信を司る

参照
・ハブ
→ p.333

スペル
・CSMA/CD（Carrier Sense Multiple Access with Collision Detection）

スペル
・MAC（Media Access Control）

NICに製造段階で（物理的に）書き込まれるため、こう呼ばれるのですね。

MACアドレスは48桁の二進数ですが、長くて読みにくいので十六進数に直して次のように書くのが一般的です。

00-1E-4D-98-70-14

このうち左半分をメーカ番号、右半分をそのメーカ内での識別番号にすることで、世界に1つだけの重複しないアドレスになっています。

イーサネット

データリンク層の規格であり、LANで使われる技術です。極めて普及していて、世界中の会社や家庭で使われているLANの大部分がイーサネットを用いているといっても過言ではありません。

特徴は、アクセス制御にCSMA/CDを使うこと、アドレスとしてMACアドレスを用いること、多くの派生規格があることなどがあげられます。

イーサネットは最初、10Mbpsの通信速度からスタートしましたが、順次技術革新がおこなわれ、100Mbps、1Gbps、10Gbps、100Gbpsと高速化が進められてきました。互いの規格は互換性がある（最大通信速度の異なる機器が混在しても、通信できる）ように設計されていますが、メタルケーブルを使う規格と光ファイバを使う規格があり、両者の相互接続には工夫が必要です。

また、ケーブルを通して給電をおこなうPoEも、省スペースや携行性が必要な機器を中心に取り入れられています。

ちなみに、個々のイーサネット規格は、100Base-TXなどのように表します。これだと「100Mbpsの回線速度を持つベースバンド通信で、接続にはツイストペアケーブルを使う」という意味になります。

用語

NIC
Network Interface Card の略で、コンピュータをネットワークにつなぐためのカードやボードのこと。いまのコンピュータはほとんどが本体に内蔵されている。

スペル

・PoE（Power over Ethernet）

---

1 企業活動

2 経営戦略

3 システム開発

4 コンピュータのしくみ

5 ネットワークとセキュリティ

6 データベースと表計算ソフト

327

5.2.2 ネットワーク層

ネットワーク層
〜いよいよインターネットの話だ！

　データリンク層までのルールによって、同じネットワーク内で通信することができるようになりました！　次は、ネットワークをまたいで（違うネットワークと）通信するためのルールが必要です。これができれば世界中と通信できるようになります。

　ネットワークはそこそこの大きさになってきたら、分割しないとまずいので、たくさんのネットワークがあるわけです。

　下図の左側の状況だと、「ちょっと隣のPCに通信を送ろう」としても、同じネットワークのみんなに通信が届いてしまいますが（その間ほかのPCは通信できない）、右側のようにネットワークを分割すれば、「だれかが通信していて待たされるPCの数」がぐんと減ります。

ネットワークが大きくなるとパンク　　　　　ネットワークを分割

ルータがネットワークをつなぐ

　ネットワークを分割する通信機器のことを**ルータ**といいます。ネットワークを作っていくうえで、最重要の機器の1つです。

　もちろん、ただ分割するだけでは違うネットワークに分類されたPCとは通信できなくなってしまいます。そのため、ルータはあて先のアドレスを見て、「同じネットワーク

あて」の通信については何もせず、「違うネットワークあて」
の通信の場合のみ、最適な経路を選んで中継をします。
　「違うネットワークあてのみ中継」すれば、必要な通信は
目的地に届けつつ、余計な通信を垂れ流して相手のネット
ワークを混雑させるなどの迷惑をかけずにすみます。

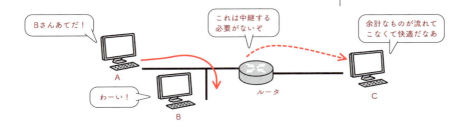

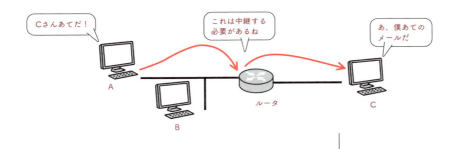

ルータはどのようにして、中継する・しないを判別してるんですか？

　IPアドレスを使っています。**IP**というのは、インター
ネットプロトコルの略で、インターネットの基本的なルー
ルを定めたものです。IPではさまざまなルールを決めてい
ますが、最重要なのがIPアドレスです。「インターネット
で使うアドレス」なんですね。

用語

デフォルトゲートウェイ
異なるネットワークと通信する場合、とりあえず中継をお願いする最寄りルータのこと。ネットワークに複数のルータがある場合、経路情報によって最適なルータを選ぶが、経路情報がない場合は自動的にデフォルトゲートウェイが選択される。

IPアドレスを理解しよう！

IPアドレスでは「そのコンピュータが属しているネットワーク」がひと目でわかるように工夫されています。

IPアドレスは32桁の二進数で作られていて、実際にはこんな感じです。

11000000　10101000　00000000　00000001

PCやルータはこれをもとに通信しますが、人が読むにはあまりにも適していないので、人間向けにIPアドレスを表記する場合には、8桁ごとのブロックに分けて十進数に直します。上記のIPアドレスを十進数に直すとこのようになります。

192. 168. 0. 1

ここから先が工夫なのですが、IPアドレスは前半を「ネットワークアドレス部」、後半を「ホストアドレス部」に分けています。ネットワークアドレス部が同じかどうかを見比べることで、同じネットワークに属しているか否かを判別できるようになっているのです。

ホストはいろいろな意味のある用語ですが、ここでは（IPの決まりでは）IPアドレスを持つコンピュータのことを指しています。

IPアドレスとクラス

コンピュータがたくさんあるネットワークでは、ホストアドレス部を長めにしてきちんとアドレスを割り当てられるように、コンピュータが少ないネットワークでは、ホストアドレス部を短めにして、ムダなIPアドレスが出ないようにしています。これは、電話番号の考え方と似ています。電話番号は、都市部では市外局番を短くして電話番号を多く取れるように、人の少ない地域では市外局番を長くして電話番号のムダがあまり出ないようにしていますよね。

ネットワークアドレス部とホストアドレス部の区切り方

ひと言

ホストアドレス数には「ネットワーク自身」「全員あて」という特殊なアドレス（予約アドレス）が含まれているので、実際にホストに割り当てられるIPアドレスは2つ少なくなる。

には、クラスというものが使われていました。

得点のツボ　クラス方式

ブロックの区切りを利用するのが
クラス方式

クラスA	ブロックの1つめと2つめの境で区切る。先頭は二進数で「0」、224個のホストアドレス
クラスB	ちょうど真ん中で区切る。先頭は二進数で「10」、216個のホストアドレス
クラスC	ブロックの3つめと4つめの境で区切る。先頭は二進数で「110」、28個のホストアドレス

コンピュータをたくさん使う企業ならクラスAを使えばいいし、あまり台数はいらなければクラスCを使えばいいことになります。

クラスレスサブネットマスク

「クラス方式」では、ネットワークアドレスとホストアドレスの区切り方に融通がきかず、使われないIPアドレスがたくさんできてしまいます。そこで、最近は<u>クラスレスサブネットマスク方式</u>というやり方が普及しています。

また新しいのが出てきました…。
どんな方式ですか？

<u>サブネットマスク</u>という情報を作ってIPアドレスと組みあわせます。IPアドレスとサブネットマスクを重ねたとき、サブネットマスクが1の部分がネットワークアドレス部、0の部分がホストアドレス部というわけです。
こうすれば、クラス方式よりもきめ細かくホストアドレスの数をコントロールできるので、ムダなアドレスを減らせます。このやり方をクラス方式に対して、<u>CIDR</u>ともいいます。

スペル

・CIDR（Classless Inter Domain Routing）

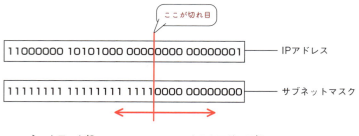

　ちなみに上のケースでは、ホストアドレス部が二進数で12桁ありますから、$2^{12}=4,096$台（予約分を引くので4,094台）のコンピュータにIPアドレスを割り当てることができます。

得点のツボ　サブネットマスク
・サブネットマスクを使うと、クラスA、B、C以外の割り方もできる
・クラス方式も、サブネットマスクで表すことができる

　なお、IPアドレスとサブネットマスクは必ずペアで使います。同じIPアドレスでも、サブネットマスクが異なると意味が違ってくるので注意が必要です。

意外と狙われる通信機器の種類

　ルータは自分のところに届いた通信について、あて先IPアドレスのネットワークアドレス部に注目します。これが

同じネットワーク宛であれば通信を中継する必要はありませんし、違うネットワーク宛なら中継してあげる必要が出てきます。

あて先が遠隔地だと、中継を何度もくり返してやっと目的地に到達します。インターネットがバケツリレー型のネットワークだといわれることがあるのは、このためです。

用語

マルチキャスト
パケットをコピーすることで、効率的に複数の送信先に同じデータを伝送する。単一の送信先への通信はユニキャスト。

L3スイッチ
ルータの機能を、TCP/IPのみ、LAN接続のみに絞り、処理をハードウェア化することによって高速化した機器。

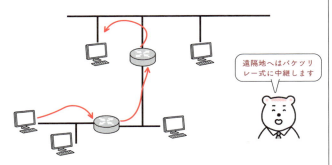

遠隔地へはバケツリレー式に中継します

ルータはこのように、IPアドレスによって通信を制御するので、「ネットワーク層の通信装置」と呼ばれることがあります。

ほかにも、通信制御をする機器があります。頻出ポイントなのでここでまとめて覚えておきましょう。

得点のツボ　おもな通信機器

リピータ	物理層。単純に電気信号の整形をする
ブリッジ	データリンク層。MACアドレスで通信制御
ルータ	ネットワーク層。IPアドレスで通信制御
ゲートウェイ	アプリケーション層。異なる方式のネットワークをつなぐ

ハブとスイッチングハブ

リピータやブリッジは延長コードのようなものです。電源でもそうですが、延長コードはタコ足配線にできるとさらに便利です。通信ケーブルをタコ足配線（マルチポート）にできる機器を<u>ハブ</u>と呼びます。ハブは属している階層によって、名前が異なります。

> ―― 得点のツボ　2種類のハブ ――
> - **ハブ**（**リピータハブ**）：物理層。リピータをマルチポート化したもの
> - **スイッチングハブ**　：データリンク層。ブリッジをマルチポート化したもの

　なお、リピータをあまり何回も中継するとCSMA/CDの衝突検知ができなくなるので、10BASE-Tで4台まで、100BASE-TXで2台までしかハブ同士を連結（カスケード接続）できない、という段数制限が存在します。間にルータやブリッジをはさめば、段数制限を回避することもできます。

IPアドレスの枯渇とIPv6

　IPアドレスを作ったときに、「32桁の二進数」と決めたため、IPアドレスは最大でも43億個弱しか作れません。世界中の人がインターネットにつなぎたいと思ったら、もう足りない数です。さらに、インターネットに接続できる情報家電の普及などで、ますますIPアドレスは足りなくなっています。アドレスの割り振りは通信の根幹ですから、この問題を何とかしないとインターネットが使えなくなってしまいます。

　抜本的な解決方法は、IPアドレスの数を増やすことです。現在のIPはバージョン4（**IPv4**）といって、最初から数えて4つめの改訂版なのですが（時代にあわせてルールがあれこれ変更されてきました）、さらにルールを改めようというわけです。これをIPのバージョン6（**IPv6**）と呼びます。

　新ルールですから暗号化の機能が標準化されるなど、いろいろ新しくなっているのですが、目玉はIPアドレスの桁数増加です。IPv4の32桁から**128桁**へと絶賛激増中です。128桁もIPアドレスがあると、作れるIPアドレスの総数は43億×1,000兆×1,000兆個ほどにもなって、しばらくは「枯渇」を気にしなくても大丈夫そうです。

ひと言

なお、IPv4とIPv6は異なるプロトコルで、相互通信はできない。そのため、共存させるには1つの通信機器に2つの処理系統を載せる、カプセル化する、プロキシを使うなどの工夫が必要。

---得点のツボ--- **IPv4アドレスとIPv6アドレスの違い**

	桁数（ビット数）	表記例
IPv4	<u>32</u>	192.168.0.1
IPv6	<u>128</u>	ABCD:EF01:2345:6789:ABCD:EF01:2345:6789

・IPv6アドレスは長いから十六進数を使うよ

> **ひと言**
> IPv6は0が連続していたら省略可（ただし1箇所だけ）。
> 省略例：ABCD:0:0:0:0:EF01 → ABCD::EF01

　ただ、インターネットの場合は、独立したネットワークが連携して動いていますので、「明日からIPv6に変更しよう！」とかけ声をかけてもみんなが従ってくれるとは限りません。

プライベートIPアドレス

　そこで出てきたのが、<u>プライベートIPアドレス</u>です。これは大胆にも「アドレスがダブってもいいや」と考えるやり方です。とはいえ、好き勝手なアドレスをつけると混乱するので、

　クラスA：10.0.0.0～10.255.255.255
　クラスB：172.16.0.0～172.31.255.255
　クラスC：192.168.0.0～192.168.255.255

の範囲でプライベートIPアドレスをつけることが決まっています。

---得点のツボ--- **プライベートアドレスの原則**

・プライベートIPアドレスでインターネットと<u>通信しない</u>
・プライベートIPアドレスといえども、同じネットワーク内では<u>重複しない</u>

　これを前提に重複を認めます。

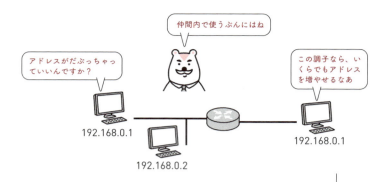

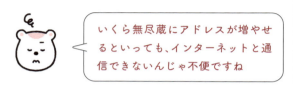

そこで <u>NAT</u>(ナット) という技術が生まれました。

ルータが通信を中継するときに、自分の送信元のアドレスを自分のグローバルIPアドレスに書き換えてしまうのです。こうすれば、問題なくインターネットと通信できます。

なお、プライベートIPアドレスに対して、インターネットに接続可能な普通のIPアドレスを <u>グローバルIPアドレス</u> と呼びます。アドレス重複が生じないよう、非営利組織のICANNが管理しています。

スペル

・NAT（Network Address Translation）

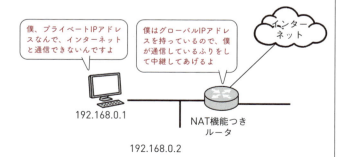

336

5.2.3 トランスポート層

トランスポート層
～ソフトの識別と信頼性のある通信

ネットワーク層までで、世界中へ通信を届けるルールが完成してしまいました！

このうえ、何が必要になるんですか？

じつはネットワーク層までのルールでは、通信がちゃんと届いたのかを保証しません。これをベストエフォートといいます。「最大限努力するけど、もし届かなかったら許してね」という方式です。インターネットのルールであるIPでも採用されています。だから、通信機器も通信料もあんなに安いんです。

また、IPはPC対PCの通信を実現しますが、ふつう通信するのはソフト対ソフトです。最近のPCでは複数のソフトが同時に動いていますから、「あのPC宛てね！」と頼まれても、「そのPCの中のどのソフトだよ！？」となってしまいます。

TCP

こうしたことを解決するのがトランスポート層というわけです。トランスポート層の代表的なプロトコルに、**TCP**があります。TCPは通信がちゃんと届いたか確認する機能を持っています。また、TCPは**ポート番号**と呼ばれる情報を持っていて、これでPCの中のどのソフトの通信なのかを特定することができます。

ポート番号は16桁の二進数で表されます。十進数に直すと、0～65535です。IPアドレスに比べるとだいぶ少ないですが、1台のPCで動かすソフトの数だけあればいいので短めなんですね。

なお、TCPとIPは別々のプロトコルですが、セットでよ

スペル

・TCP（Transmission Control Protocol）

337

く使われるので、TCP/IPとまとめて表記する場合があります。また、「TCP/IPのなかま」という意味で、インターネットでよく使われるUDPやHTTP、FTPなども含めて、TCP/IPと言うことも。さらに、TCP/IPプロトコルスイートなんて言い方もあります。

ポート番号は基本的にソフトが起動するたびにOSが自動で割り当てるのですが、0〜1023番までは、よく使うソフト用ということで定められていて、ウェルノウン・ポートと呼ばれています。

ひと言

TCPのウェルノウン・ポートのおもなものは以下のとおり。
　25：メール送信（SMTP）
　110：メール受信（POP3）
　80：Web通信（HTTP）

♛　重 要 用 語 ラ ン キ ン グ

① IPv4、IPv6 → p.334

② MACアドレス → p.326

③ サブネットマスク → p.331

④ ポート番号 → p.337

⑤ プライベートIPアドレス → p.335

用語を理解
できているか
おさらいしよう！

試 験 問 題 を 解 い て み よ う

✎ 問題1　平成30年度秋期　問97

サブネットマスクの用法に関する説明として、適切なものはどれか。

ア　IPアドレスのネットワークアドレス部とホストアドレス部の境界を示すのに用いる。

イ　LANで利用するプライベートIPアドレスとインターネット上で利用するグローバルIPアドレスとを相互に変換するのに用いる。

ウ　通信相手のIPアドレスからイーサネット上のMACアドレスを取得するのに用いる。

エ　ネットワーク内のコンピュータに対してIPアドレスなどのネットワーク情報を自動的に割り当てるのに用いる。

解説1

　サブネットマスクは、IPアドレスのネットワークアドレス部とホストアドレス部を区別するための情報です。それ以前に用いられていたクラス型の方法よりもきめ細かくアドレスを管理でき、ムダなIPアドレス（割り当てたものの使われない）を少なくすることができます。

答：ア

✎ 問題2　令和2年度　問75

PCに設定するIPv4のIPアドレスの表記の例として、適切なものはどれか。

ア　00.00.11.aa.bb.cc　　　イ　050-1234-5678
ウ　10.123.45.67　　　　　エ　http://www.example.co.jp/

解説2

ア　MACアドレスの表記方法です。

イ　電話番号の表記方法です。

ウ　正答です。IPv4アドレスの表記方法です。IPv6アドレスはもっと長く、十六進数を使うので区別して覚えましょう。

エ　URLの表記方法です。

答：ウ

✏️ 問題 3　平成 30 年度春期　問 72

IP ネットワークを構成する機器①～④のうち、受信したパケットの宛先 IP アドレスを見て送信先を決定するものだけを全て挙げたものはどれか。

① L2 スイッチ
② L3 スイッチ
③ リピータ
④ ルータ

ア　①、③　　イ　①、④　　ウ　②、③　　エ　②、④

解説 3

通信の機能は OSI 基本参照モデルでは、7 階層にわかれています。そして、階層ごとにその階層のプロトコルを処理できる通信装置があります。物理層に対応した通信装置はリピータ（ハブ）、データリンク層以下に対応した通信装置はブリッジ（スイッチングハブ、L2 スイッチ）、ネットワーク層以下に対応した通信装置はルータ、L3 スイッチです。

答：エ

✏️ 問題 4　令和 2 年度　問 67

TCP/IP におけるポート番号によって識別されるものはどれか。

ア　LAN に接続されたコンピュータや通信機器の LAN インタフェース
イ　インターネットなどの IP ネットワークに接続したコンピュータや通信機器
ウ　コンピュータ上で動作している通信アプリケーション
エ　無線 LAN のネットワーク

解説 4

ポート番号は PC 上で稼働しているアプリケーションを識別するために使われます。PC を識別するのは IP アドレスで、IP アドレスとポート番号の組み合わせで「通信相手の PC」と「その中のどのアプリか」を指定します。

一般的には、1 つのアプリは 1 つのポートを使って通信しますが、複数のポートを占有するアプリもあります。

答：ウ

340

5.3 身近な上位層とそのほか関連知識

学習日

出題頻度 ★★★★★

私たち自身にとっても非常に馴染みがあるアプリケーション層のプロトコルです。身近ゆえに盲点になりがちな知識でもありますから、慢心せずに確認してください。また、インターネット技術の応用と伝送速度の計算問題もおさえてネットワーク分野を仕上げましょう。

5.3.1 アプリケーション層（メール）

アプリケーション層 〜サービスに直接結びつく層

　さて、アプリケーション層です。322ページのOSI基本参照モデルには、上位層にセッション層とプレゼンテーション層がありましたが、ITパスポート試験ではあまり問われないので、すっ飛ばしましょう。
　5.2節の下位層から順番に、「とりあえず線をつないで」「隣のコンピュータと通信できるようにして」とやってきましたが、アプリケーション層では、「つながった通信を使って何をするか」を決めるプロトコルになってきます。

メールのルール

　身近なところでメールのプロトコルから見ていきましょう。
　メールのプロトコルは送信（**SMTP**（エスエムティーピー））と受信（**POP3**（ポップスリー））に分かれています。だれかに送ったメールは、その人（受信者）が属しているなわばりのメールサーバに蓄積されます。この方法なら、送信者は相手の状況を気にせずメールを送

> **スペル**
> ・SMTP (Simple Mail Transfer Protocol)
> ・POP (Post Office Protocol)

れますし、受信者も好きなときにメールを自分のメールボックスから取り出せます。

POPの場合、自分から取りにいかないとメールは読めません。「何もしなくても着信してるよ」というのは、メールソフトが自動的に取りにいってくれているからです。

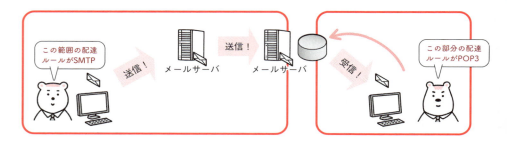

他人にメールを読まれるといやなので、POP3では「メールの読み出しにパスワードが必要」と定めています。一方、メールを送るときにはパスワードが必要でないため、迷惑メールの温床になってしまっています。そのため、SMTPのルールを変えようという動きもあります。

最近はモバイルの利用が進んだため、受信プロトコルとして **IMAP4**（アイマップフォー）が普及しました。POP3ではPCへのメールのダウンロードが基本だったのに対して、IMAP4ではサーバに保存したまま運用できます。そのためモバイルでも使いやすく、複数端末からの利用にも配慮されています。フォルダやフラグの管理が可能です。

MIME（マイム）

SMTPでは、本来ASCIIコードしか送れません。メールが広く使われるようになると、漢字やひらがなを含んだ別の文字コードや、画像などのファイルを送りたいという要望が強くなってきました。

スペル

・IMAP（Internet Message Access Protocol）

スペル

・MIME（Multipurpose Internet Mail Extensions）

SMTPそのものの変更には手間がかかるので、現在ではほかの情報を一定のルールに従ってASCIIコードに置き直して、メールで送れるようにしています。これが **MIME** です。

得点のツボ　MIME

・コンピュータによって扱いが違う文字（機種依存文字：半角のカタカナや①、Ⅱなど）を送ると文字化けしちゃうかも
・メールを暗号化する **S/MIME** もある

S/MIME

メールは牧歌的な時代に作られたので、セキュリティの機能が貧弱です。S/MIMEを使うと、認証（相手が本人かどうか）、暗号化（第三者に盗み読みされない）、改ざん検出（途中で内容が書き換えられたら、そうとわかる）、事後否認防止（メールを書いたのに、「自分は書いていない」と言い張ることの防止）の機能を追加できます。

得点のツボ　S/MIME

・暗号化には、公開鍵暗号方式を使う
・認証、改ざん検出、事後否認防止には、デジタル署名を使う

メールアドレス

メールアドレスは@を境目に、左側がユーザID、右側が所属しているメールサーバを表します。メールサーバはそれぞれなわばりを持っているので、どのメールサーバか識別する必要があるんですね。なわばりを表すのには **ドメイン名**（後述）を使います。

えっと、「@より左側がなわばりの中での自分の識別名」ってことですか？

スペル
・S/MIME (Secure/MIME)

参照
・公開鍵暗号方式
　→　p.408
・デジタル署名
　→　p.411

参照
・ドメイン名
　→　p.349

そうそう、それで「@より右側がなわばりの名前」です。

あて先の使い分け

多数の人に同時に送れるのもメールの特徴です。その場合、あて先を以下のように使い分けたりします。

得点のツボ　あて先の使い分け

- **To** ：メールの受信者
- **Cc** ：受信者以外にも、「コピー」としてメールを送る
- **Bcc**：「コピー」を送るが、だれとだれに送ったのか、受信者にはわからない

また、あるメールアドレスに送られてきたメールは、別のアドレスへ転送することができます。複数のアドレスを持っている場合に、集約する目的などで使われます。

メールの関連用語あれこれ

Webメール

ブラウザによってメールサービスを提供しているWebサイトにアクセスし、そこで読み書き送受信するタイプのメールです。この場合、メールの送信や受信は、SMTPやPOPではなく、<u>HTTP</u>を使うことになります。

多くのメールサービスは、シンクライアントやモバイル環境ならWebメール、PCなら一般的なメールソフト、と使い分けることができます。Webメールにしろ、一般的なメールにしろ、テキストタイプのメールも、HTMLタイプのメールも送受信することができます。

参照

・HTTP、HTML
→ p.346、347

> ── 得点のツボ　テキストメールとHTMLメール
>
> **テキストメール**：
> ・本文をプレーンテキストで送るよ！
> **HTMLメール**：
> ・本文をHTMLで送るので、Webページみ
> 　たいな表現ができるよ！
> ・スクリプトの埋め込みなど不正な攻撃を受
> 　けるリスクもある

メーリングリスト

　複数のユーザをグループとして登録しておき、グループ
あてのメールアドレスを定めます。そのメールアドレスに
メールを送ると、グループ全員にメールが届くしくみです。
個々のメンバのアドレスを記載しなくてすみます。

　グループ間で頻繁にやりとりするとき、とても便利です。

迷惑メール（スパムメール）

　現在、インターネット上のトラフィックの8〜9割が迷
惑メールだと言われ、迷惑メールのために通信回線を強化
しているようなものだと社会問題になっています。迷惑
メールを遮断する効果的な方法は3つです。

・迷惑メールを送信するボットにならない
・送信者認証をする
・フィルタリングをする

参照

・ボット
→　p.387

「10人に転送しないと不幸になる」といった記載がある迷
惑メールは**チェーンメール**といいます。対策は転送しない
ことです。

5.3.2 ｜ アプリケーション層（Web）

そもそもWeb（ウェブ）ってなんだ？

　いわゆるWebページですね。もともとは、マニュアルや
論文などの、「ほかの本を読ませるような文書」を効率的に

1 企業活動

2 経営戦略

3 システム開発

4 コンピュータのしくみ

5 ネットワークとセキュリティ

6 データベースと表計算ソフト

345

読むためのしくみでした。ほかの文書に一瞬で飛べる**ハイパーリンク**と呼ばれる技術を使うことで、Webページは関連情報が記載されたページにジャンプすることができます。

用語
ハイパーテキスト
ハイパーリンクを使っている文書。

Webのしくみはクライアントサーバによって構築されています。

そうそう、情報を提供するWebサーバに、Webクライアントソフト（ブラウザ）が「情報をください」と要求して送ってもらうわけです。

用語
ブログ
Weblogから出てきた名前。ツールや定型フォーマットにより、簡易に開設できるWebページを指す。
トラックバック
ブログで使われる技術で、ほかのブログ記事を引用したときに、その事実を引用元に通知するしくみ。

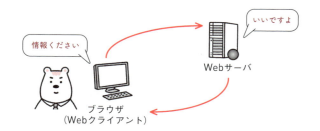

Webサイト制作など、いろいろ使えるマークアップ言語

Webページを記述するルールが**HTML**、HTMLを送受

スペル
・HTML (Hyper Text Markup Language)

信するためのルールが **HTTP** です。

　HTML は人間が読む部分と、ブラウザに対する指示の部分に分かれています。ブラウザに対する指示は＜＞でくくられていて、**タグ**と呼ばれます。たとえば、

　　＜赤く表示してね＞ここ重要ですよ＜／赤く表示してね＞

　こういう HTML 文書がブラウザに送られてくると、ブラウザはそのまま表示するのではなく、タグの中身の指示に従って「ここ重要ですよ」と赤く表示します。もちろん、本当に＜赤く表示してね＞と書くわけではなくて、専門の文法があります。

　このような「本文」と、文章の構造や文章に対する修飾などが書かれる「本文に対する説明（タグ）」で構成される言語を**マークアップ言語**といいます。

　HTML 文書は HTTP に従って、Web サーバからブラウザへ送られ、表示されます。ブラウザから Web サーバへ情報を送ることも可能ですが、クレジットカード情報など盗聴されては困る情報を送信する場合は、**SSL/TLS** という認証・暗号化プロトコルをプラスした **HTTPS** を用います。

　ブラウザ上部のアドレスバーで「鍵マーク」がついているのを見かけたことはありませんか？　HTTPS 通信をおこなっているときにあのマークがつくわけです。

CSS（スタイルシート）

　HTML は、そもそも電子マニュアルのようなものを作るための技術でした。HTML のタグはタイトル、見出しなど、文書の構造を示すものだったのです。

　しかし、いわゆる Web ページとしての普及が進むと、急速にページの見栄えに関するタグが増えていきました。綺麗な Web ページが作れるようになったものの、単に文字を大きくするために「見出し」のタグを使うなど、文書構造がめちゃくちゃなページも増えてしまいました。

　そこで、文書構造とデザインを分離し、文書構造タグは HTML に、デザインタグは CSS に書くようにしたのです。そうすれば、PC 用 Web ページとして作られた文書を CSS だけ変更してスマホ用 Web ページにしたり、複数の Web

---

スペル

・HTTP (Hyper Text Transfer Protocol)

ひと言

電子書籍の規格として EPUB というのがあるけど、なかみは HTML とほぼいっしょ。

スペル

・SSL (Secure Sockets Layer)
・TLS (Transport Layer Security)
・HTTPS (HTTP Secure)

ひと言

HTML の現行バージョンは HTML5。Web アプリの実行環境になるのが最大の特徴で、Flash や Silverlight を置き換えた。

---

1 企業活動

2 経営戦略

3 システム開発

4 コンピュータのしくみ

5 ネットワークとセキュリティ

6 データベースと表計算ソフト

347

ページの見た目を統一したり見出しだけ抜き出したりする作業が容易になります。

XML

タグの要素を自分で決めることができるマークアップ言語です。HTMLのタグは固定でWebページの制作に特化しているのと比較すると、柔軟な用途に使用できます。

異なるシステム間でデータの共有をするのに便利で、人間が読んでも意味がわかるのが特徴です。

XMLは、おおもとはSGMLというマークアップ言語です。これが使いにくいので簡素化したのがXMLで、Webに特化したのがHTMLです。したがって、XMLとHTMLは兄弟言語なのです。

Webサイトをもっと便利に活用できる2つの機能

Webサイトで調べものや買いものをするとき、より便利に使えるしくみがRSSとCookieです。この2つはよく出題されるため、おさえておきましょう。

RSS（Really Simple Syndication）

Webサイトの要約や更新情報を配信するしくみフィードの標準規格の1つ。RSSに対応しているWebサーバでは、Webサイトが更新されると、自動的にRSSで要約を作成して配信します。フィードリーダと呼ばれるソフト（多くのブラウザが標準搭載）にサイトを登録すると、フィードを自動収集して表示してくれます。

Cookie

HTTPは新しいWebページを読み込むと、前のページのことをすっかり忘れる作りになっています。そこで、通販サイトなどでページを行き来しても買い物情報を忘れないようにしたり、利用者を識別したりする目的で使われるのがCookieです。シングルサインオンに使われることもあります。具体的には、サーバが送信した情報をクライアント内にテキスト形式で保存したものです。

スペル

- XML（Extensible Markup Language）
- SGML（Standard Generalized Markup Language）

用語

フィード
Webサイトの要約や更新情報を配信するしくみ。フィードに対応しているWebページやブログに、フィードマークが表示される。配信する情報の形式は標準化されており、RSSやAtomなどがある。

Webビーコン
利用者のアクセス動向を把握するために、WebページやHTMLメールに画像を埋め込む手法。ページを開くと画像のダウンロードが発生するのを利用して、情報を収集する。

参照

- シングルサインオン
  → p.379

348

5.3.3 アプリケーション層（DNS）

IPアドレスをわかりやすくするしくみ

さて、インターネット上でのアドレスを示すのにIPアドレスが使われることは学びましたね。WebサーバにもIPアドレスが割り当てられていますが、IPアドレスは数字の羅列で、どうにも覚えにくいので、人間向けにIPアドレスよりもうちょっと覚えやすい**ドメイン名**というアドレスの表し方が作られました。

> ドメインってよく聞きますけど、どんな意味ですか？

ドメインとは「なわばり」のことです。たとえばドメイン名を使って「技術評論社のWebサーバのアドレス」を表わすと、こうなります。

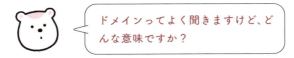

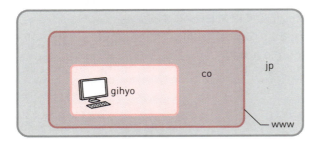

上図であれば、jp＝日本というなわばりのなかの、さら

に co ＝会社なわばりの中にある、gihyo なわばりがあります。その中の www という名前のついたコンピュータだ！と読んでいくわけです。

得点のツボ　ドメインの構造

・トップレベルドメイン：jp（日本）、uk（英国）、cn（中国）など、国を表すものが多い
・セカンドレベルドメイン：co（会社）、ac（大学）、go（政府）など、組織形態を表すものが多い

メールアドレスの＠以下や、HTML 文書がある場所を表す URL もこのドメイン名を使っていますよね。

http://www.gihyo.co.jp/pocopon/index.htm

使うプロトコルの　　目的のhtml文書があるコ　　そのコンピュータのどこに保
種類　　　　　　　　ンピュータのドメイン名　　存されているか示すパス名

DNS

ただ、IP のルールによれば、インターネットで使えるアドレスは IP アドレスだけですから、ドメイン名というのは（人間には使いやすくても）そのままではコンピュータには理解できません。

そこで、通信に先立ってドメイン名を IP アドレスに直して（**名前解決**といいます）くれるのが **DNS サーバ**です。DNS サーバは「www.gihyo.co.jp って IP アドレスにすると何番ですか？」と問い合わせると、「219.101.198.4 ですよ」と親切に IP アドレスに直してくれます。

スペル

・DNS（Domain Name System）

用語

プロキシ
代理サーバのこと。Webサーバへの通信を中継し、蓄積（キャッシュ）もする。キャッシュしている情報内に見たいページがあればそれを PC に返すことで、速度の向上が期待できる。通信検査をすることで、セキュリティを強化することも可能。

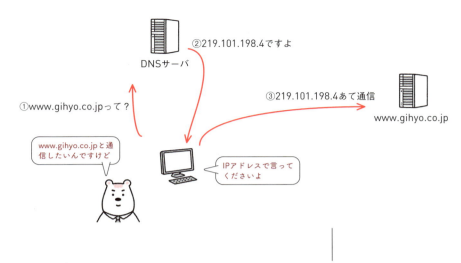

5.3.4 アプリケーション層（そのほか）

IPアドレスを自動配布してくれるしくみ

　IPアドレスの設定は初心者には難しく、また管理者にとっても、大量のコンピュータに設定を施すのは負担の大きい仕事です。これを解決するため考えられたのが **DHCP** でIPアドレスやネットワークの接続情報を自動的に配布するしくみです。DHCPサーバがIPアドレスを管理してDHCPクライアント（ふつうのパソコンなど）からの要求に応じて配布します。

　電源を落としたり、長く応答のないコンピュータからはIPアドレスを回収することもでき、効率的なアドレスの運用ができます。

スペル
- DHCP (Dynamic Host Configuration Protocol)

そのほか覚えておきたいプロトコル

NTP

　時刻あわせ（**時刻同期**）のために使うプロトコルです。情報システムにおいて、時計があっていることはとても重要です。たとえば、ログを確認するときにも、機器Aと機器Bの時計が違っていたら、ログを比較して検査することができません。一方でPCなどに内蔵されている時計の精度

スペル
- NTP (Network Time Protocol)

は低いため、NTPを使って時刻同期をします。

　NTPはクライアント・サーバ・システムで、原子時計やGPSなどの高コストな時計を持った機器がサーバとなり、クライアントに正確な時刻を配信します。

FTP

　ファイル転送プロトコルのことで、ネットワーク上でファイルの送受信をする目的で使われます。あまり聞いたことがない方でも、ブラウザでふつうに使っています。Webページを見るとき、アドレス欄にhttp:〜と表示されますが、ファイルのダウンロードをする際にはこれがftp:〜となることが確認できます。用途に応じてプロトコルが切り替わるわけです。ダウンロードだけでなく、サーバへのアップロードやファイル管理をすることも可能です。

> **スペル**
>
> ・FTP (File Transfer Protocol)

得点のツボ　FTPのポイント

・データ伝送と管理用の2つの
　コネクションが作られる
・認証が形式的に存在する

　「形式的に〜」というのは、規約としてはユーザIDとパスワードを入力する決まりがあるのですが、不特定多数にファイルを配布するサイトではそんなことを言っていられないからです。その場合、ユーザIDをanonymous（匿名）、パスワードをメールアドレスとするのが慣習です。

> **ひと言**
>
> 匿名でのアクセスを許しているFTPサーバをanonymousFTPサーバという。

5.3.5 ネットワーク分野の総仕上げ

インターネット技術で社内ネットワークを構築する

　ここからは、ネットワーク分野の総仕上げとして、インターネット技術を応用したしくみやサービスを解説します。

　インターネットで標準的に使われている技術を使って、会社や組織などの内部ネットワークを構築することを**イントラネット**と呼びます。インターネットは本来、ネットワー

352

ク間接続の技術ですが、非常に普及しているため、対応製品を安価に購入できます。これをもちいて、内部ネットワークを作ってしまおうというわけです。

内部ネットワーク向けの技術とインターネット接続の技術を使い分ける必要がなく、メールのクライアントソフトなども統一することができるため、運用にかかる費用や手間も軽減できます。

また、関連会社や異なる会社間で、イントラネット同士を互いにつないだ形態を**エクストラネット**と呼びます。

テレワークでも使える安全な「仮想専用線」

インターネットはたいへん便利な一方、送受信したデータを、悪意を持つ人に盗み見られたり改ざんされたりする危険性にも満ちています。そこで「もっと安全に通信しよう！」というとき、もっとも頼りになるのは専用線を利用することです。しかし、専用線は通信をおこなう二者が回線を占有する形態なので、高コスト。

そこで、みんなで使う共用回線を認証と暗号化のしくみ（IPsecやTLS、PPTPなど）を使って、仮想的に専用線にしてしまおうという、虫のいい技術が**VPN**です。インターネットVPNとIP-VPNの2つに分類することが多いです。

インターネットVPN

名前のとおり、共用回線に「インターネット」を使います。インターネットは油断のならないネットワークですが、VPNにすることで安全な通信路を確保するわけです。

IP-VPN

通信事業者が自社で管理している「IPネットワーク（閉域IP網）」上にVPNを構築するものです。共用回線であることは変わりませんが、だれでも使えるインターネットに対して、利用者が限定されます。そのため、インターネットVPNと比べると高品質＋高コストです。

また、閉域IP網は通信事業者の管理下にあるので、遅延や伝送速度などの品質も保証されます。

スペル

・VPN（Virtual Private Network）

---

1 企業活動

2 経営戦略

3 システム開発

4 コンピュータのしくみ

5 ネットワークとセキュリティ

6 データベースと表計算ソフト

得点のツボ　VPN

認証と暗号化を使って、共用回線を
仮想専用線にするよ！
　　・インターネットVPN：共有回線として、**インターネット**を使う
　　・IP-VPN：共用回線として**閉域IP網**を使う
インターネットVPN＜**IP-VPN**＜**専用線**の順
にセキュリティとコストが高い！

もっと安く音声通信をするには？

　316ページでは、公衆電話回線による「回線交換」について解説しました。公衆電話回線で通話すると、送信者と受信者の間で回線を占有する、ということでしたね。したがって、高品質ですが高コストです。

　一方、インターネットや閉域IP網では定額料金制などが普及していますし、かつ通信品質も向上しています。そこで、これらのIPネットワーク上で音声データをやりとりして電話機能を作ってしまおう！　というのが**IP電話**です。

　通話には、専用機器であるIP電話機を使うこともできますし、パソコンやスマホ上のアプリからIP電話を利用することもできます。内線電話やインターネット電話で使われているしくみで、メッセージングアプリの電話機能などでも、おなじみではないでしょうか。

　企業の視点で見ればインターネットと電話網を統一できるため、コスト減や運用の簡略化が期待できます。一方で、IPネットワークは電話網に比べると、信頼性や遅延、通話品質の点でやはり劣ります。そのため、まだ完全に電話網を置き換えるには至っていません。

　なお、IP電話で使う、音声データを分割してIPパケットに格納・伝送する技術を**VoIP**といいます。あわせて覚えておきましょう。

スペル

・VoIP (Voice over IP)

伝送速度計算

　ネットワークを利用する場合、「このデータを送るには、

どのくらい時間がかかるのか」は大切な項目です。仕事でネットワークを使うのであれば、業務全体のスケジュールや予算にも影響してきます。

このとき「送りたいなあ」と思っているデータの量を、伝送速度で割ってあげれば、所要時間が計算できます。

―― 得点のツボ　時間の計算 ――
かかる時間＝**データ量÷伝送速度**

伝送速度は **bps** という単位を使って表します。「1秒間に××ビット送れますよ」の意味で、10Mbpsなら1秒間に10Mビットのデータを送れる回線です。

それだけならかんたんなのですが、ひっかけのポイントが2つあります。

―― 得点のツボ　伝送速度で注意すること ――
①データ量と伝送速度の単位が違う
　→　速度計算では、「単位合わせ」をお忘れなく！
②伝送速度は名目と実質の2つがある
　→　効率を考える必要がある！

スペル
・bps (bits per second)

たとえば、この会話はまちがいです。

つい、「10Mのデータ」とか、「10Mの回線」とか、さらっと言ってしまいますが、情報量の単位としてはバイトが、通信速度の単位としてはビットが使われるのが一般的です。

したがってこの場合は、

（10Mバイト＝80Mビット）÷10Mbps＝8秒

が正解です。

　伝送速度の名目と実質というのは何でしょうか？
　じつはルータやNICに書いてある最大伝送速度がそのまま発揮されることはありません。名目上の最大伝送速度に対して、本当は何％くらいの速度が出てるのかを表す指標が**伝送効率**です。

得点のツボ　伝送効率
実際の伝送速度＝
最大伝送速度×**伝送効率**

　上図の場合、回線が最大伝送速度を発揮すれば、データを8秒で送れるはずでした。でも、このオンボロ回線の伝送効率は10％ですから、80Mビット÷（10Mbps×10％＝1Mbps）＝80秒　となって、80秒かかることがわかります。詐欺みたいな回線ですね！

8秒と80秒じゃあ、全然ちがうじゃないですか！　伝送効率って、そんなに悪いものなんですか？

あまりよくはないですね。特に無線LANは伝送効率が低くて、実効伝送速度が名目値の10%などというケースも多いです。

♛ 重要用語ランキング

① SMTP → p.341

② RSS、Cookie → p.348

③ DNS → p.350

④ HTTPS → p.347

⑤ VPN → p.353

用語を理解できているかおさらいしよう！

試験問題を解いてみよう

問題1　平成31年度春期　問82

PC1のメールクライアントからPC2のメールクライアントの利用者宛ての電子メールを送信するとき、①〜③で使われているプロトコルの組合せとして、適切なものはどれか。

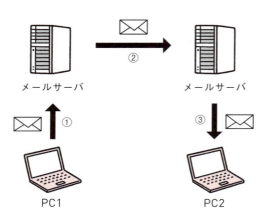

	①	②	③
ア	POP3	POP3	SMTP
イ	POP3	SMTP	SMTP
ウ	SMTP	POP3	POP3
エ	SMTP	SMTP	POP3

解説1

　メールの送信はSMTPによっておこなわれます。クライアント　→　サーバでも、サーバ　→　サーバでも、そのことに変わりはありません。受信者が所属するドメインのサーバから受信者がダウンロードするときのみPOP3などの受信プロトコルが使われます。

答：エ

✎ 問題2　令和2年度　問78

通信プロトコルとしてTCP/IPを用いるVPNには、インターネットを使用するインターネットVPNや通信事業者の独自ネットワークを使用するIP-VPNなどがある。インターネットVPNではできないが、IP-VPNではできることはどれか。

ア	IP電話を用いた音声通話	イ	帯域幅などの通信品質の保証
ウ	盗聴、改ざんの防止	エ	動画の配信

解説2

IP-VPNにおける伝送路は、通信事業者の管理下にある閉域IP網です。したがって、通信事業者が通信品質を管理・保証することは可能です。一方、だれのネットワークを通過するかわからないインターネットでは帯域制御などができず、通信品質を保証できません。

答：イ

✎ 問題3　平成31年度春期　問77

次の条件で、インターネットに接続されたサーバから5MバイトのファイルをPCにダウンロードするときに掛かる時間は何秒か。

〔条件〕

通信速度	100Mビット／秒
実効通信速度	通信速度の20％

ア	0.05	イ	0.25	ウ	0.5	エ	2

解説3

この問題のポイントは、単位を合致させることです。記憶装置はバイトで、通信機器はビットで表現されていることに注意しましょう。5Mバイト＝40Mビットです。これを100Mビット／秒で伝送しますが、実効通信速度はこの20％なので20Mビット／秒で割り算します。

40Mビット÷20Mビット／秒＝2

よって、2秒で伝送できることがわかります。

答：エ

5.4 セキュリティの基本

学習日

出題頻度 ★★★★★

　セキュリティで大事なのは、「何から何をどのようにして守るのか」をきちんと認識することです。手当たり次第に技術の勉強をしても、大枠がわかっていないと思わぬ誤答をしてしまいます。これは実務についても言えることです。

5.4.1 リスクは3つの要素で成り立つ

経営資源とはなんでしょう

　何かを守ろうというときは、まず「何か」をきちんと決めておかなければなりません。そうでなければ、守りようがないか、まちがったモノを守ってしまいます。

　会社で業務上守るべきものは、多岐にわたります。社員、お金、書類、パソコン、電子情報など、仕事に使うあれこれですね。これを**経営資源**といいます。企業イメージやブランド、信用なども、目に見えないけど密かに経営資源です。

　したがって、「セキュリティとは、経営資源を守って、安全に仕事が進められるようにする活動だ」ということもあります。

「情報資産」という言葉も見たことがあります！

　そうなんですよ。結構出てきますよね。場合によっては経営資源とほぼイコールの意味で使われることもあるし、

情報に限定した意味で使われることもあります。ITパスポートの水準では、ほぼ同じものと捉えておいて大丈夫ですよ。

脅威

　脅威とは、守るべきものに危険をもたらす可能性のあるものです。紙にとっては、火は脅威です。猫にとってはマタタビが脅威かもしれません。なめくじだったら、塩ですね。紙や猫やなめくじが安全な状態であるためには、脅威を遠ざけておくことが大事です。

　脅威の扱いの難しいところは、それが一律でないところです。紙はたぶんマタタビは恐くないと思いますし、猫に塩をかけてもあまりこたえないと思います。

　情報資産を守っていくためには、脅威を正確に把握して、対策したり排除したりする必要があるのですが、1つひとつの情報資産ごとに脅威は異なります。

脅威を「正確に把握」するって、そうとうめんどうなのでは…

　そうなんです！　しかも、「情報を物理的に盗んでいくには、結構大きな媒体が必要だから、大荷物の怪しい人物が脅威だな」と考えていたら、技術進歩で口の中にだって隠せるくらいの大容量携帯型メモリが登場するなど、時間や状況とともに脅威が変化していくことも見逃せません。セキュリティ対策って、たいへんなんですよ。

脆弱性（ぜいじゃくせい）

　弱点のことです。「火の気があるところに紙が置いてあるぞ」とか、「連続殺人犯がうようよしている街で、深夜のひとり歩きをしている」とか、脆弱性のバリエーションはたくさんあります。

　情報処理試験に出てくる脆弱性は、「〜がないなあ」と表

用語

JVN
Japan Vulnerability Notesの略で、脆弱性情報のデータベース。JPCERT/CCとIPAが管理している。

現されることが多いのが特徴です。たとえば…

・火の気があるのに、消火器がない！
・重要なデータがあるのに、バックアップがない！
・雷の季節なのに、対策してない！
・OSにセキュリティホールがあるのに、パッチを当てていない！

こんな感じです。ポイントとしては、脆弱性はなくすことが可能な点が挙げられます。この点をふまえつつ、リスクの話に進みましょう。

リスク

情報処理試験でいうリスクは、「損したり、怒られたりする可能性」と考えておいて、ほぼまちがいありません。そして、リスクを構成する要素は次の3つです。

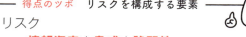

得点のツボ　リスクを構成する要素
リスク ＝ 情報資産＋脅威＋脆弱性

リスクには、潜在しているもの（可能性の段階）と顕在しているもの（危険が具体的になっちゃった）があって、いままで勉強してきた3つの項目が揃うと、リスクが顕在化するといわれています。お金があって、どろぼうがいて、家の鍵がかかっていなければ、非常に危険ですよね。

情報セキュリティ対策をする場合は、3つの要素のうち、1つをなくしてやろうと考えていきます。3つ全部なくしてやろうとしても、無理だったり、別のリスクを生んだりするので、まあ1つ取っ払えばいいでしょうというわけです。

　なくすのはどれでもいいですが、一般的には脆弱性をなくす方向で考えます。

　ちなみに、保護対象の情報資産について、脅威と脆弱性、リスクが顕在化する確率や顕在化した場合の影響などを、事前に評価しておくことを**リスクアセスメント**といいます。

5.4.2 | リスク管理

どうにかなる要素とどうにもできない要素

　情報資産、脅威、脆弱性のうち、なぜ脆弱性をなくすのがセキュリティ対策のベースなのでしょうか?

　それはもちろん、ほかの2つはなくすのが難しいからです。たとえば「お金があると盗まれるリスクがある　→　お金捨てちゃえ!」というのは、あまりにももったいないですし、お金捨てちゃうと会社の経営はできません。

　脅威をなくすのも難しいです。「悪い人がいるから安心できないんだ。世の中の人全員が悪いことをしなければいいんだ!」と叫んでみても、道徳の教科書の中でしか実現できないでしょう。少なくとも、自分1人の努力でどうにかなる問題ではなさそうです。

　そこへいくと、脆弱性は自分の弱点ですから、努力次第でなんとかなりそうです。だから、セキュリティ対策=リスクを減らすことは、脆弱性の排除を主眼にするわけです。

「脆弱性ゼロ」に時間を割くのは正しい?

　それでは、脆弱性を完璧になくせばいいかというとそうでもありません。あくまでセキュリティ対策は「本来の仕事を安全におこなうための、環境を整える仕事」であって、「本来の仕事」ではありません。セキュリティ対策を一生懸命やっても、それでお金が儲かるわけではないのです。

　そこで、かかるお金や時間とのバランスを考えて、「この

辺までなら、リスクが残ってもしょうがないな」というラインを決めます。これが<u>受容水準</u>です。

得点のツボ　セキュリティ対策とは

・今あるリスクを、受容水準まで減らすのが、セキュリティ対策
・リスクを0にするのが目的ではない

リスク対応の4手法

リスクの対応方法は大きく分けて4つあります。

リスク低減（リスク軽減）

いわゆるセキュリティ対策がこれにあたります。バックアップの取得、データの暗号化、ウイルス対策ソフトの導入などで、リスクを小さくする方法です。

リスク移転（リスク転嫁）

リスクを他社に負ってもらう方法です。代表的なリスク移転は保険です。万一の時に金銭で補填してもらうわけです。システム運用の外部化なども一種のリスク移転と言えるでしょう。ただし、タダでリスクを引き受けてくれる人はいないので、費用が発生します。

リスク保有（リスク受容）

リスクをそのまま持ち続ける方法です。たとえば、リスクの発生頻度や被害額が十分に小さいため、下手に対策するよりも放置しておいて、何かあったときに交換したりお詫びしたりするほうが効率的である、と判断してリスクを保有することがあります。また、効果的な対策がないので、リスクを保有せざるを得ないケースもあります。いずれにしても、リスクに気づき、経営層の判断のうえで保有していることに注意してください。単にリスクに気づいていない状態をリスク保有とは呼びません。

ひと言

PMBOKでは6版以降、リスク対応の方法として軽減、転嫁、受容、回避、エスカレーションの5つが記載されている。

リスク回避

リスクを引き起こす要因を排除してしまう方法です。インターネットが怖いから、インターネット接続をやめるなどの例が該当します。効果は高いですが、副作用も大きいので、いつでも適用できるわけではありません。

リスクへの対応方法はそれぞれに得意分野があり、図のように状況に応じて使い分けます。

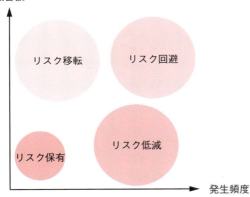

セキュリティマネジメントシステムの構築

ここまでの仕事の流れを整理すると、

- リスクを見つけて　　　　　　（リスクの特定）
- リスクの内容と大きさを考え　（リスクの分析）　　リスクアセスメント
- そのリスクは受容可能か決め　（リスクの評価）
- 大きなリスクから順番に対応　（リスク対応）

という順番になります。

この仕事は体系的におこなうことが大事です。でないと漏れが発生してまずいことになります。セキュリティ対策は、途中までどんなに頑張っても、完成しなければすべて台無しだと思ってください。

用語

純粋リスク
「そりゃ、ほんとに危険でしょ」というリスク。

投機リスク
「虎穴に入らずんば虎子を得ず」的なリスク。

リスク対応計画
目標達成を防げそうな要因を洗い出して、どう対処するかあらかじめ決めておくこと。

> えっ、満点以外は認めないってことですか!? 80％対策できていれば、80点くださいよ！

　それなら、もっと身近な例で考えてみましょう。家に5つ窓があったとして、5つのうち4つはきちんと鍵をかけても、残念ながらどろぼうは残った1つを確実に狙いますよね。セキュリティに「部分点」はつけにくいのです。

　このように、個人の価値観や勘、経験で対策すると思わぬ落とし穴にはまるので、システマティックに対応して漏れをなくすよう努力します。セキュリティの分野でも、例の「マネジメントシステム」を作るわけです。

JIS Q 27001

　マネジメントシステムは、PDCAサイクルを自動的に回すしかけでした。やみくもに作るのではなくて、こんなふうに作るといいよというガイドラインがありましたよね。リスクを見つけて、評価し、対策し、漏れがあれば次のリスク発見に反映させて…と続くセキュリティの仕事は、マネジメントシステムととても相性がいいといえます。

得点のツボ　セキュリティマネジメントのガイドライン

・**JIS Q 27001**：セキュリティマネジメントシステムがうまく機能していますよ、というお墨つきをもらうための認証基準
・**JIS Q 27002**：いいセキュリティマネジメントシステムを作るためのガイドライン

　セキュリティは組織全体の活動であるため、トップマネジメントが確立していないと機能しません。安全にすると利便性が損なわれるので、トップの鶴のひと声がないと、なかなか従わないという現実的な理由もあります。

JIS Q 27000には、セキュリティマネジメントは「機密性・完全性・可用性」の3つを管理しないとまずいぞ、さらに「真正性・責任追跡性・否認防止・信頼性」の4つを追加することもあるぞ、と書いてあります。この7要素はよく出題されるので覚えておきましょう。

得点のツボ　セキュリティマネジメントの7要素

機密性 (Confidentiality)	許可されたユーザだけが使えて、未許可の第三者は使えない、見られない、という概念
完全性 (Integrity)	情報が正確で、書き換えられたり破損したりしていない、という概念
可用性 (Availability)	ユーザが必要なときにいつでも使える、という概念
真正性 (Authenticity)	エンティティが、ちゃんと説明通りのものであること
責任追跡性 (Accountability)	エンティティの一連の動作を追跡できること
否認防止 (Non-repudiation)	いったんやらかしたことを後から否定できないこと
信頼性 (Reliability)	やろうとしたことと結果が一致すること

人間は信用ならないエンティティの1つ。だから、生体認証などで真正性を確認する

ひと言

機密性・完全性・可用性の3要素は3つの頭文字を取って、CIAとも呼ばれる。

用語

エンティティ
現実世界の人や役割を抽象化したものや、ひとかたまりのデータをこう呼ぶ。問題文の中などにさらっと出てくる。かなり便利に使われる言葉なので要注意。文脈によって意味が異なる。ここではサーバやユーザ、アプリを指している。

「可用性」もセキュリティに含まれるのは不思議な感じがします

　「いつでも使える」というのは、一般的なセキュリティのイメージと違うかもしれませんが、セキュリティとは「安全に仕事をするためのしかけ」のことです。「この機械、よく壊れてデータがぱぁになるんだよね」という状況では安心して仕事をすることはできませんよね。

ほかにも不思議なところがあると思うんです。たとえば、機密性と可用性。

　機密性は大事なものを金庫にガチガチにしまい込むイメージで、要は「気軽には使わせないぞ」という態度です。一方、可用性は使いたいときにいつでも使える特性で、近所のコンビニのように気軽な印象です。

　このように「安全のために必要なこと」の中にも相反する要素が含まれているので、どこでバランスを取るかが、頭の悩ませどころです。

情報セキュリティ管理基準

　ISO/IEC27001（JISQ　27001のもと）を参照して経済産業省が作った基準です。これをもとに情報セキュリティマネジメントシステムを構築します。監査するときは、このとおりに業務が運用されているかを確認します。

情報セキュリティ監査基準

　情報セキュリティ監査をするうえで、監査人は何をすればいいかが書かれているガイドラインです。

情報セキュリティ方針

　「うちのセキュリティマネジメントシステムって、こうなってるんだよな」ということは、作った人の頭の中では整理されているでしょうが、それだけでは使い物になりません。

　そこで、うちのセキュリティマネジメントシステムはこんなんなってますよ、と明文化したのが情報セキュリティ方針です。「うちの」の部分が重要で、セキュリティの事情は各社各組織で異なるため、その実情に沿った方針にしないといけません。ISMSではセキュリティ方針とも呼びます。

　マネジメントシステムはビジョンから細かい決めごとまで含んでいますが、ごっちゃにするとわかりにくいので、通常は3階層に分けられています。

---- 得点のツボ ---- 情報セキュリティ方針 ----

基本方針………えらい人がビジョンを示す。短い。あまり変えない
対策基準………基本方針に基き、具体的な対策などを決めていく
実施手順………細かいマニュアル。量も多い。見直しの頻度も高い

憲法でビジョンを示し、具体的な約束事は法律で決める…といったやり方に似ていますね。方針や対策を決めても、状況に合わなくなることがありますから、必ず見直しをしてアップデートします。ピラミッドの下のほうにいくほど、書き直すことが多くなります。

CSIRT

CSIRTは、情報セキュリティにまつわる何らかの事故（インシデント）が発生し、利用者からの報告が上がったときに、それに対応するチームです。初動対応はもちろんのこと、情報を収集して原因分析までおこないます。

CSIRTに窓口が統一されることで、利用者がすばやくインシデント報告をすることができます。

セキュリティ教育

セキュリティは生ものです。貴重な情報はどんどん増えて、社会は情報技術への依存を深め、それに呼応してクラッカはばりばりと不正をする技術を磨きます。

情報を守りつづけるのって、たいへんなんですね…

そうですね。守る側と攻める側のいたちごっこは永遠に続くと思われ、完璧な対策は存在しませんが、その中で最も確実な投資が**セキュリティ教育**です。組織の人員にセキュリティ教育を施し、知識や技術を身につけることで、イ

スペル

・CSIRT（Computer Security Incident Response Team）

用語

J-CRAT
IPAが発足させたサイバーレスキュー隊。サイバー攻撃の被害低減と連鎖遮断を支援する。

参照

・クラッカ
→ p.377

ンシデントに正しく対応できる可能性が高まります。

得点のツボ　セキュリティ教育のポイント

・セキュリティ技術はうつろう
・人員はいつも入れ替わる
　→　セキュリティ教育は1回やって終わり
　　　ではない
　→　新人教育には必ず組みこんでおく
・クラッカは情報技術に疎い人を狙う
　→　情報部門でない人も受ける意味がある

　セキュリティそのものが本来の業務に直接関係しない、「コスト」だと考えられていますし、研修に行かせるのも「コスト」です。部下を研修に参加させたくない上司も大勢存在します。したがって、経営陣の強力なリーダーシップのもとにセキュリティ教育は実施しなければなりません。
　インシデントや情報セキュリティ方針違反が発生したタイミングでの再教育もとても重要です。

♛　**重要用語ランキング**

①セキュリティの7要素 →　p.367

②リスクアセスメント →　p.365

③リスク対応の4手法 →　p.364

④情報セキュリティ方針 →　p.368

⑤脆弱性 →　p.361

用語を理解
できているか
おさらいしよう！

試 験 問 題 を 解 い て み よ う

✏ 問題1　令和3年度　問67

ISMSにおける情報セキュリティに関する次の記述中のa、bに入れる字句の適切な組合せはどれか。

情報セキュリティとは、情報の機密性、完全性及び　　a　　を維持することである。さらに、真正性、責任追跡性、否認防止、　　b　　などの特性を維持することを含める場合もある。

	a	b
ア	可用性	信頼性
イ	可用性	保守性
ウ	保全性	信頼性
エ	保全性	保守性

解説1

「情報セキュリティとは何か？」の回答は、JIS Q 27000的には「情報の機密性、完全性、可用性を維持すること」です。さらに、真正性、責任追跡性、否認防止、信頼性の4つを含めることもあります。

答：ア

✏ 問題2　令和3年度　問91

次の作業a～dのうち、リスクマネジメントにおける、リスクアセスメントに含まれるものだけを全て挙げたものはどれか。

a　脅威や脆弱性などを使って、リスクレベルを決定する。
b　リスクとなる要因を特定する。
c　リスクに対してどのように対応するかを決定する。
d　リスクについて対応する優先順位を決定する。

ア　a、b　　　イ　a、b、d　　　ウ　a、c、d　　　エ　c、d

解説2

a＝リスクの分析、b＝リスクの特定、c＝リスク対応、d＝リスクの評価です。

371

また、リスクの特定～リスク対応までの順番は、①リスクの特定→②リスクの分析→③リスクの評価→④リスク対応です。このうち①～③をひっくるめた概念がリスクアセスメント。リスク対応だけ仲間はずれになるので、しっかり覚えておきましょう。

答：イ

🖊 問題3　平成31年度春期　問85

情報セキュリティポリシを、基本方針、対策基準及び実施手順の三つの文書で構成したとき、これらに関する説明のうち、適切なものはどれか。

ア　基本方針は、経営者が作成した対策基準や実施手順に従って、従業員が策定したものである。

イ　基本方針は、情報セキュリティ事故が発生した場合に、経営者が取るべき行動を記述したマニュアルのようなものである。

ウ　実施手順は、対策基準として決められたことを担当者が実施できるように、具体的な進め方などを記述したものである。

エ　対策基準は、基本方針や実施手順に何を記述すべきかを定めて、関係者に周知しておくものである。

解説3

ア　基本方針は全体構想やビジョンを示す文書です。経営者が責任を持って記述します。

イ　実施手順＝マニュアルです。主に担当者が利用します。

ウ　正答です。

エ　策定の順番は、基本方針→対策基準→実施手順です。

答：ウ

372

5.5 具体的なセキュリティ対策（その1）

学習日

出題頻度 ★★★★☆

ソーシャルエンジニアリングや、モバイルPCの置き忘れ、パスワードの使い回しなど、高度な技術によらない攻撃方法や、うっかり対策を見ていきます。情報セキュリティというとどうしても不正アクセスなどを想像しますが、こちらの対策も重要です。

5.5.1 人的リスクの対策

漏えい、紛失

ここからは、リスク別にどんなセキュリティ対策があるのか、得点源になりそうな項目を中心に見ていきましょう。まずは人が原因で生じるリスクです。

まずは「漏えいや紛失」が考えられます。まちがえて情報を漏らしてしまったり、情報の入った記憶媒体やコンピュータをなくしてしまったりするリスクのことです。

これらのリスクが生じてしまうシチュエーションは無数にあり、

- 設定をまちがえてユーザの個人情報をWebで公開してしまった
- 機密情報満載のノートパソコンを電車の中に忘れてきた

…などなど、情報の価値が増大している現代においては、大きなリスクです。

> **用語**
>
> **シャドーIT**
> 組織が管理していない機器やソフトウェア、サービスで仕事をすること。たとえ仕事が効率化されても、組織にとってはセキュリティ上の爆弾になる。組織の頭がカタいと、がんがんシャドーITが進む。

対策

　まずは、情報を取り扱う手順を定めます。重要情報やノートパソコンは会社からの持ち出しを禁止したり、必要があって持ち出す場合も、上司の許可を得てからおこなったりします。

　また、仕事に必要なモノ以上の情報にアクセスできないよう、**アクセス権**をきちんと設定しておくことも大きな効果があります。このように、自分が扱える情報の量が少なければ、まちがって情報漏えいしてしまった場合も被害を小さくできます。

　部署が変わったり、退職したりしたときにアクセス権の変更を忘れないことも大事です。システム管理者はアクセス権を設定するときは張り切るけど、異動や退職でアクセス権を変更・削除するときはうっかりする、というのが定番の出題パターンです。

　廃棄、譲渡時にきちんとデータを消去することも重要。ゴミ箱に捨てたり、フォーマットしたりしても専用機器を使うとデータは復元できます。そこで、記憶装置を物理的に破壊したり、ランダムなデータで情報を上書きする消去ツールなどを使ったりします。

アクセス権の具体的な設定

　本試験でよく問われるアクセス権の設定方法として、r（読み込み可）、w（書き込み可）、x（実行可）の組み合わせがあります。これをファイルの所有者、ファイルの所有者が属するグループ、その他のそれぞれについて割り当てるのです。

　たとえば、ファイルのアクセス権が rwx rwx r- と書かれていれば、所有者と所有グループは読み込み、書き込み、実行となんでもアリです。でも、その他の人は読み込みしかできません。

　また、rwx の組み合わせを二進数に見立てて簡略化することもあります。許可されていれば1、いなければ0と考えると、たとえば r-x の組み合わせは 101 と表せます。さきほどの rwx rwx r- であれば、111 111 100 です。これを3桁ごとに八進数に変換すると 774 となり、簡潔にアクセス権を表記することができます。

参照

・八進数
→　p.225

Windowsなどではもっと複雑なアクセス権が指定できるので、問題文の条件に注意してください。

──── 得点のツボ　漏えい・紛失対策 ────
・権利は必要なだけ、最小限に、が原則
・退職した人の権利は早く削除しないと危ないぞ

スマホのセキュリティ

スマホをはじめとするモバイル機器は、特に「紛失・盗難対策」に留意すべきです。

（なんでですか？）

だって、常に持ち歩くから、よく落っことすじゃないですか！　すられるかもしれないですしね。具体的には、下記のような出題例があります。

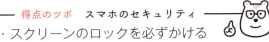

──── 得点のツボ　スマホのセキュリティ ────
・スクリーンのロックを必ずかける
・OSのセキュリティアップデートは必ず適用する
・ウイルス対策ソフトを導入する
・位置追跡、遠隔ロック、遠隔データ消去機能を使う

スマホはPCより後から登場しただけに、サンドボックスのような機能（あるアプリは、ほかのアプリにちょっかいを出せない）がOSに実装されています。また、利用者自身にもルート権限（管理者権限）は付与されておらず、安全面は強化されています。

しかし、利用者のリテラシがPCより低いこと、パーミッ

用語

MDM
エージェントアプリを使って、遠隔による探索、データ削除、ロックなどをするシステム。BYODの進展などで、モバイル端末の管理が求められている。

ション（許可）の付与が利用者に任せられており、かつわかりにくいため、マルウェアが求めてくる無茶なパーミッションをよく読まずに受け入れているケースも多いことなどから、油断は禁物です。アプリは必ず正規のストアから入手してくださいね。

誤操作

まちがった操作で大事な情報を消してしまうと大きな痛手です。さきほどの情報漏えいも誤操作が原因のことがあります。

対策
誤った操作や危険な操作ができないようアクセス権を設定したり、教育をして担当者のスキルを上げたりします。また、そもそも操作をまちがえないように、ユーザインタフェースを改善する、ヘルプ機能やフールプルーフ機能を付けるといったことが考えられます。

内部犯

会社の一員として、いろいろな情報にアクセスできることを悪用して、その情報を売って利益を上げたり会社に被害をもたらしたりする人がいます。これを内部犯と呼びます。

内部犯のやっかいなところは、根本的には防ぎようがないことです。たとえば「内部犯のリスクがあるから、社員には情報や機器に触れさせない」と対策すると、だれも仕事をする人がいなくなってしまいます。

対策
基本的にはやはりアクセス権でコントロールします。必要以上に多くの情報に触れさせないこと、また情報教育で高いモラルを育むことも効果があるといわれています。特に管理者は情報や権限が集中して、こっそり悪いことができる環境にめぐまれているので、出題対象として狙われがちです。

> 参照
>
> ・フールプルーフ
> → p.243

> **得点のツボ　不正のトライアングル**
> **機会**と**動機**と**正当化**がそろったとき、不正がおこなわれるリスクが顕在化するという理論。どれかをなくすことで、不正を抑止

ソーシャルエンジニアリング

　高い情報技術・知識を悪用する職業的犯罪者（**クラッカ**）がよく用いる手法で、上司を装った電話でパスワードを聞き出すなど、人の錯覚や勘違い、心理的陥穽を利用してコストをかけずに情報を取得する手法です。パスワードを肩越しに盗み見たりする**ショルダーハッキング**や、ごみ箱をあさって有用な情報を手に入れる**スキャビンジング**（トラッシング）もこの手法の1つです。

対策

　日頃の何気ない行動や気のゆるみから情報が漏れてしまうわけですから、それを根本的に改善していくしかありません。
　「重要書類はシュレッダーにかける」「**クリアデスク、クリアスクリーン**」など、情報セキュリティ方針を守らせることは重要ですが、教育も大事です。「○○は禁止！」との指示を守るだけでなく、「セキュリティの考え方に照らしてこれはダメなはずだ」と思考できれば、未知のリスクにも対応できます。

【用語】
ビジネスメール詐欺（BEC）
ビジネスを装って、不正な送金を促すなどの手法。一度標的企業の顧客になって、書式などを入手しておく場合もある。

　クリアデスクとかクリアスクリーンって、何ですか？

　クリアデスクは、机を綺麗にすることです。離席するときに、重要書類を置きっぱなしにしないの、重要ですよ。クリアスクリーンは、画面を綺麗にすることです。離席するときには、ロック画面にしておきましょう。

パスワードの取り扱い

パスワードは知識の有無を鍵にした認証方法であるため、他人に漏れやすく、不正利用されるリスクが高い欠点があります。パスワードを使う場合は、この欠点を補うために次のように運用しますが、利用者に負担がかかってきます。

- 長くて複雑なパスワードにする
- 推測しにくい、意味のないパスワードにする
- メモに書いたりせず、暗記する
- 偉い人にもシステム管理者にも配偶者にも絶対教えない
- 定期的に変更する
- 人に知られたと思ったら変更する
- 人に設定してもらったパスワードは、すぐに変更する
- 同じパスワードを、複数のサービスで使い回さない

いずれも、漏らさない、推測されない、漏れても不正利用し続けさせないための対策です。

ただ、守りきれないほど多くの約束事を作ると多くの社員がいやになってしまいます。また、「どうせ守れない」と情報セキュリティ方針が無視されることにもつながります。

マトリクス認証

個人ごとに異なる乱数表を配布し、ランダムに指定される位置の文字や数字を入力することで認証する手法です。パスワードと乱数表が同時に流出しない限り、なりすましを防止することができます。

ワンタイムパスワード

パスワードには、常に盗聴や推測のリスクがともないます。これを防止するために、パスワードを使い捨てにする方法です。

パスワードが常に変わり続けることで推測を困難にし、盗聴されても不正侵入されるリスクを最小化できます。具体的には、トークンと呼ばれる専用の機器や、スマホのアプリを使ってパスワードを発生させます。もちろん、トー

クンやスマホが盗まれると第三者にパスワードを知られて
しまいます。

シングルサインオン（SSO）

一度認証サーバにログインすれば、ほかのサーバへのロ
グインを認証サーバが代行してくれる手法です。利用者の
負担を小さくするのに有効ですね。SSOを実現する技術と
して、Cookieとリバースプロキシがあることも覚えてお
きましょう。

しかし、認証サーバを不正利用されるとすべてのサーバ
が危険にさらされるリスクもあります。

5.5.2 物理的リスクの対策

昔からあるリスクは今も恐いぞ！

どろぼうや災害など、比較的古典的なリスクが多いカテ
ゴリです。加えて、目に見える形のリスクですから、割と
識別しやすいのが特徴です。しかし、技術の進歩によって
状況が変化することもあるので、油断は禁物です。

どろぼう

伝統的なリスクの王様です。「情報が盗まれる」というと、
不正アクセスのようなものをイメージしますが、会社には
紙の文書もありますし、お金もあるでしょう。それらの大
きな脅威になります。情報が入った記憶媒体が盗まれるか
もしれません。特に記憶媒体は大容量小型化が進んでいる
ので、とんでもない場所にも隠せるようになりました。

対策

警備員を立てるなどして、きちんとした識別と認証によ
る**入退室管理**や機密エリア、一般エリア、開放エリアのよ
うに**ゾーニング**をして情報の流れをコントロールするのが
効果的です。コンピュータセンタでは、コンピュータセン
タであることを隠すこともあります。

コンピュータセンタに限りませんが、近年ではパスワー

用語

BIOSパスワード
BIOSとは電源投入時に最
初に起動されるファーム
ウェア。この時点でパス
ワードを要求することで、
さらにセキュリティを高め
る。

---

1 企業活動

2 経営戦略

3 システム開発

4 コンピュータのしくみ

5 ネットワークとセキュリティ

6 データベースと表計算ソフト

ドや暗証番号のように知識に依存した認証方式ではなく、確実に本人でしか持ち得ない情報（指紋、虹彩、網膜、声紋などの身体情報）を利用した「バイオメトリクス（生体認証）」が普及しました。スマホに組みこまれるほど安く、小さくなっています。本人の行動的特徴（筆跡や反射行動、タイピングの癖など）も精度は低いものの活用されています。

バイオメトリクス、便利そうですね！

　身体情報はどこかに置き忘れることもありませんし、模倣されることも少ないです。パスワードのように思い出せなくなることもありません。しかし、技術である以上なりすましは0にはなりません。また、一度模倣されてしまうとパスワードのように取り替えがきかない弱点もあります。
　また、対策の1つとして、アンチパスバックも覚えておきましょう。入室したIDで退室しないまま再入室することや、退出したIDで入室しないまま再退出することを防止するしくみです。いわゆる「共連れ」（1人のIDで2人通ってしまう）への対策です。

災害、破壊

　会社の施設が破壊されるようなケースです。業務妨害などの形で第三者に壊される場合の対策は、どろぼうに準じますが、自然災害や情報機器が加熱して壊れるなどの場合は、また違った対策が必要です。

対策

　機器の加熱は深刻な問題です。適切な温度管理で冷却し、破壊を予防します。
　自然災害などでは、水害に強い敷地を選ぶ、施設に耐震構造を施すなどの対策をしますが、完全にリスクをコントロールするのは困難です。そこで、災害が及ばないであろう遠隔地にデータのバックアップを保管して、万一の事態

に備えます（遠隔地バックアップ）。

　停止が許されないような基幹業務の場合は、データだけでなくコンピュータセンタそのものを遠隔地におく、バックアップサイトが構築されることもあります。効果は大きいけれど、コストも非常にかかるため、費用対効果をふまえて導入します。

　なお、あらかじめこのような対策を考えておき、大規模災害やテロなどの不測の事態が発生しても、企業活動を続けるための計画のことを BCP（事業継続計画）といいます。また、災害時のリスクを考え → BCPを作り → BCP がちゃんと機能するか検査して → 不備があれば修正、の一連のサイクル（マネジメントシステム）のことを、BCM（事業継続管理）といいます。

スペル
・BCP（Business Continuity Plan）
・BCM（Business Continuity Management）

重要用語ランキング

① バイオメトリクス → p.380

② ソーシャルエンジニアリング → p.377

③ 入退室管理 → p.379

④ BCP → p.381

⑤ クリアデスク、クリアスクリーン → p.377

用語を理解できているかおさらいしよう！

試 験 問 題 を 解 い て み よ う

✎ 問題1　令和3年度　問58

サーバルームへの共連れによる不正入室を防ぐ物理的セキュリティ対策の例として、適切なものはどれか。

ア　サークル型のセキュリティゲートを設置する。
イ　サーバの入ったラックを施錠する。
ウ　サーバルーム内にいる間は入室証を着用するルールとする。
エ　サーバルームの入り口に入退室管理簿を置いて記録させる。

解説1

共連れとは、入退室管理において権限を持つ人と一緒に、権限のない人が入退室してしまうことです。ここで挙げられている選択肢のなかではサークル型のセキュリティゲート（1人ずつしか、ゲートを通過できない）が有効な対策になり得ます。

答：ア

✎ 問題2　令和3年度　問69

バイオメトリクス認証における認証精度に関する次の記述中のa、bに入れる字句の適切な組合せはどれか。

バイオメトリクス認証において、誤って本人を拒否する確率を本人拒否率といい、誤って他人を受け入れる確率を他人受入率という。また、認証の装置又はアルゴリズムが生体情報を認識できない割合を未対応率という。
認証精度の設定において、　　a　　が低くなるように設定すると利便性が高まり、
　　b　　が低くなるように設定すると安全性が高まる。

	a	b
ア	他人受入率	本人拒否率
イ	他人受入率	未対応率
ウ	本人拒否率	他人受入率
エ	未対応率	本人拒否率

解説2

本人拒否率と他人受入率のとてもよい説明になっています。情報処理技術者試験は問

題自体がテキストのように使える箇所が多いので、過去問は積極的に解いてください。

　本人拒否率は「フォールスポジティブ」、他人受入率は「フォールスネガティブ」とも言い換えられます。本人を拒否してしまうのは利便性の点では困ったものですが、安全性は確保されててゆらぎません。だから「ポジティブ」なのです。他人を受け入れてしまうのは重大なセキュリティ事故につながります。だから「ネガティブ」です。

　本人拒否率と他人受入率はどちらも下げたいのですが、実際にはトレードオフ（シーソーの関係）になっていて、どちらかを下げればもう片方が上がります。

答：ウ

✏ 問題3　令和2年度　問26

　全国に複数の支社をもつ大企業のA社は、大規模災害によって本社建物の全壊を想定したBCPを立案した。BCPの目的に照らし、A社のBCPとして、最も適切なものはどれか。

ア　被災後に発生する火事による被害を防ぐために、カーテンなどの燃えやすいものを防炎品に取り替え、定期的な防火設備の点検を計画する。
イ　被災時に本社からの指示に対して迅速に対応するために、全支社の業務を停止して、本社から指示があるまで全社員を待機させる手順を整備する。
ウ　被災時にも事業を継続するために、本社機能を代替する支社を規定し、限られた状況で対応すべき重要な業務に絞り、その業務の実施手順を整備する。
エ　毎年の予算に本社建物への保険料を組み込み、被災前の本社建物と同規模の建物への移転に備える。

解説3

　BCPはBusiness Continuity Planの略。つまり、事業継続計画のことです。略語を知っているだけでも、だいぶ解答に近づきます。

　「いかにビジネスを続けるか？」という発想の選択肢を選んでいけばOKです。

ア　BCPはコトが起こってしまったあとの話です。これは予防を考えているのでちょっと毛色が違います。
イ　すべての業務を停止しているので「継続」ではありません。そうでなくても本社からの指示は滞るでしょうから、支社単独で継続できる策を練っておく必要があります。
ウ　正解です。
エ　本社の移転も災害対応の1つですが、非常に時間がかかりますので「継続」とは異なる観点の対策です。

答：ウ

383

5.6 具体的なセキュリティ対策（その2）

学習日

出題頻度 ★★★★★

マルウェアやブルートフォース攻撃の概要、またそれらに対する有効な対策について学んでいきます。ウイルス対策ソフトやIDSが効くパターン、効かないパターンなどをおさえておきましょう。シグネチャ更新の重要性を理解しておくことも重要です。

5.6.1 技術的リスクの対策

コンピュータのせいで起こるリスクもある

　試験対策としてのリスクの本丸です。人がからむリスクは盲点になりやすいといっても、ふだんの生活から何とか想像することができますが、技術的なリスクはその技術についての知識がないとなかなか気づきません。

「サイバー攻撃」とか、ニュースで見ました！

　サイバーはもともと、サイバネティクスとかサイボーグなどから来ている言葉ですが、今では「仮想空間の」くらいの意味で使われています。したがって、サイバー攻撃は、ネットワークを介しておこなわれる情報システムへの攻撃と考えておきましょう。クラッキングやマルウェアの感染などの手法が使われます。

用語

ダークウェブ
検索エンジンに引っかからないディープウェブの中でも、特殊な技術を用いないと閲覧すらできない領域を指す。

盗聴

コンピュータネットワークでは、情報がほかのコンピュータに届くことがありました。そんな環境では、やろうと思えばかんたんに通信を盗聴できてしまいます。

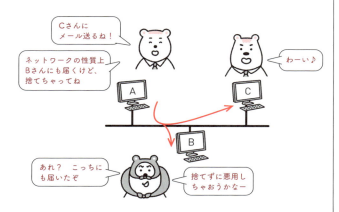

「盗聴」というと、「盗聴器で会話を盗み聞きする」といったイメージで、回線を流れるデータの窃取にはそぐわない言葉に思われます。でも、これは一種の術語（専門語）で、「盗聴」という言葉を使うお約束になっています。

対策

盗聴されてもよいしかけを考えます。それが暗号化です。情報処理試験で、盗聴対策ときたら答えは必ず「暗号化」です。暗号化はとても大事な考え方ですので、5.7節でじっくり勉強します。

なりすまし、改ざん

他人になりすまして悪いことをする夢を描いたことはありませんか。何をしても自分は責任をとらなくていいわけですから、とても魅力的な妄想です。まあ、ふつうは実現しませんが。

ところが、ネットワークではなりすましが比較的かんたんにできてしまいます。また、ネットワーク上を流れる情

用語

MITM攻撃
Man In The Middleの略。中間者攻撃のこと。AとBの通信に割って入り、AとBの通信を中継すると、すべての通信を盗聴・改ざんできることになる。

MITB攻撃
Man In The Browser の略で、PCに感染したマルウェアがブラウザに働きかける攻撃方法。たとえば利用者は正常な振り込み処理をしているつもりで、攻撃者の口座に送金してしまうなどの事例がある。

用語

耐タンパ性
機器や装置、アプリケーションなどの、外部からの解析しにくさ、改ざんのしにくさのこと。

報（たとえばメール）が改ざんされるケースもあります。

たしかにネットには、警備員さんとかいないですもんね

ネットワーク上でも、「あなたはだれ？」にユーザIDで答えたり（識別）、「ほんとに本人？」にパスワードで答えたり（認証）してなりすまし対策をしているんですけどね。たとえば他人のパスワードを不正入手するだけでなりすましができてしまうので、対策は必須です。

対策

現実社会で「たしかに本人が作った書類です」と証明したり、「ここ、違う人が書き換えました」と判読できたりするしくみとしては、はんこが使われていますね。

それと同じ発想の技術が**デジタル署名**です。暗号化の技術を応用して作られるものなので、暗号化と一緒に5.7節でくわしく説明します。

得点のツボ　デジタル署名の目的

・デジタル署名は、情報の送信者が本人で、途中で改ざんされていないことを証明する！

また、**コールバック**もなりすまし対策の1つです。社員を装って電話などをしてくるクラッカ対策として、会社側から掛け直す方法です。

マルウェア

比較的新しめの言葉で、悪意のあるソフトウェア（コンピュータウイルスやスパイウェア、ボットなど）を指します。ウイルスについては頻出なので5.6.2項でくわしく学習します。

用語

SMS認証
スマホのショートメッセージを用いた認証。無償のメールアドレスに比べるとスマホの入手は難易度が高いので、それに紐づいたSMS認証はそれなりの強度になる。もちろん、SMS認証のみではたかが知れているが、たとえばパスワード（知識による認証）＋SMS（事物による認証）＋指紋（生体情報による認証）といった多要素認証にすることで実用的な強度にする。

用語

アドウェア
広告を表示させるソフトウェアのこと。有用なソフトとセット、もしくは有用なソフトの中に組み込まれたりして、配布される。

スパイウェアは、情報収集を目的とするソフトウェアで、マーケティングなどに利用されます。一部のウイルスのように派手な破壊活動をするわけではないので、比較的見つけにくいのが特徴です。

　ボットは、第三者のコンピュータを、作成・配布者の指示どおりに動かすソフトウェアで、コンピュータに感染すると指示を待つ回線を開きます。指示が与えられると、それを感染したコンピュータ上で実行します。

　ボットの作成者は多くのコンピュータにボットを感染させ、自分の思いどおりに動くコンピュータ群（ボット・ネットワーク）を作り上げます。このボット・ネットワークを使って迷惑メールを送ったり、のちほど説明する**DoS攻撃**をしたりするわけです。

対策

　マルウェアの感染経路はほとんどがメールを介しているので、不審な送信者、内容のメールは開かないことが非常に重要です。ウイルス対策ソフトの導入も大きな効果があります。最近は、ファイル交換ソフトによる感染も増えています。

DoS攻撃／DDoS攻撃

　サービス拒否攻撃などと訳されます。いやがらせや業務妨害を目的とした攻撃で、サーバの処理能力を超える大量の通信を送りつけて、サービスを停止に追いこみます。

用語

ファイルレスマルウェア
補助記憶装置にファイルを残さないタイプのマルウェアで、メモリにのみ存在する。発見しにくい。

用語

RAT
遠隔操作ツールのこと。マルウェアの形で標的コンピュータに忍ばせ、攻撃者の指示でDDoS攻撃や情報漏洩、カメラ／マイクの操作をおこなうタイプや、自律的に同様の攻撃をくり出すタイプがある。

スペル

- DoS（Denial of Service）
- DDoS（Distributed Denial of Service）

ひと口に「大量の通信」と言っても、実際にそれを送るとなるとなかなか難しいですし、すぐに足もつきます。そこで、攻撃者はマルウェアなどで大量の第三者のコンピュータを支配下に置き、これら大量のコンピュータからDoS攻撃をしようと考えます。こうすることで「大量の通信」を送りつけられますし、出所を追跡してもまんまと利用された第三者のコンピュータに行き着くだけです。

攻撃者にとって都合のよいこのやり方を<u>DDoS攻撃</u>（分散型DoS攻撃）といいます。

対策

基本的には、通信をチェックして、不要、危険なものは遮断する通信機器である<u>ファイアウォール</u>を用いて対策します。<u>ファイアウォール</u>は防火壁の意味で、危険な外部と安全な内部の間に障壁として立ちはだかり、危ない通信が内部に侵入しないように見張る役割を果たします。

また、自社の公開サーバを<u>DMZ</u>（非武装地帯：DeMilitarized Zone）というエリアに置くこともあります。公開するので通信を遮断できない分、内部ネットワークに置くと弱点になるので、内部から分けたエリアを作るわけです。

用語

UTM
統合脅威管理の頭文字を取ったセキュリティ機器。多様化するリスクに対応するためにファイアウォールやIDS、IPS、WAFなどさまざまなセキュリティ機器が登場しているが、運用の手間も肥大化している。そこでこれらを1つにまとめたものがUTM。管理者はUTMだけを管理すればよいことになっている。

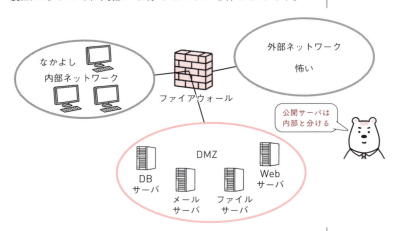

ただ、DoS攻撃は、1つひとつは問題のない正規の通信を大量に発信しているため、問題のない通信と切り分けるのが難しい特徴があります。

用語

IDS
ネットワークを監視して、不正なユーザの侵入を検知するシステム。

ちなみに、ファイアウォールの中でも、特にPCにインストールして使うタイプのものは、パーソナルファイアウォールといいます。

クロスサイトスクリプティング

　Webページの利便性を上げるために、スクリプト（簡易プログラム）が埋めこまれることがあります。
　<u>クロスサイトスクリプティング</u>は、信頼されていないWebサイトであるにもかかわらず、スクリプトを動かしてやろうとする攻撃方法です。次のように実行されます。

> **用語**
>
> クロスサイトリクエストフォージェリ
> 偽のリクエストを発行する攻撃手法。たとえば、SNSに誹謗中傷を書き込むようなスクリプトを誰かに踏ませる。その「誰か」がたまたまSNSにログイン中だった場合、「誰か」の名義で誹謗中傷が書き込まれる。

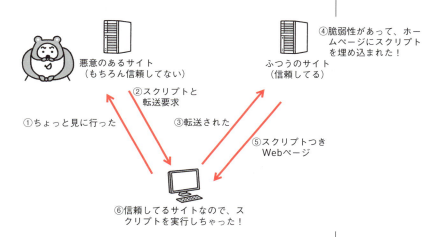

　複数のサイトをまたがって実行されるので、クロスサイトと呼ぶわけです。スクリプトが自分のコンピュータで任意の動作をしてしまうわけですから、とても恐い攻撃です。さらに、自社のサーバが④の役割になってしまう危険もあります。

対策

　まずは悪意のあるサイトを見に行かないことが大事です。こうしたサイトはカジノやアダルトなどのカテゴリに多いので、教育をしたり、通信内容をチェックして業務に関係のないものを排除する<u>コンテンツフィルタリング</u>などをしたりして対策します。

> **用語**
>
> フィルタリングソフト
> コンテンツフィルタリングをするソフト。子どもにへんなものを見せたくない時にも使う。
>
> ペアレンタルコントロール
> 子どもがスマホやゲーム機を使うときに、保護者などがその使用を制限して管理する機能。

また、OSやソフトウェアの脆弱性（**セキュリティホール**）を利用されることが多いので、修正用ソフトウェア（**パッチ**）の配布情報に注意し、速やかに適用するようにします。

さらに、ブラウザにIDやパスワードを記録させず、Java Scriptを無効にする、必要以上の権限を持たずにPCを利用することも効果があります。

キーロガー

キー入力を記録するしくみのことです。パソコンにインストールするソフトウェア型や、キー端子にくっつけるハードウェア型があり、収集した記録（ログ）はクラッカが回収したり、通信機能で自動的にクラッカの元へ送られたりします。すべてのキー入力が記録されるため、クレジットカード番号やパスワードといった情報が流出するリスクがあります。

対策

ネットカフェなど不特定多数の人が使うパソコンが特に狙われやすい（クラッカにとって収集の効率がよい）ので、そのようなところでは重要情報を送信しないようにします。

ボットによるアカウント作成や情報投稿

掲示板やブログのコメント欄にスパムメッセージを送信したり、メールアカウントを大量に取得したりするボット（自動プログラム）が世界的に増大しています。

正規の利用者からすれば、不快なメッセージを大量に見せられたり、アカウントが取りにくくなるなどの弊害が生じますし、管理者の視点でも、これらに対応するために時間を割かなければならず、非常に迷惑です。

対策

そこで導入が進んでいるのが、CAPTCHAという技術です。コンピュータが歪んだ文字を正確に認識するのが不得意なことを利用したもので、図のように歪んだ文字を表示

用語

セキュリティホール
プログラム設計時・開発時の瑕疵などにより生じる、ソフトウェアの弱点（脆弱性）のこと。特定の操作で、権利のない第三者がそのソフトを使えるようになってしまう状態などが典型的。

パッチ
ソフトウェアのバグや脆弱性を修正するためのプログラム。セキュリティホールを対策するためのパッチは、セキュリティパッチともいう。

して、同じ文字を入力させることで、ボットのアクセスを排除します。

最近では、CAPTCHA対策を施したボットの出現や、それに対応するために文字を歪ませすぎて、人間にも読めないなどの事例が報告されています。

情報の不正コピー、改ざん

情報がデジタル化され、まったく劣化しないコピーが、ほぼゼロのコストで取れるようになりました。そのため、時として不正なコピーが横行し、情報の作成者や、正規の利用者に不利益をもたらすようになりました。

対策

不正コピー対策には、**DRM**（デジタル著作権管理）が使われます。たとえば動画のコピーを1回に制限する **CPRM** や、購入した楽曲の管理に使う **FairPlay** などが身近でしょう。これらをお札の偽造防止になぞらえて、**電子透かし** と呼ぶこともあります。デジタル情報にぱっと見ではわからない形で透かし情報を付加し、コピーの回数や改ざん箇所を特定できるようにするのです。

> **スペル**
> ・DRM（Digital Rights Management）
> ・CPRM（Content Protection for Recordable Media）

SQLインジェクション

SQLとはデータベースを操作するための言語です。問題となるのは、利用者から受けとった情報をもとにSQL文を組みあげるときです。

たとえば、データベースに個人情報を問い合わせるとき、利用者にWebフォームからパスワードを入力してもらいます。利用者が正しいパスワードを入れてくれれば何の問題もありませんが、SQLの文法上特殊な意味を持つ文字をわざと混入（インジェクション）させると、SQL文がシステム開発者の意図と違った動き方をします。データベースを誤作動させたり、他人の個人情報を表示させたりすることが可能です。これを **SQLインジェクション** と呼びます。

対策

SQLインジェクションの対策は、利用者が入力した情報は必ずチェックして、文法上危険な文字をほかの無害な文字に置き換えることです。具体的には、データベース管理システムが用意するプレースホルダ（バインド機構）を使うこと、もしくはエスケープ処理をすることです。

```
―― 得点のツボ  SQLインジェクション対策 ――
・利用者が入力した情報は、信用し
  ないのが大原則（クラッカが紛れこんだり、
  善意の利用者がまちがえたりする可能性）
・対策の優先順位は①プレースホルダ、②エス
  ケープ処理
```

フィッシング攻撃

クラッカが作成した不正なWebサイト（ウイルスの配布や、詐欺行為などをする）に利用者を誘導するのが目的の攻撃です。具体的な攻撃の方法は、広告メールに不正Webサイトへのリンクを記載したり、利用者がまちがえそうなドメイン名（例えば、正規サイト：www.gihyo.co.jp、不正サイト：www.gihyou.co.jp）を用意したりすることです。

対策

フィッシング攻撃対策には、広告メールのリンクなどは開かず、信頼できる検索エンジンなどから閲覧する、デジタル証明書が使えるSSL/TLS通信をする、などがあります。自分が事業者の場合は、打ちまちがえそうなドメイン名の権利をあらかじめ取得しておくことも有効です。

```
―― 得点のツボ  フィッシング攻撃 ――
・不正サイトへの誘導方法と覚える
・対策はメールのリンクを信用しない、デジタ
  ル証明書の利用
```

用語

プレースホルダ
構文解釈を済ませてから利用者データをはめ込むしくみ。クラッカに構文をいじられてしまう危険がない。

エスケープ処理
構文解釈に関わる文法上危険な文字を、別の無害な文字に置き換えること。エスケープしてから構文解釈をする。

サニタイジング
サニタイジングはかなり幅広い意味で使われる用語で注意が必要な用語だが、本試験においてはエスケープ処理と同等の扱い。

用語

ワンクリック詐欺
迷惑メールなどのURLを1回クリックしただけで、「契約終了」などと表示され、送金を促す詐欺のこと。

標的型攻撃

　特定の人や組織を狙う周到に準備された攻撃のことです。多くは金銭搾取、政治的意図など明確かつ強力な動機が存在します。したがって、攻撃者側のモチベーションも高く、手間やコストを厭わない攻撃となります。

　標的とする企業を厳選し、スキャビンジングでその会社の名簿や正式書式を入手、権限を持つ利用者に上司や取引先と寸分違わぬメールを送り、添付ファイルやURLへのリンクで、その企業で使っているウイルス対策ソフトが検知できないウイルスを実行させる、といったパターンがよく用いられます。

　標的型攻撃の中でも、特に高度な技術を用い、執拗な攻撃をする種類のものを、**APT** と呼ぶことがあります。

水飲み場型攻撃

　標的型攻撃の一種に数えられることがあります。信頼されているWebサイトを選び、そのサイトに**ドライブバイダウンロード**（閲覧しただけで、マルウェアがダウンロードされるしくみ）などと組みあわせて、マルウェアをしかけます。

　それだけなら、よくあるWebサイト改ざんなのですが、周到な準備によって標的の行動を分析・評価して、よく閲覧するWebサイトを割り出し、そのサイトを改ざんして待ち構える点に違いがあります。

スペル

・APT（Advanced Persistent Threat）

> クラッカから直接メールとかでマルウェアが送られてくるわけじゃないんですね

　そうなんです。しかも、ふだんから心を許しているサイトを経由しますから、技術的な心得のある利用者でも騙されることがあります。

IPスプーフィング

　IPアドレスを詐称する攻撃方法です。

　スプーフィングとはなりすましのことで、IPスプーフィングでは偽のIPアドレスを使うことで、他人になりすますわけです。

　たとえば、DoS攻撃をする場合、攻撃者は送信元IPアドレスに本当のIPアドレスを使うとすぐに身元がバレてしまいますし、そのIPアドレスからのパケットを遮断することで、すぐに対策されてしまいます。そこで、IPスプーフィングを使って、さまざまな偽装IPアドレスを送信元とすることで、対策をしにくくします。

対策

　通信の文脈を見ることで、IPスプーフィングを発見できる可能性が高まります。

　たとえば、「送信元IPアドレスがLAN内だったら安全なパケット」のような判断は高リスクです。「送信元IPアドレスはLAN内なのに、WAN側からパケットが来ている」など、複数の要素を突きあわせることで、そのパケットの「怪しさ」を見つけやすくなります。

用語

キャッシュポイズニング
DNSサーバに不正な名前解決情報を記憶させる攻撃手法。たとえば「gihyo.co.jp」の名前解決を汚染されたDNSサーバにリクエストすると、技術評論社ではない偽サイトのIPアドレスが返答され、そこへ誘導されてしまう。

セッションハイジャック
セッションIDを盗聴・推測するなどして、進行中の通信を乗っ取る攻撃手法。乗っ取りが成立すると、お金の振り込みや商品の購入を実行されてしまう。

もちろん、IPの情報だけでなく、TCPのシーケンス番号を検査対象に加えるなどの対策も有効です。

パスワードクラック

　パスワードを不正に入手することです。本試験では、<u>総当たり攻撃</u>（<u>ブルートフォースアタック</u>：ありそうなパスワードを全部試す）、<u>辞書攻撃</u>（辞書に載っている単語、生年月日や氏名など、攻撃対象にまつわる単語を優先的に試す）を覚えておきましょう。

　総当たり攻撃はいつか必ず正しいパスワードを探り当ててしまいますが、長いパスワードだととても時間がかかります。そこでクラッカは辞書攻撃と組み合わせて、攻撃時間の短縮をはかります。

　対策としては、パスワードを一定回数以上まちがえたらアカウントをロックする方法などが有効です。

> 得点のツボ　総当たり攻撃と辞書攻撃の対策
>
> ・<u>総当たり攻撃</u>対策は、パスワードを長く複雑にする、頻繁に変更すること
> ・<u>辞書攻撃</u>対策は、意味のある単語や自分にまつわる情報をパスワードにしないこと

　ただし、逆ブルートフォースアタックというのもあります。

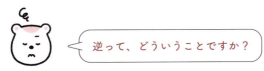

逆って、どういうことですか？

　よく使われるパスワードはだいたい決まっているので、パスワードを固定して、異なるIDを使って次々ログインを試みる手法です。こうすれば、ログインの回数制限に引っかかることがないですよね。

パスワードリスト攻撃

　不正な方法で入手したIDとパスワードの組み合わせ（パスワードリスト）を使って、他システムへの侵入を試みる攻撃手法です。

　パスワードの使い回しをしていると、かんたんにアカウントがハックされるのは、このようにパスワードのリストが作られていることがあるからです。知識を使った認証（例：パスワード）と物を使った認証（例：スマホを持っている）を組みあわせる、**二要素認証**などが対策として用いられます。

　二要素認証とよく似た用語で「二段階認証」があります。ややこしいので違いをおさえておきましょう。

得点のツボ　二要素認証と二段階認証

二要素認証：
- 2つの認証要素を使った認証のこと
- 二要素認証は、二段階認証の一種
- パスワード（「知識」による認証）＋SMS（スマホを持っているという「所有」による認証）とか

二段階認証：
- 二段階認証は、2回認証してれば、とりあえずいい
- 第1パスワード、第2パスワードとか
  → どちらも知識による認証なので、認証としての強度は弱い（第1パスワードが盗まれるときは、たいてい第2パスワードも盗まれるだろう）

　異なる認証要素を使っていれば二要素認証ですが、情報処理試験的には「**所有物**、**記憶**及び**生体情報**の3種類のうちの2種類を使用して認証する方式」という言い方になります。

ランサムウェア

ランサム（ransom）とは身代金のことです。ウイルスの一種ですが、システムやファイルを使えない状態にしたうえで、「復旧させたければお金を払え」と要求してきます。

得点のツボ　ランサムウェアのミソ

・大事なファイルを使えなくして「攻撃者だけが元に戻せる」状態に見せかけるよ
　→攻撃者がホントに戻せるかはわからない！
・ファイルの価値を人質にして、身代金を要求してくるよ
　→払っても、ファイルが元に戻るかはわからない！

身代金を払ったまま梨のつぶてということもあるので、絶対に支払ってはいけません。対策は一般的なウイルスと同じで、ウイルス対策ソフトを導入してパターンファイルを最新に保つこと、出所不明のソフトは実行しないことです。また、ふだんからバックアップを取得しておくのも大事です。

参照

・バックアップ
→ p.435

そのほかおさえておきたい攻撃手法と対策

バックドア

　システムへの裏口です。正規の手順以外の方法でシステムを利用できます。開発者が開発効率を上げるために作る場合や、クラッカが犯罪目的で作る場合があります。バックドアを作るための攻撃ツールなどがあり、一度バックドアを作られるとクラッカはいつでもそのシステムに侵入してきます。

ゼロデイ攻撃

　まだ対処方法が見つかっていない脆弱性を狙う攻撃の総称です。システムやサービスに脆弱性が発見されると、ベンダはセキュリティパッチを開発して公開します。言い換えれば、パッチの公開までは脆弱性があるのは明らかなのに対策が打てない状況です。この期間に脆弱性を突いてくるのがゼロデイ攻撃です。

バッファオーバフロー

　ソフトウェアが確保しているメモリ（バッファ）を超えるようにデータを入力して、ソフトに異常終了や誤作動、制御の乗っ取りなどを強いる攻撃方法です。入力データの長さや正当性をチェックすることなどで対応します。

デジタルフォレンジックス

　コンピュータを利用した犯罪が多様化、高度化するにつれて、警察の捜査に協力したり、裁判に情報を提供するケースが増えています。デジタルフォレンジックスは、こうした用途に耐えうるデータを取得しておくことです。

ハニーポット

　クラッカにとって魅力的に見えるおとりシステムです。あえてクラッカに不正使用させることで、ログをとったり、警告をあげたりします。ここで得られたログは、クラッカの手口を分析したり、クラッカを特定したりすることに利用されます。

ひと言

悪用されるとかんたんに攻撃へ転用されてしまうため、以前はさかんに公開されていた脆弱性検証ツールとしての「エクスプロイトコード」は公開されなくなった。

ひと言

あらゆる機器のログを一定期間保存するのが基本だが、単に保存しておくだけではダメ。ログファイルに暗号化やデジタル署名を施して改ざん対策をする。

5.6.2 コンピュータウイルス

プログラムの一種

コンピュータウイルスは、コンピュータ上で動作するプログラムの一種です。経済産業省のコンピュータウイルス対策基準によると、以下の3つの基準のうち、どれか1つでも持っていればコンピュータウイルスといいます。

> **得点のツボ　ウイルスの定義**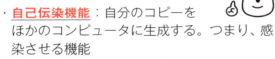
> - **自己伝染機能**：自分のコピーをほかのコンピュータに生成する。つまり、感染させる機能
> - **潜伏機能**：すぐばれて対策されないように、感染後も一定期間おとなしくしていること
> - **発病機能**：潜伏期間がすぎると、うごめき始める。実際にどんな動作をするかはウイルスにより千差万別

ウイルスの種類いろいろ

ひと口にウイルスといいますが、その内訳はいろいろあります。スパイウェアやボットのように完全に区分されているものは前節で勉強しましたが、伝統的にウイルスに含めて考えるものもあります。

> **得点のツボ　（広義の）ウイルスに含まれるもの**
> - **（狭義の）ウイルス**：ほかのプログラムに寄生して、その機能を利用しつつ発病する
> - **ワーム**：ほかのプログラムに寄生しなくても、自分自身で伝染、発病できる
> - **トロイの木馬**：有用なプログラムとして実際に機能し、ユーザに使われるが、それとはまったく関係のない発病機能が組みこまれており、密かに破壊活動をする

ひと言

トロイの木馬の出典は、ギリシア神話における有名なエピソード。イリアスを攻めあぐねたギリシア包囲軍は、巨大な木馬を制作して軍を引いた。イリアス軍は木馬を市内に収めるために、トロイの城門を壊してしまう。夜半、木馬の中に潜んでいたギリシア兵数名が城外のギリシア軍を手引きし、決定的な勝利をもたらす。

マクロウイルス

　ウイルスの一種なのですが、ワープロや表計算ソフトのマクロ機能（処理を自動化する、ごくかんたんなプログラミング機能）を悪用するタイプのウイルスなので、特にこう呼びます。

　実行可能ファイル（exeファイルなど）が危ない、というのは比較的知られていますが、マクロウイルスではふだん仕事に使っているワープロや表計算ソフトのファイルにウイルスが埋めこまれるので、つい油断しがちです。これらのファイルは組織の壁を越えてよくやりとりされるので、感染しやすい傾向も持っています。対策としては、

- ・出所不明なファイルは開かないこと
- ・業務上必要なファイルでも、ウイルスチェックをしてから開くこと
- ・通常は、ワープロなどでマクロを使えないように設定しておくこと

などが考えられます。

ウイルスへの対策

　コンピュータウイルスは基本的には、開く（アクセスする）ことで感染するので、出所不明なファイルや不審なファイルを開かないことが最重要の対策です。

　ただ、そうはいっても、よく知っていて信頼している人のコンピュータが感染してウイルスを送ってくることもありますし、開いたつもりはないのに見ただけで感染してしまうタイプのウイルスもありますので、自分のコンピュータにウイルスが侵入してこないか見張る<u>ウイルス対策ソフト</u>の導入は必須といえます。

　<u>ウイルス対策ソフト</u>はコンピュータに入ってくるデータをまっさきに横取りして、検査します。問題があれば、破棄したり隔離したりし、問題がなければそのデータを使うソフトに引き渡します。

用語

検疫ネットワーク
モバイル機器が社外でウイルス感染したあと、社内LANにつないで感染拡大という事例が増えているので、それに対応するためのしくみ。検疫ネットワークは、外部から持ちこんだ機器を最初につなぐ隔離ネットワークで、機器の認証、ウイルスチェックなどをした後に通常の社内LANに接続する。

ウイルス対策ソフトの課題

とても頼りになるウイルス対策ソフトですが、必ずしもすべてのウイルスを見つけられるわけではありません。

ウイルス対策ソフトは、**パターンファイル**（シグネチャ）と呼ばれるウイルスの特徴をまとめたデータベースを持っていて、それとデータを照らしあわせて、ウイルスが含まれていないか検査します。よく、交番の前に貼ってある手配書のようなイメージです。ただし、パターンファイルが古いと、新しいウイルスや形が変化したウイルスを見つけられなくなります。

新しいウイルスが発見されるたびにウイルス対策ソフトのベンダがパターンファイルを更新して配布します。これをすばやく適用することが大事です。ユーザにこの操作をまかせておくと必ず忘れる人が出てくるので、現在ではほとんどのウイルス対策ソフトが自動的にパターンファイルを更新する**自動更新機能**を備えています。

> **用語**
>
>
>
> **ヒューリスティック法**
> プログラムの振る舞いを監視して、危険な動作を発見する方法。過去パターンの蓄積がなくても、ウイルスを発見できる長所がある。誤検出も多いのが短所。

ウイルス感染時の初動対応

ウイルスに感染したときや、感染の疑いがあるときの対応方法ですが、ポイントとしては、とにかく「二次感染させないこと」に尽きます。ただ、もう少しブレークダウンして、次の3つを覚えておくとよいでしょう。

・ネットワークから切断すること
・隠さず、速やかにシステム管理者に連絡すること
・我流で対応しないこと

　感染の疑いというのは、操作をミスしたり、場合によっては業務に関係ないサイトを見ていたりするときに発生しがちです。

　自分でこっそり処置してバレないようにしよう、という誘惑に駆られますが、たいてい失敗してもっと怒られることになります。すばやく感染の疑いを表明して、専門技術者を呼びましょう。近年のウイルスは高い技術力で作られているので、一般利用者が対応できる水準を超えた事態であることがほとんどです。

　また、ウイルスが発見されたら、ほかのPCの感染も必ずチェックします。同じネットワーク内で同じように運用されているPCは、同じ脆弱性を持つ可能性が高いからです。

♛　重要用語ランキング

① ランサムウェア → p.397

② パスワードリスト攻撃 → p.396

③ DDoS攻撃 → p.387

④ 二要素認証 → p.396

⑤ ウイルス感染の初動対応 → p.401

用語を理解できているかおさらいしよう！

試 験 問 題 を 解 い て み よ う

✏ 問題1　平成31年度春期　問88

ウイルスの感染に関する記述のうち、適切なものはどれか。

ア　OSやアプリケーションだけではなく、機器に組み込まれたファームウェアも感染することがある。

イ　PCをネットワークにつなげず、他のPCとのデータ授受に外部記憶媒体だけを利用すれば、感染することはない。

ウ　感染が判明したPCはネットワークにつなげたままにして、直ちにOSやセキュリティ対策ソフトのアップデート作業を実施する。

エ　電子メールの添付ファイルを開かなければ、感染することはない。

解説1

ア　正解です。

イ　外部記憶媒体からの感染の可能性もあります。

ウ　ネットワークから速やかに切断して、二次被害を抑制します。

エ　閲覧しただけで感染するタイプのウイルスや、メール以外の感染経路もあります。

答：ア

✏ 問題2　令和元年度秋期　問100

脆弱性のあるIoT機器が幾つかの企業に多数設置されていた。その機器の1台にマルウェアが感染し、他の多数のIoT機器にマルウェア感染が拡大した。ある日のある時刻に、マルウェアに感染した多数のIoT機器が特定のWebサイトへ一斉に大量のアクセスを行い、Webサイトのサービスを停止に追い込んだ。このWebサイトが受けた攻撃はどれか。

ア　DDoS攻撃　　　　イ　クロスサイトスクリプティング
ウ　辞書攻撃　　　　エ　ソーシャルエンジニアリング

解説2

「Webサイトのサービスを停止に追い込んだ」の記述から、DoS攻撃であることがわかります。それだけでも正答可能ですが、「多数のIoT機器が」ともあるため、分散型のDoS攻撃、すなわちDDoS攻撃だとわかります。

答：ア

問題3　令和3年度　問60

情報システムにおける二段階認証の例として、適切なものはどれか。

ア　画面に表示されたゆがんだ文字列の画像を読み取って入力した後、利用者IDとパスワードを入力することによって認証を行える。

イ　サーバ室への入室時と退室時に生体認証を行い、認証によって入室した者だけが退室の認証を行える。

ウ　利用者IDとパスワードを入力して認証を行った後、秘密の質問への答えを入力することによってログインできる。

エ　利用者IDの入力画面へ利用者IDを入力するとパスワードの入力画面に切り替わり、パスワードを入力することによってログインできる。

解説3

ア　ロボットを排除するためのCAPTCHAを説明しています。

イ　入退室管理におけるアンチパスバックを説明しています。

ウ　正答です。パスワードと秘密の質問で二段階の認証をおこなっています。ただし、両方とも「知識による認証」なので、単に二段階なだけで二要素認証にはなっていません。この例はあまり強力な認証ではありませんね。

エ　利用者IDはシステムにおける識別情報であって認証ではありません。この認証は一段階です。

答：**ウ**

問題4　令和2年度　問58

受信した電子メールに添付されていた文書ファイルを開いたところ、PCの挙動がおかしくなった。疑われる攻撃として、適切なものはどれか。

ア　SQLインジェクション　　　　イ　クロスサイトスクリプティング
ウ　ショルダーハッキング　　　　エ　マクロウイルス

解説4

ア　Webフォームなどにデータを入力させてSQL文を完成させるシステムは、不正なデータ入力で開発者が意図しないSQL文になることがあります（→ p.391）。

イ　ブラウザで不正なスクリプトを実行させるタイプの攻撃です（→ p.389）。

ウ　キーボード操作などを肩越しにのぞき込み、情報を詐取する方法です（→ p.377）。

エ　正解です。アプリケーションのマクロ機能を悪用したマルウェアで、添付ファイルなどで送られてきます（→ p.400）。

答：**エ**

5.7 暗号化とデジタル署名

学習日

出題頻度 ★★★★★

　セキュリティの最重要項目の1つです。実務で重要という理由もありますが、暗号はややこしいので、問題が作りやすいのです。公開鍵暗号で情報がやりとりされる手順や、だれがどの鍵を持つかについては、慎重に記憶しましょう。デジタル署名との関わりも重要です。

5.7.1 暗号化

盗聴対策としての暗号化

　すでに何回かほかの節でも出てきたように、コンピュータネットワークは比較的他者の通信を盗聴しやすい構造を持っています。
　構造自体を直すのは手間がかかりすぎたり、現在の利点を削いでしまったりするので、「盗聴される」ことを前提に対策を考えるほうが現実的です。
　そこで使われるのが**暗号化**です。素のままの文書（**平文**）を送信してしまうと、ばっちり盗聴されて大事な情報が漏れてしまいますから、暗号化をして、できあがった暗号文を送信するわけです。受信者は暗号を解読すること（**復号**）ができるので、きちんと情報にアクセスできます。

暗号って、なんか難しそうなイメージあります…

　難しくないですよ。後ろに1文字ずらして作ったのも暗

号の1つですし、それを前に1文字ずらしなおせば暗号を復号したことになります。

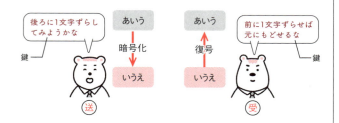

ただし、暗号化と復号は正規の送信者と受信者だけがおこなえる状態にしなければなりません。

共通鍵暗号

暗号化したり、復号したりするためには、「鍵」と呼ばれる情報を使います。

最も一般的な暗号では、暗号化する鍵と復号する鍵はいっしょです（**共通鍵暗号**）。作った方法を逆にたどれば、元に戻せるはずなので、これはまあ生活実感にあってますよね。ただし、鍵がばれちゃうと、第三者に暗号が解読されてしまいます。

> **用語**
>
> **秘密鍵暗号**
> 共通鍵暗号のこと。鍵を秘密にしておく必要があるので、こう呼ぶことがある。
>
> **対称鍵暗号**
> 共通鍵暗号のこと。送信者と受信者が同じ鍵を使うので、こう呼ぶことがある。

共通鍵暗号の2つのデメリット

共通鍵暗号はシンプルな方式なのですが、2つの欠点があります。

通信相手が増えると鍵の数が際限なく増える

　同じ鍵を使い回せればいいのですが、そうすると鍵を持っている人たちの間では、暗号が解読しほうだいになってしまいます。

　「A子ちゃんと内緒話がしたいけど、B子ちゃんには知られたくない。逆にB子ちゃんと話すことはA子ちゃんに聞かれるとまずいぞ」という場合には通信相手の数だけ、鍵の数も増えていきます。

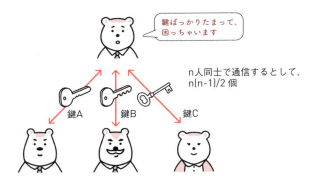

鍵の配布がめんどう

　鍵をどうやって送るかが難問です。鍵の実体は情報ですからメールでも送れるには送れます。ですが「鍵を送ろうとしている」わけですから、2人の間ではまだ暗号通信はできない状態です。

　となると、鍵を平文として送ることになりますね。それでは鍵が盗聴されてしまい、その後、いくら文書を暗号化して送っても、鍵自体が漏れてしまっているので、解読しほうだいです。

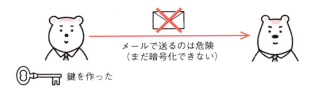

公開鍵暗号

この2つの問題点は今までは致命的ではありませんでした。でも、インターネットでは、不特定多数（それも、とんでもない数）の人が、手軽に暗号通信をする必要に迫られています。

これを解決するのが、**公開鍵暗号**です。公開鍵暗号方式では、なんと暗号化に使う鍵と、復号に使う鍵が違います。

> **得点のツボ　公開鍵暗号**
> ・公開鍵暗号では、**受信者**が鍵のペアを作る
> ・暗号化：**受信者の公開鍵**
> ・復号：**受信者の秘密鍵**

用語

非対称鍵暗号
公開鍵暗号のこと。送信者と受信者が違う鍵を使うので、こう呼ぶことがある。

暗号化にしか使わない鍵と、復号にしか使わない鍵をペアとして作るのがミソで、こうしておけば暗号化にしか使わない鍵は公開してしまっても大丈夫です。

> えっ!? ホントに公開しちゃっていいんですか？

公開鍵は「暗号化」しかできませんから、平気ですよ。

問題になるのは、正規の**受信者以外**が大事な情報を「復号」できてしまうことなのです。だから、復号ができる秘密鍵は**受信者**だけが持ちます。よって、鍵のペアを作るのも**受信者**の役目となることがわかりますよね。

一方、公開鍵は、もし悪意のある第三者が手に入れたとしても暗号化しかできないので、問題は発生しません。つまり、公開鍵はメールで送ったりすることができます。これで、配布の問題は解決です！

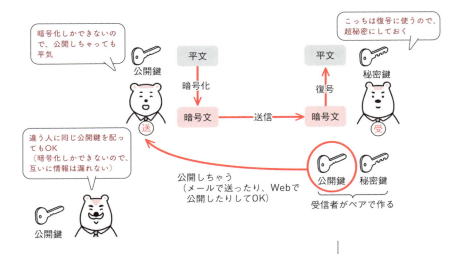

　鍵数の問題はどうでしょうか？　これも解決できます。受信者は同じ公開鍵をいろんな人に配ってしまうのです。「なんていい加減な！」と思いますが、渡された人たちは同じ鍵を持っているといっても、その鍵は「暗号化にしか役立たない」鍵ですから、ほかの人の情報を復号することができません。

　もちろん、復号するには、あくまでもペアの片割れの秘密鍵が必要で、それは受信者が超秘密にして持つことになります。

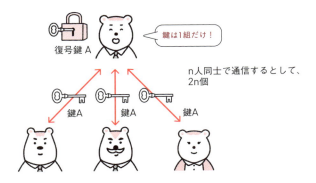

　つまり、公開鍵暗号を使えば、**配布の問題**と**鍵数の問題**を解決できるわけです。ただし、暗号化や復号に非常に時間がかかってしまうのが難点です。

ハイブリッド暗号

ここまで解説してきた共通鍵暗号と、公開鍵暗号のメリットは以下のように整理できます。

- 共通鍵暗号：大きなデータでも（公開鍵暗号方式よりは）すばやく暗号化や復号できる
- 公開鍵暗号：事前に鍵を共有しなくていいので、不特定多数の相手との通信をすぐにはじめられる

双方のメリットを活かして、共通鍵暗号と公開鍵暗号を組みあわせたのが<u>ハイブリッド暗号</u>です。まず<u>公開鍵暗号</u>で通信をスタートし、安全な伝送路が確保されたところで共通鍵を交換します。そうすれば、<u>共通鍵暗号</u>で通信できるようになり、大きなデータもストレスなく送受信できます。

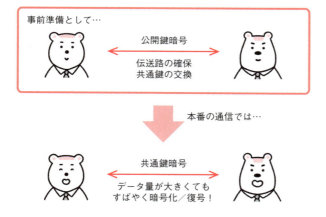

ハッシュ

あるデータをハッシュ関数に入力すると、<u>ハッシュ値</u>と呼ばれるデータが出力されます。

- ハッシュ値からもとのデータには戻せない
- 同じデータからは、必ず同じハッシュ値が得られる

・入力データが少しでも異なると、大幅に違うハッシュ値になる

このような特徴から、ハッシュ値は**改ざんの検出**に多用されます。アプリとそのハッシュ値をWebサイトに掲載しておけば、仮にアプリが途中で改ざんされても、ダウンロード後のアプリからハッシュ値を得ることで改ざんの事実がわかります。また、パスワードをハッシュ値にして保存しておけば、漏洩してもパスワードは漏れません。パスワードの認証自体は、入力したパスワードからハッシュ値を得て、ハッシュ値同士を比較することで可能です。

<u>MAC</u>（メッセージ認証符号：Message Authentication Code）は、秘密鍵を併用することで、元データとハッシュ値を両方改ざんされた場合にも対応しています。

用語

TPM
セキュリティ機能が組みこまれた専用チップ。鍵やハッシュの生成ができ、各種攻撃に耐性がある。

チャレンジレスポンス
チャレンジ（乱数）とレスポンス（パスワードとチャレンジをもとにしたハッシュ値）のやりとりで、パスワードをネットワーク上に流さずに認証する方式。

たしかハッシュ値はブロックチェーンでも使われているんですよね？

参照

・ブロックチェーン
→ p.157

そうです！　ハッシュ値からもとの値を推測できない性質を使って、取引記録などの改ざんを防止しています。

ブロックチェーン（データが数珠つなぎになってる）では、まさに地層のようにデータが積み重なっています。地層の一部だけ入れ替えたら目立ってバレるように、ブロックチェーンでもデータの改ざんはすぐ発見できます。

つじつまが合うようにデータを改ざんするためには膨大な計算が必要で、そんなことをするくらいならブロックチェーンの運営に協力（マイニング）するほうが得なように設計されているんです。

5.7.2 デジタル署名と認証局

デジタル署名

通信（たとえばメール）が送られてきたときには、送信者情報が添付されていて、「この人が送ったんだな」とわか

るようになっています。

　でも、電子文書はだれかが書き換えても痕跡が残りませんから、ほんとに本人が送ってきたものか怪しいですよね。本人が送ったものでも、途中で改ざんされている可能性もあります。

　「本当に本人が送ったのか」「途中で改ざんされていないのか」を確認するための技術が**デジタル署名**で、公開鍵暗号の技術を応用して作られています。

得点のツボ　デジタル署名

・デジタル署名では、**送信者**が鍵のペアを作る
・署名：**送信者の秘密鍵**
・検証：**送信者の公開鍵**

　公開鍵暗号とは違って、送信者が鍵のペアを作って、秘密鍵で署名をします。そして、公開鍵を配って受信者に署名を検証してもらうのです！

　鍵を配ってしまうなんて、度胸がよすぎる気もします。なんでこんなことをするのでしょうか？

　さきほどお伝えしたように、公開鍵暗号の鍵は「ペアである」ということでしたね。ここがポイントになるのです。受信者の視点で考えてみると、配られた公開鍵でうまく検証できるということは、その暗号はペアになっている秘密鍵で作られたということです。ペアの秘密鍵を持っている人は、正規の送信者だけのはずですから「おお、本人が送ってきた文書だぞ」とわかるわけです。

　また、デジタル署名は送信するデータ（平文）を元に作られますので、平文は平文で別に送って、受信者がデジタル署名から復元した平文と突き合わせれば、途中で改ざんされていないかどうかもわかります。いいことずくめですね！

公開鍵暗号のしくみを使うということは、盗聴対策にもなりますか？

盗聴対策の役には立ちません。勘違いしやすいので、気をつけましょう。あくまで、公開鍵暗号のしくみを応用しているだけです。

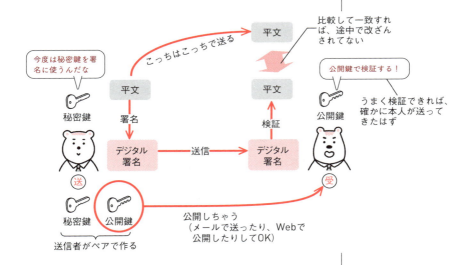

認証局

でも、疑おうと思えば、「鍵のペアを作った人自体が、なりすましじゃないの？」と疑えます。そのため、「たしかに本人が鍵のペアを作ったんですよ」と証明してくれる第三者機関、**認証局**（**CA**）があります。

また変なのが出てきて、頭がパンクしそうです…

スペル

・CA（Certification Authority）

用語

サーバ証明書
SSL/TLSではCAが発行するサーバ証明書、クライアント証明書を使って、通信相手を認証し、証明書に含まれる公開鍵で、暗号化通信をする。

セキュリティ分野はあともうひと息なので、頑張りましょう！ 現実の世界でも「三文判ではちょっと信用できないなぁ…」と思ったときには、印鑑登録制度を利用して、「たしかに本人のハンコである」と役所に証明してもらいますよね。それと似ています。

認証局に鍵を登録するためには、身分証明書などが必要なので、なりすましが非常にしにくくなるわけです。自分の公開鍵に認証局がデジタル署名してくれたものを、<u>デジタル証明書</u>といいます。

> **用語**
>
> **PKI**
> 公開鍵基盤のこと。デジタル証明書を信用できる第三者（認証局）が証明するしくみ。
>
> **コード署名**
> ソフトウェアに対しておこなう署名。ソフトに署名を施し、デジタル証明書とともに配布する。利用者は署名を検証することで、正しいベンダから改ざんのないソフトを入手できる。

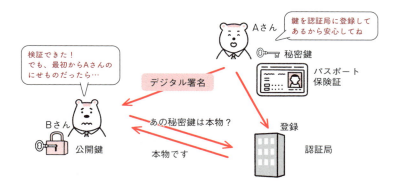

♛ 重要用語ランキング

① 公開鍵暗号 → p.408

② ハッシュ → p.410

③ デジタル署名 → p.411

④ ハイブリッド暗号 → p.410

⑤ CA → p.413

用語を理解できているかおさらいしよう！

414

試 験 問 題 を 解 い て み よ う

✏ 問題1　令和2年度　問97

公開鍵暗号方式では、暗号化のための鍵と復号のための鍵が必要となる。4人が相互に通信内容を暗号化して送りたい場合は、全部で8個の鍵が必要である。このうち、非公開にする鍵は何個か。

ア　1　　イ　2　　ウ　4　　エ　6

解説1

公開鍵暗号方式ではn人が参加するネットワークにおいて、2n個の鍵が必要でした。ある人と通信するためには、その人の鍵のペア（秘密鍵と公開鍵）がいるので、ペア（2個）×n（人数）ということですよね。

鍵がいくつになろうとも、同数の秘密鍵と公開鍵が存在しているので、全体の半分の数になります。

答：ウ

✏ 問題2　令和2年度　問100

電子メールにディジタル署名を付与して送信するとき、信頼できる認証局から発行された電子証明書を使用することに比べて、送信者が自分で作成した電子証明書を使用した場合の受信側のリスクとして、適切なものはどれか。

ア　電子メールが正しい相手から送られてきたかどうかが確認できなくなる。
イ　電子メールが途中で盗み見られている危険性が高まる。
ウ　電子メールが途中で紛失する危険性が高まる。
エ　電子メールに文字化けが途中で発生しやすくなる。

解説2

その電子証明書そのものが、第三者が作った偽物であるリスクがあります。独自に発行した電子証明書は三文判のようなもので、だれでもカタチだけなら整えられるのです。独自のオレオレ認証局ではなく、信頼できる認証局が発行した電子証明書がビジネスで求められるのはそれが理由です。

答：ア

✎ **問題 3　令和 3 年度　問 76**

IoT デバイス群とそれを管理する IoT サーバで構成される IoT システムがある。全ての IoT デバイスは同一の鍵を用いて通信の暗号化を行い、IoT サーバでは IoT デバイスがもつ鍵とは異なる鍵で通信の復号を行うとき、この暗号技術はどれか。

ア	共通鍵暗号方式	イ	公開鍵暗号方式
ウ	ハッシュ関数	エ	ブロックチェーン

解説 3

サーバが中核に位置していて、これと多数の IoT デバイスが暗号通信するモデルです。「IoT デバイス側はみんな同じ鍵を使う」とありますから、これがキーワードになって公開鍵暗号方式であることがわかります。秘密鍵暗号方式だと、サーバと IoT デバイスのペアごとに鍵が必要になるので管理がたいへんです。

答：イ

✎ **問題 4　令和 3 年度　問 73**

IoT デバイスに関わるリスク対策のうち、IoT デバイスが盗まれた場合の耐タンパ性を高めることができるものはどれか。

ア　IoT デバイスと IoT サーバ間の通信を暗号化する。
イ　IoT デバイス内のデータを、暗号鍵を内蔵するセキュリティチップを使って暗号化する。
ウ　IoT デバイスに最新のセキュリティパッチを速やかに適用する。
エ　IoT デバイスへのログインパスワードを初期値から変更する。

解説 4

「耐タンパ性」は解析などで、そのハードウェアやソフトウェアの中身をつまびらかにしたり、データを盗聴しようとする攻撃にどのくらい耐えられるかの指標です。暗号鍵の生成・演算・保管を専用ハードウェアでおこなう TPM は、耐タンパ性の高い装置です。

答：イ

416

コラム｜ITの勉強って、やっぱりしておいたほうがいいのかな？

そうですね、なかなか逃げられなくなってきています。

このテキストを読んでいただいている読者のなかでも、「別に好きで勉強するわけじゃないんだ！」という方もいらっしゃると思います。おそらく会社や学校からなんらかの圧がかかっているのでしょう。いやなものを勉強するほど、いやなこともなかなかありませんね。

IT人材の需要拡大が止まらない

しかし、残念ながらこの圧が弱まる気配は今のところありません。小学校や中学校でプログラミングが必修になったのは記憶に新しいところですが、今度は数理・データサイエンス教育強化拠点コンソーシアムというところが、「数理・データサイエンス・AIモデルカリキュラム」を出してきて、おそらくほとんどの大学がAIリテラシーの教育を必修化していきます。その内容はこんな感じです。

数理・データサイエンス・AIリテラシーレベルのモデルカリキュラム

1. 社会におけるデータ・AI利活用
   1-1　社会で起きている変化
   1-2　社会で活用されているデータ
   1-3　データ・AIの活用領域
   1-4　データ・AI利活用のための技術
   1-5　データ・AI利活用の現場
   1-6　データ・AI利活用の最新動向
2. データリテラシー
   2-1　データを読む
   2-2　データを説明する
   2-3　データを扱う
3. データ・AI利活用における留意事項
   3-1　データ・AIを扱う上での留意事項

3-2 データを守る上での留意事項
4. オプション
4-1 統計および数理基礎
4-2 アルゴリズム基礎
4-3 データ構造とプログラミング基礎
4-4 時系列データ解析
4-5 テキスト解析
4-6 画像解析
4-7 データハンドリング
4-8 データ活用実践（教師あり学習）
4-9 データ活用実践（教師なし学習）

努力するだけの価値はある

　別に内閣府や文部科学省もいじわるでやっているわけではなく、グローバリゼーションが進んで競争が激化するなかで、長く食っていくための武器として大学生に身につけさせようとしています。

　そのくらい論理的思考やAIの活用能力が、今後のビジネスシーンで必須だと考えられているわけです。ITパスポートの知識やスキルは、AIリテラシーとあいまって強固な社会人としての基礎力を形成するものです。

　それは皆さんが時間と労力をかけて修得するに、ふさわしいものです。少なくとも、覚えた知識がムダになることはありませんから、ぜひポジティブに捉えて試験勉強を、すなわち自分が強くなっていくプロセスを、楽しんでみてください。

6章

データベースと表計算ソフト

テクノロジ

6章の学習ポイント

実際に手を動かしてみて、確実な得点源に！

6章では会社や学校で使い慣れている人も多い、データベースと表計算ソフトを取りあげます。

ぼく関数とか使いこなしてるんで、楽勝です！

むむぅ。本試験では関数の表記が独特なので、知っている人ほど面食らうことがあるんです。過去問などで慣れておくことが重要ですよ。

なじみのある技術は、わかった気になって対策がおろそかになりがちです。もう一度学び直す気持ちで読んでみてください。

データベース

データベースの基礎的な知識に加えて、かんたんな集合演算の練習をしておくと、得点力がアップします。また、図はめんどうでも一度自分の手で描くと、理解が進む傾向にあります。

バックアップ

ふだんからおこなっている人も多いでしょうが、業務でおこなうバックアップでは遠隔地保存や世代管理、リストアップ時の速度への配慮など、やはり個人のバックアップとは異なる要素がたくさんあります。それらを中心に知識をまとめていきましょう。

表計算ソフト

まず、相対参照と絶対参照は確実に使いこなしておきます。そのうえで関数の問題を取りこぼさないように仕上げます。

ふだんの知識を整理すれば、試験だけでなく会社や学校でも役に立ちます。ITパスポート試験は努力がムダにならない設問が多いので、安心して勉強に取り組みましょう！

6.1 データベースはシステムの基本

学習日

出題頻度 ★★★★☆

どんな仕事もデータがなければ始められません。昔ながらの駄菓子屋さんも、仕入台帳や売上台帳というデータをもとに商売をしています。データを管理・運用しやすくまとめるデータベースは情報システムの根幹です。

6.1.1 関係データベース

データの入れもの

データを保存しておくときに、どんな形式で保存しておきますか？

データの保存なんて、ふつうにメモ帳とかワープロソフトとかでやってますよ！

かんたんで便利ですが、本格的な業務で大量のデータを保存しようとか、統計処理をしよう、複雑な条件で検索しようといった用途には向きません。

たとえば、ふつうのファイルシステムだと、何人もが上書きしようとしたときに、矛盾を回避するしくみなんかがないんですよね。

そこでデータを保存する専用のしくみとして使われるのが、**データベース**です。データベースに保存すれば、保存するだけじゃなく、共有や選択、加工など、いろいろな処理が可能になります。

421

データベースは歴史の古いシステムですので、階層型やネットワーク型などさまざまな種類が考えられています。

その中でも、データベースといえばこれ！ というくらい普及しているのが関係データベース（リレーショナルデータベース）で、表形式でデータを格納するのが特徴です。なんといっても見やすいですよね。次のようなパーツで成り立っています。

> **得点のツボ** データベースソフトのパーツ
>
> 同じ意味で呼び方がいろいろあるので、覚えておこう！
> - **表ーテーブル**
> - **列ーフィールド、属性**：項目のこと
> - **行ーレコード、組、タプル**：1件分のデータのこと

ちなみにデータベースはプログラムが複雑に絡みあって動作するため、「データベースソフト」とはあまり言いません。情報処理試験では、**データベース管理システム**（**DBMS**）として出題されます。

主キー

大量に何かを保存する場合、なんでもかんでも押しこんでおけばいいというものではありません。それでは、保管はできるかもしれませんが、活用が難しくなります。

まったく整理されていない図書館を想像するといいと思うのですが、そこから1冊の本を探すことを考えるとぞっとしませんか。データベースにデータを保存するときは、

スペル

- DBMS（Data Base Management System）

用語

3層クライアントサーバシステム
第1層：クライアント
第2層：アプリケーション・サーバ
第3層：データベース・サーバ
この3階層で構成するしくみのこと。従来、サーバとして一緒だったアプリケーションとデータベースを分離したのがミソで、変更頻度の高いアプリケーションと、変更頻度の低いデータベースをわけることで、堅牢で柔軟性の高いシステムを構築できる。

ちょっとメモ帳に走り書きをするのとは違って、きちんと体系化しておかないと使い物にならなくなります。

そのために、まず必要なのは、データから「同姓同名」をなくすことです。

> ぼくの名前、ほかの人と同姓同名になりがちで、よくまちがえられるんですよ…

そういうことありますよね。学籍簿を名前だけで管理してしまうと、同姓同名のデータが現れたときに「あれ？ 探していたのはどっちの人だっけ？」となります。また住所で管理しても、同じ家に住んでいる兄弟などで2つのデータが現れる可能性もあります。

そうした混乱を避けるために、絶対にほかの人と一緒にならないユニーク（一意）な番号があると便利です。学生なら学籍番号、社員なら社員番号といったあたりで、これが**主キー**です。

関係データベースでは、1件のデータは行（レコード）として格納されるので、主キーとは言い方をかえれば、特定の行（レコード）を見つけるための識別子です。

たとえば、下図の場合、学籍番号と電話番号は主キーになる可能性がありますが、電話番号は1人で2台持っていたり、2人で1台をシェアしていたりする可能性もあるので、学籍番号を主キーとします。主キーを使えば、お目当ての行をすぐに探せます。

重複を許さないこの性質を、**一意性制約**といいます。

学籍番号 （主キーにしてみた！）	電話番号	氏名	住所
1	03-1234-5678	あいだ	東村山
2	03-2345-6789	すずき	草加
3	03-3456-7890	すずき	札幌

（これが決まると　　ほかも決まる）

423

なお、主キーは、複数の列の組み合わせで作ってもかまいません。ただし、1つのテーブルに存在していい主キーは1つだけです。また、主キーは、特定の行を見つけるのが仕事なので、null（空）は格納できません。

集合演算

データベースをデータの保管庫と考えるのはとてももったいないことです。それでは、ただのデータコレクターになってしまいます。

活用してこそのデータですから、データベース管理システム（DBMS）を使うことでデータにどのような操作（演算といいます）を加えられるか見ていきましょう。ちなみに、データベースの操作には、**SQL**という言語を使います。

構造が同じ表の演算には、和・差・積の3つがあります。

和演算

名前のとおり、2つの表の足し算です。互いの表からすべての行を抜き出して、新しい表を作ります。出題ポイントになるのは、重複している行があるときは、1つの行にまとめられる点です。

差演算

2つの表による引き算です。引かれる表から、引く表に存在する行を消去して、新しい表を作ります。出題ポイントになるのは（引き算ですから当然ではありますが）計算する順序で結果が変わってくる点です。引かれる表にだけ存在する行が残る、と考えてください。

積演算

共通演算という言い方もあり、そちらのほうが覚えやすいかもしれません。2つの表の共通部分を抜き出して、新しい表を作ります。

用語

インデックス
表の本体とは別に作る、検索用の小さな表。検索が高速になる。

スペル

・SQL（Structured Query Language）

表A

注文番号	商品名	単価	数量
001	技評まんじゅう	300	2
002	技評フィギュア	12000	12

表B

注文番号	商品名	単価	数量
002	技評フィギュア	12000	12
003	技評印魔法瓶	5000	5

和演算

注文番号	商品名	単価	数量
001	技評まんじゅう	300	2
002	技評フィギュア	12000	12
003	技評印魔法瓶	5000	5

差演算

注文番号	商品名	単価	数量
001	技評まんじゅう	300	2

積演算

注文番号	商品名	単価	数量
002	技評フィギュア	12000	12

関係演算

選択

データの中から、必要な**行**だけを抜き出す演算です。

射影

データの中から、必要な**列**だけを抜き出す演算です。

注文番号	商品名	単価	数量
001	技評まんじゅう	300	2
002	技評フィギュア	12000	12

商品名
技評まんじゅう
技評フィギュア

選択

射影

001	技評まんじゅう	300	2

結合

2つの表をくっつける演算です。ただし、やみくもにくっつけると意味不明な表になってしまいます。

でも、両方の表に同じ列があれば、それをとっかかりに結合できますね。図の例では、商品番号を媒介にして2つの表をくっつけています。

注文番号	商品番号	数量
001	A1	2
002	A2	12

商品番号	商品名	単価
A1	技評まんじゅう	300
A2	技評フィギュア	12000

2つの表をくっつける

注文番号	商品番号	商品名	単価	数量
001	A1	技評まんじゅう	300	2
002	A2	技評フィギュア	12000	12

ワイルドカード

ワイルドカードはトランプなどで出てくる特別な万能札のことで、ジョーカーなどが該当します。

ITでワイルドカードが登場するのは検索や抽出においてです。たとえば、名前の最後が子で終わる人をすべて指定する場合に、「＊子」、「％子」といった書き方をします。このとき、＊や％がワイルドカードになるわけです。

6.1.2 | データのモデル化

正規化

関係データベースにデータを入れるぞ！　と心に決めた場合、注意することがあります。それは、表の形になっていないとデータが入れられない、ということです。

426

下図を見てください。1月23日に2つの品物を買っていますが、通し番号や日付、買った場所の項目が共有されてしまっています。おこづかい帳だったらこの書き方で問題ないのですが、関係データベースで管理する場合は都合の悪いことになります。

通し番号	日付	買った場所	買ったもの	金額
1	1月23日	△△カメラ	フィギュア（PVC）	19800
			アルカリ乾電池×10	500
2	1月30日	××電気	体重計	6000

なんで都合が悪いんですか？
合理的な書き方に見えますけど…

個人で使うときにはそうかもしれません。でも、この書き方だと、「ここを修正すると、必然的にこっちも書き直す必要があって、それを忘れるとひどいミスに！」といったことが起こりがちです。

そこで、共有をやめて1行ずつに分けたり、同じデータのくり返しを除いたりして、データベースに入力できる形に整えます。これが**正規化**です。

正規化には、データの重複をなくすという重要な役目があります。

次ページの上表を見てください。「販売のテコ入れのために、技評まんじゅうの商品名を技評饅頭に変えよう！」と思いついたとき、最初の表だと2箇所データを更新しなければなりません。

でも、その次の表のように分割されていれば（正規化されていれば）、右表のデータを1箇所変更するだけですみます。更新漏れや誤更新が少なそうですよね。これでデータの運用がとてもラクになります。

ちなみに次ページ左表の「商品番号」は**外部キー**といって、右表の「商品番号」とリンクしています。左表では、右表にある商品番号しか入力できず（参照制約という）、ミス

> **ひと言**
>
> 外部キーは主キーと同様に複数の列の組み合わせでも作れるが、一意である必要はない。

を減らせます。リンクが途切れてしまうような値は入力できないということです。複数のテーブルとリンクするために、複数の外部キーを設定することもできます。

注文番号	商品番号	商品名	単価	数量
001	A1	技評まんじゅう	300	2
002	A2	技評フィギュア	12000	12
003	A1	技評まんじゅう	300	6

注文番号	商品番号	数量
001	A1	2
002	A2	12
003	A1	6

商品番号	商品名	単価
A1	技評まんじゅう	300
A2	技評フィギュア	12000

　正規化はその冗長性を廃する度合いによっていくつかの段階（第1正規形～第5正規形）に分かれます。実務ではだいたい第3正規形くらいまで正規化しますよ。

――― 得点のツボ　正規化 ―――
- **第1正規形**：非正規形からくり返しを取り除いた！
- **第2正規形**：主キーによって、ほかの項目が一意に決まる！
- **第3正規形**：主キー以外の項目によって、ほかの項目が決まらないようにする！

E-R図

「業務をシステム化するので、データを整理してデータベースに登録しよう！」

…言うのはかんたんですが、実行はなかなか難しいです。どんなデータがあるのか、データ同士がどんな関係にあるのか、といったことは割と意識していなかったりします。きちんと把握して作らないと、使いやすいデータベースになりません。

そこで、データ（エンティティ）とその関連（リレーションシップ）を可視化して、わかりやすくするのが E-R図 (ERD) です。

スペル

・ERD (Entity Relationship Diagram)

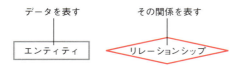

たとえば「ぼくの本棚に対して書籍はたくさん」という関係は以下のように表します。

――― 得点のツボ　E-R図 ―――
・現実の社会を、実体とリレーションでモデル化した図
・関連の種類には、
　→　1対1（学生と卒業証書とか）
　→　1対多（担任の先生と学生とか）
　→　多対多（先生と科目とか）などがある

ひと言

1対1、1対多、多対多などの関係のことを、カーディナリティ（多重度）という。

DFD

システムの全体像を把握する、人に説明するために書く、というのはなかなかの難事業です。処理の手順を追っていく、オブジェクトに着目するなど、いろいろなやり方が考えられました。

DFD（データ・フロー・ダイアグラム）は、データの流れに焦点をあてることで、業務プロセスの全体像を浮かび

429

あがらせる方法です。4つの記号を使って、データの流れを図にしていきます。

○	プロセス	データをいじくる
□	源泉 吸収	データができるところ データを使うところ
→	データフロー	データの流れ
=	データストア	データをとっておくところ

ちょっとピンときにくいものもありますが、たとえば源泉や吸収は「お客さん」といったシステムの外部にあるもの、データストアはファイルやデータベースの表などが該当します。

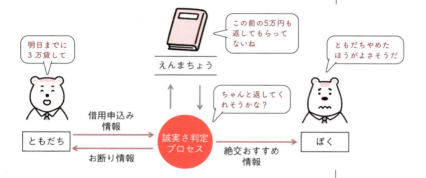

ちょっと前までは、不完全なDFDを完成させる問題がよくでていました。この手の問題は、前段の文章と比べながら、どんな処理が入るか、とか、処理のために何のデータが必要か、とか考えればOKです。

最近はもうすこしかんたんな、「DFDの図はどれか」みたいな問題がよく出ています。E-R図やアローダイアグラムと比較されることが多いので、それぞれ何を表すのか、しっかり覚えておきましょう。「データの流れ」「業務プロセス」というキーワードがあったら、DFDです。

BPMN

ビジネスプロセスモデリング表記法のことで、業務手順を可視化する標準的な手法です。

イベントの開始（○）、途中（◎）、終了（●）やタスク（□）、ゲートウェイ（◇）が、シーケンスフロー（→）やメッセージフロー（点線の矢印）によって結ばれ、全体の構造がわかるようになっています。

スペル

・BPMN（Business Process Modeling Notation）

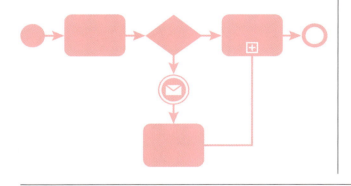

👑 重要用語ランキング

① 関係データベース → p.422

② E-R図 → p.428

③ DFD → p.429

④ 集合演算 → p.424

⑤ 主キー → p.423

用語を理解できているかおさらいしよう！

試験問題を解いてみよう

問題1　令和3年度　問70

条件①〜④を全て満たすとき、出版社と著者と本の関係を示すE-R図はどれか。ここで、E-R図の表記法は次のとおりとする。

〔表記法〕

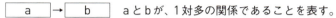 aとbが、1対多の関係であることを表す。

〔条件〕
① 出版社は、複数の著者と契約している。
② 著者は、一つの出版社とだけ契約している。
③ 著者は、複数の本を書いている。
④ 1冊の本は、1人の著者が書いている。

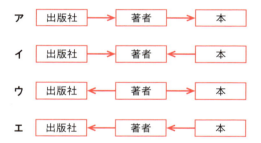

解説1

条件の①②から「出版社」→「著者」の関係になります。著者は複数の出版社と契約していないので「出版社」←「著者」にはなりません。
また③④も同様に考えると「著者」→「本」の関係になります。

答：ア

問題2　令和元年度秋期　問66

関係データベースにおいて、主キーを設定する理由はどれか。

ア　算術演算の対象とならないことが明確になる。
イ　主キーを設定した列が検索できるようになる。
ウ　他の表からの参照を防止できるようになる。
エ　表中のレコードを一意に識別できるようになる。

解説2

　主キーを使うことで、表の中から特定の行（レコード）を一意に特定できます。レコードの特定が可能な属性は複数存在することがあり、それを候補キーと呼びます。候補キーの中で、DB設計者が運用上最善と定めたものが主キーになります。

答：エ

✏ 問題3　令和3年度　問95

　関係データベースで管理された"商品"表、"売上"表から売上日が5月中で、かつ、商品ごとの合計額が20,000円以上になっている商品だけを全て挙げたものはどれか。

商品

商品コード	商品名	単価（円）
0001	商品A	2,000
0002	商品B	4,000
0003	商品C	7,000
0004	商品D	10,000

売上

売上番号	商品コード	個数	売上日	配達日
Z00001	0004	3	4/30	5/2
Z00002	0001	3	4/30	5/3
Z00005	0003	3	5/15	5/17
Z00006	0001	5	5/15	5/18
Z00003	0002	3	5/5	5/18
Z00004	0001	4	5/10	5/20
Z00007	0002	3	5/30	6/2
Z00008	0003	1	6/8	6/10

- **ア**　商品A、商品B、商品C
- **イ**　商品A、商品B、商品C、商品D
- **ウ**　商品B、商品C
- **エ**　商品C

解説3

　売上表から、売上日が5月中のレコードは売上番号Z00003〜Z00007であることがわかります。レコード内に含まれる商品コードを商品表と照らしあわせて単価を知り、それを売上表の個数とかけあわせると、右の表にまとめられます。

売上番号	レコードごとの売上金額
Z00003	商品Bが3個→12,000円
Z00004	商品Aが4個→8,000円
Z00005	商品Cが3個→21,000円
Z00006	商品Aが5個→10,000円
Z00007	商品Bが3個→12,000円

　そこから、商品ごとの合計金額を算出すると、以下のようになります。

　商品Aの合計：18,000円（＝8,000＋10,000）
　商品Bの合計：24,000円（＝12,000＋12,000）
　商品Cの合計：21,000円

答：ウ

6.2 もしものためのバックアップ

学習日

出題頻度 ★★★★☆

データは「壊してしまったらどこかで買ってくるわけにはいかない」という意味で最重要の保護対象と言えます。事故で消失させないためのバックアップに加えて、まちがって上書きしたり、矛盾した内容にしたりないための排他制御についても理解を深めましょう。

6.2.1 データを壊さないために

排他制御

データベースはみんなで使うものなので、好き勝手にデータの読み出しや書き込みができると、たいていろくでもないことが起こります。

傘を借りたので、データベースに残りの傘の数を書き込もうとしたら、別の人も直前に書き込んで矛盾した値になってしまいました！

そうした不具合が起こらないようにするDBMSの機能が**排他制御**です。だれかがデータの操作をしているときに、ロックをかけてほかの人は使えないようにします。それで、データに矛盾が生じないようにするわけです。ロックは2種類あります。

> **得点のツボ** 排他制御
> - **共有ロック**：
> 「更新はやだけど、読むのはいいよ」
> - **排他ロック**：
> 「更新どころか、読まれるのもいやだよ」

> ははぁ。たとえば、ぼくがトイレに入っているときは、ほかの人には入ってきてほしくないので、排他ロックがかかっているんですね。あれ、共有ロックかな？

　共有ロックでホントにいいんですか？　状況にあわせて、ロックの種類をしっかり使い分けるようにしましょう。

　ちなみに、お互いにロックをかけあってしまって、にっちもさっちもいかなくなる、ということもあります。これを**デッドロック**といいます。デッドロックになると、ずうっとお互いにロックの解除を待っているので、いつまでたっても仕事が終わりません。私の人生は常にデッドロックに陥っているかもしれません。

バックアップ

　PCは壊れても買い換えられますが、自分のデータはどれだけお金を払っても買い戻せません。消えたらそれでおしまいです。データを消失してしまうリスクに対応する手段がデータのコピーをとっておく、**バックアップ**です。

　特に業務システムの場合は、世代管理をする点に特徴があります。最新のコピーだけでなく、「1週間前の状態に戻したいぞ」という要望に応えるためにいくつもコピーをとっておきます。

　世代管理の仕方はいくつか方法があります。

フルバックアップ

　基本になるバックアップ方法です。バックアップ取得対象となるデータすべてのバックアップを取得します。リストアする場合に、1回の読み出しでリストアが終了しますが、取得にかかる時間は最大です。

> **用語**
>
> **リストア**
> バックアップからデータを復元すること。「リストアのリハーサルをやっていなかったので、事故時にバックアップからデータを復元できなかった」は、試験でも実務でも出てくる笑えない「あるある」。

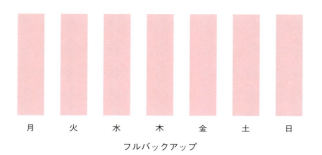

フルバックアップ

差分バックアップ

　フルバックアップと変更分を取得する回を組みあわせることで、取得にかかる時間と復旧にかかる時間のバランスをとります。

　下図の例では、月曜日にフルバックアップを取得し、火曜～日曜日では、月曜日からの変更分をバックアップします。こうすることで火曜～日曜日のバックアップ取得時間を短縮できます。

　復旧時には、たとえば土曜日に事故が発生してリストアする場合、月曜日のデータをリストアしてから、金曜のデータをリストアするという2つの工程が必要です。曜日が進むにつれてバックアップ取得時間が増加し、一定にならない点には注意が必要です。

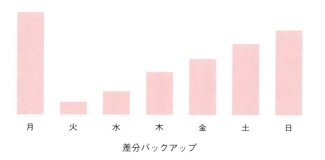

差分バックアップ

増分バックアップ

　最初にフルバックアップを取得し、以降は前日に対する変更分だけをバックアップします。バックアップ取得時間は最小です。リストア時間は曜日によって異なります。1サイクルを1週間でおこなう場合、最悪で7回のリストアが必要です。リストアに必要な時間は最大です。

増分バックアップ

リカバリ機能

　データは仕事を進めるうえでとても重要です。コンピュータが壊れても、買ってくれば何とかなるかもしれません。でも、作成したデータは自分だけのものですから、一度壊れてしまったらそれまでです。毎年、卒論の提出間際になると「データ壊れました」と泣きついてくる学生さんがいます。冬の風物詩です。

　では、どのように対策すればいいでしょうか？　データの保護は<u>バックアップ</u>（コピーをとって保管しておくこと）が基本ですが、データベースは猛烈に読み書きをしていますから、バックアップを常にとり続けることはできません。

　「1日1回」と決めても、「えっ？　じゃあ、昨日の夜の時点までは復旧できるけど、今日の午前中のアレはダメなの？」という話になります。

じゃあ、どうすればいいんですか？

　バックアップに加えて、<u>ジャーナル</u>と呼ばれるデータ

ベース操作のログを記録して、データが壊れたときに備えます。

ロールフォワード（フォワードリカバリ）

データベースが壊れたとき、バックアップは24時間前のものしかなくても、「その24時間の間に、データベースにこんな操作をしたよ」というジャーナルがあれば、同じ操作をくり返すことで、壊れる直前の状態を復元することができます。これをロールフォワードといい、データベースの物理的なトラブルに有効です。

スペル
・ロールフォワード（roll forward）

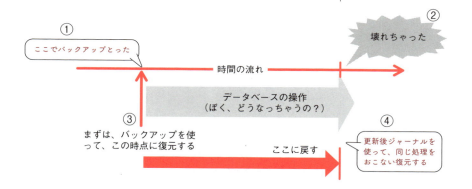

得点のツボ　ロールフォワード
- 更新後ジャーナルで、壊れる直前の状態に復元！
- 物理的なトラブルのときによく使われるワザ！

ロールバック（バックワードリカバリ）

処理が終わったあとで、ハードディスクが壊れた！　という場合はロールフォワードでいいのですが、データベース操作をまちがえた場合や、プログラムが異常終了したときに処理中だった操作はダメです。そんなときに使うのがロールバックで、データベース操作をなかったことにします。

スペル
・ロールバック（roll back）

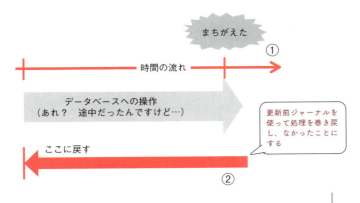

得点のツボ　ロールバック

・更新前ジャーナルで、変な操作を
　なかったことに！
・論理的なトラブルのときに登場するワザ！

トランザクション

「ひとかたまりの処理」のことです。

複数の処理が関連しているとき、全部成功か全部失敗にしないと仕事がうまくいかない、ということがあります。たとえば、お金の振り込みでは、自分の口座の預金を減らして、相手の口座の預金を増やしますね。でも、自分の口座を減らすのは成功したけど、相手の口座を増やすのに失敗したらどうでしょう。

それは減らし損じゃないですか！
クレームものです！

このとき、「自分の口座を減らす」と「相手の口座を増やす」を1つのトランザクションにして、必ず両方が成功するか、両方が失敗するようにします。仕事の整合性をとるわけです。

トランザクションは不可分な処理であるため、その結果

は成功か失敗しかありません。「部分点」のようにはいかないのです。成功すると、トランザクションによってデータベースに加えられた変更が確定します。これを**コミット**と呼びます。失敗した場合はロールバックをして、そのトランザクションがおこなわれなかった状態へとデータベースを復帰させます。

♛ 重要用語ランキング

① 排他制御 → p.434

② ロールバック → p.438

③ ロールフォワード → p.438

④ トランザクション → p.439

⑤ 差分バックアップ → p.436

用語を理解できているかおさらいしよう！

試験問題を解いてみよう

問題1　平成30年度秋期　問63

トランザクション処理におけるロールバックの説明として、適切なものはどれか。

ア　あるトランザクションが共有データを更新しようとしたとき、そのデータに対する他のトランザクションからの更新を禁止すること
イ　トランザクションが正常に処理されたときに、データベースへの更新を確定させること
ウ　何らかの理由で、トランザクションが正常に処理されなかったときに、データベースをトランザクション開始前の状態にすること
エ　複数の表を、互いに関係付ける列をキーとして、一つの表にすること

解説1

ロールバックとは、ある処理がうまく実行できなかったときに、それを巻き戻して「なかったこと」にするための処理でした。トランザクションも重要な用語です。バラすと矛盾が生じてしまう一連の処理をまとめたものです。

答：ウ

問題2　令和2年度　問72

2台のPCから一つのファイルを並行して更新した。ファイル中のデータnに対する処理が①〜④の順に行われたとき、データnは最後にどの値になるか。ここで、データnの初期値は10であった。

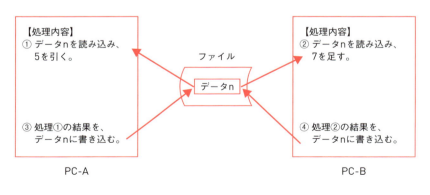

ア　5　　イ　10　　ウ　12　　エ　17

解説2

① 10－5＝5の結果が保持されます。

② 10＋7＝17の結果が保持されます（nの内容は更新されていないことに注意！）。

③ n＝5として更新

④ n＝17として更新

排他制御をしなかったため、このように矛盾したデータができあがりました。

答：エ

✏ **問題3　応用情報　令和3年度春期　午前問57**

フルバックアップ方式と差分バックアップ方式を用いた運用に関する記述のうち、適切なものはどれか。

ア　障害からの復旧時に差分バックアップのデータだけ処理すればよいので、フルバックアップ方式に比べ、差分バックアップ方式は復旧時間が短い。

イ　フルバックアップのデータで復元した後に、差分バックアップのデータを反映させて復旧する。

ウ　フルバックアップ方式と差分バックアップ方式を併用して運用することはできない。

エ　フルバックアップ方式に比べ、差分バックアップ方式はバックアップに要する時間が長い。

解説3

差分バックアップは、フルバックアップから変更が生じた箇所のみを保存していく方式です。バックアップ時間と容量を節約できますが、復旧に時間と手間がかかります。

ア　フルバックアップからのリストア→差分のリストア、という手順で作業するので、フルバックアップよりも時間がかかります。

イ　正解です。

ウ　併用するのが一般的で、フルバックアップを定期的に取得します。「前回のフルバックアップは10年前だ」では、復旧に時間がかかりすぎます。

エ　差分（変更箇所）だけを保存しますから、所要時間は短くなります。

答：イ

6.3 表計算ソフトでらくらく計算

学習日

出題頻度 ★★★★★

　ワープロと並んで、企業での実務に必須のソフトウェアです。そのため、相対参照や絶対参照といった個々の知識はもちろん、操作技能を前提にした設問が組まれることがあります。余裕があればこの本の内容をもとにExcelなどをいじってみてください。

6.3.1 相対参照と絶対参照

マス目で区切って、データを入力

　行と列で区切られたマス目に、データを入力していくことで複雑な計算をかんたんにできるのが表計算ソフトです。スプレッドシートともいいます。

　書式機能も持っているので、計算をするだけでなく、そのまま請求書などとして使うことも可能です。

　表計算ソフトの作業領域のことをワークシートといいます。ワークシートは行と列からなっていて、1つひとつのマス目のことをセルと呼びます。

> **用語**
>
> **セル**
> cell。受験英語では細胞と習った。小部屋の意味。

	A	B	C	D
1		列		
2				
3	行			
4				
5				セル
6				

得点のツボ　ワークシートのお約束

- セルには数字や文字といったデータを入れていくことができる
- 行は1、2、3…、列はA、B、C…と数えていく
- 特定のセルを指定するときには、行と列の番号から「B4のセル」というふうにする

データの入力と計算

　表計算ソフトでは、入力するデータに数字と文字が混在します。ワープロソフトだってそうですが、計算をするのが目的である以上、両者の区分けをきっちりしておかないとまずいです。

　区分けはデータの入力時点で、表計算ソフトが自動的におこないますが、文字データはセルに左詰で、数字データはセルに右詰で表示されるので、かんたんに確認することができます。

やきいも	5
フィナンシェ	6
小倉アイス	7

　また、数字データは計算することが可能です。セルにデータを書き込むときに、先頭に＝をつけておくと、後ろに続く式を計算してくれます。

- 1+1という文字だと認識される
- 1+1を計算した結果、つまり2がセルに表示される

計算で使う記号（算術演算子）は、おおむね算数と同じものが使えますが、一部異なる記号をあてるので注意してください。

得点のツボ　算術演算子

算数	表計算ソフト
＋	+
−	-
×	*
÷	/
べき乗	^

・計算の順番は、一般的な算数と一緒
　べき乗　→　乗除算　→　加減算の順
・（　）をつけて順序を変えることもできる

Excelで「01」を入力すると、自動的に数字の「1」になっちゃいます！文字として認識させたいときはどうするんですか？

その場合は、'（シングルクォーテーション）を使います。'01と入力すれば「文字としての01」がセルに格納されます。

相対参照

表計算ソフトの便利なところは、別のセルの値を式の中に組みこめるところです。

用語

ピボットテーブル
データの分析・可視化機能。既存のデータから、基本統計量やクロス集計などを試行錯誤しながらかんたんに得ることができる。

	A	B
1	しなもののおねだん	200
2	買った数	3
3	支払うお金	=B1*B2

　こんなふうにしておけば、ワークシートに「しなもののおねだん」と「買った数」を入力した時点で、自動的に「支払うお金」が計算され、その結果がB3のセルに表示されます。

　また、セルの中身に変更があったときには、自動的に再計算までしてくれるのです！

	A	B
1	しなもののおねだん	200
2	買った数	3
3	支払うお金	600

 変更

	A	B
1	しなもののおねだん	300
2	買った数	4
3	支払うお金	1200

自動変更

　こんなに便利な機能ですが、人間は贅沢なのでもっとラクがしたいと思います。たとえばこんなときは…

	A	B	C	D
1	名称	おねだん	数量	金額
2	にぽぽ人形	1200	2	=B2*C2
3	くまぷー	800	5	
4	こけし	3000	1	

　金額を示すセルに、にぽぽ人形の行なら「＝B2＊C2」、くまぷーの行なら「＝B3＊C3」と入れていけばいいのですが、めんどうですよね。できればコピペでラクをしたいと思います。ワープロの感覚で考えると、コピペした場合は、

	A	B	C	D
1	名称	おねだん	数量	金額
2	にぽぽ人形	1200	2	=B2*C2
3	くまぷー	800	5	=B2*C2
4	こけし	3000	1	=B2*C2

　こんなふうになって、くまぷーの金額セルにも、こけし

の金額セルにも、にぽぽ人形の金額が入ってしまいそうです。でも、表計算ソフトは気を利かせてこうします。

	A	B	C	D
1	名称	おねだん	数量	合計
2	にぽぽ人形	1200	2	=B2*C2
3	くまぷー	800	5	=B3*C3
4	こけし	3000	1	=B4*C4

なんと！　コピペしたはずなのに、微妙にセルの中身を変えて、状況にあうようにしてくれています！　すごいですねえ。これを「相対参照」といいます。

得点のツボ　相対参照

・式をコピペした場合、なにも指定しなければ相対参照
・行が移動したときも、列が移動したときも有効

絶対参照

このように便利な相対参照ですが、場合によっては勝手にやられてしまうと迷惑なこともあります。

	A	B	C	D	E
1	名称	おねだん	数量	金額	比率
2	にぽぽ人形	1200	2	2400	=D2/D5
3	くまぷー	800	5	4000	=D3/D6
4	こけし	3000	1	3000	=D4/D7
5	合計			9400	

合計金額に対する、商品ごとの金額の比率を出したいと思いE列を作りました。まず、にぽぽ人形のところ（セルE2）に＝D2/D5と式を入れます。にぽぽ人形の金額を合計金額で割るので、比率が出るはずですよね。

ところが、これをコピペしていくと、

```
= D3/D6
= D4/D7
…
```

となっていきます。割られる数のほうは各商品の金額ですから、D3、D4と移動していっていいのですが、割る数のD6やD7のセルには何も入っていません。このままだとエラーになります。

にぽぽ人形だろうが、くまぷーだろうが、割る数は常に合計金額でないとまずいのですね。したがって、D5に固定したいのですが、表計算ソフトは勝手に気を利かせて相対参照にしてしまいます。

このありがた迷惑を打破する技術が「**絶対参照**」です。「この部分はコピペしたときも、内容を変えちゃいやだよ」ということを、$マークで表計算ソフトにあらかじめ伝えておくんです。

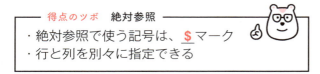

―― 得点のツボ　絶対参照 ――
・絶対参照で使う記号は、$マーク
・行と列を別々に指定できる

ひと言

たとえばExcelだったら、F4キーを使って相対参照と絶対参照を切り替えられる。

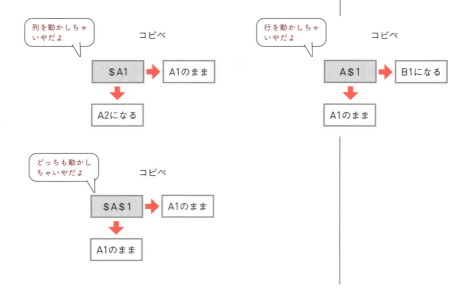

さきほどの例も、絶対参照を使えばわざわざすべての式を打ち直さなくても、コピペして表を完成させることができます。

	A	B	C	D	E
1	名称	おねだん	数　量	金　額	比　率
2	にぽぽ人形	1200	2	2400	=D2/D＄5
3	くまぷー	800	5	4000	=D3/D＄5
4	こけし	3000	1	3000	=D4/D＄5
5	合　計			9400	

6.3.2 関数

めんどうな計算も関数でラクチンに

表計算ソフトでは式を使って計算できますが、式を書くこと自体がめんどうなこともあります。

	A	B
1	名称	数量
2	にぽぽ人形	2
3	くまぷー	5
4	こけし	1
⋮	⋮	⋮
9999	能面	7
10000	合計	=B2+B3+B4…

上の表で、「9,998個ある商品の数量を全部足したいぞ」と思ったときに、B10000のセルに＝B2＋B3＋B4…と延々くり返していくのは、まるで何かの修行のようです。

そこで、**関数**が使われます。

―― 得点のツボ　関数 ――

- ・複雑な演算を一発で表現できる
- ・（　）の中に入るデータを**引数**という。計算の元ネタ
- ・関数によっては複数の引数が必要だったり、逆に引数が必要なかったりする

449

さっきの表ですと、

	A	B
1	名称	数量
2	にぽぽ人形	2
3	くまぷー	5
4	こけし	1
⋮	⋮	⋮
9999	能面	7
10000	合計	=合計(B2:B9999)

　＝合計（B2:B9999）と書けば、B2のセルからB9999の
セルまでを全部合計した数を計算できます。合計は、（　）
の中の合計を計算する関数、という意味なんですね。
　関数は非常にたくさんありますが、有名どころをざっと
確認しておけば試験には対応できます。もちろん関数も計
算式の一種なので、先頭に「＝」をつけて「これ、計算しま
すからね」と明示します。

ひと言

CBT試験中に［表計算仕
様］というボタンを押せば、
表計算ソフトの機能や関数
の機能を見ることができる。

試験での関数名	Excelの関数名	できる仕事
合計	SUM	合計値を表示する
平均	AVERAGE	平均値を表示する
最大	MAX	最大値を表示する
最小	MIN	最小値を表示する
剰余	MOD	割り算の余りを表示する
個数	COUNT	データの個数を数える
整数部	INT	引数以下の最大の整数を表示する
順位	RANK	範囲内の順位を表示する
表引き	INDEX	基準のセルを1とし、行方向にx、列方向にy移動したセルの値を表示する
条件付個数	COUNTIF	条件を満たす個数だけを数える

IF関数

　関数の中でも情報処理試験で狙われやすいのが、IF関数
です。これは条件判断をする関数です。こんな感じで記述
します。

───── 得点のツボ　IF関数の書き方 ─────

IF（条件, 条件が満たされた場合に
やること, 満たされなかった場合にやること）

たとえばA1セルに試験の得点が入っているとして、次のように書くと…、

IF（A1＞＝60,"おめでとう","ふざけるな"）

60点以上であれば、IF関数の入っているセルには「おめでとう」と表示されますし、60点未満であれば「ふざけるな」と表示されます。私も成績をつけるときに実際に使っています。関数は入れ子にすることもできます。たとえば、さっきのIF関数をこうしてみると、

IF（A1＞＝60,"おめでとう",IF（A1＞＝40,"ふざけるな",
"出直せ"））

60点以上なら「おめでとう」、60点未満40点以上なら「ふざけるな」、40点未満なら「出直せ」を表示するといった具合に、複雑な条件判断をこなせるわけです。

───── 得点のツボ　関数 ─────

・関数は組みあわせることもできる！
・本試験にも出てくるが、見かけの複雑さに惑わされないようにしよう！

論理積、論理和

4.1.2項「集合と論理演算」で論理積と論理和の話をしましたが、それを実際に表計算ソフトでおこなう関数で、論理積関数、論理和関数を使います（ExcelではAND、OR関数です）。

たとえば、A1セルとA2セルに英語の点数と数学の点数が入っていて、どちらも60点以上（論理積）のときに合格

ひと言

「以上」「以下」を表す記号はふつう≧、≦を使うが、表計算ソフトでは＞＝、＜＝と組みあわせて使う。

1 企業活動

2 経営戦略

3 システム開発

4 コンピュータのしくみ

5 ネットワークとセキュリティ

6 データベースと表計算ソフト

451

としたいときにはこんなふうに記述します。

	A	B
1	60	=IF（論理積（A1>=60,A2>=60）,"合格","不合格"）
2	60	

論理積（A1＞＝60,A2＞＝60）の部分が論理積関数で、

A1＞＝60　　（英語の点数が60点以上）
A2＞＝60　　（数学の点数が60点以上）

この両方の条件を満たしたときには真が、満たされなかったときには偽が計算結果になります。

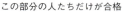
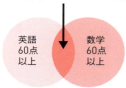

論理積関数をくるんでいるIF関数はこの結果を見て、真であれば「合格」を、偽であれば「不合格」をB1セルに表示しているわけです。上の例の場合は、英語も数学も60点以上取れているので、B1セルには「合格」が表示されます。
　ここで、ちょっと覚えておいてほしいことがあります。それは、関数を書くときの文法は、

関数名（引数1,引数2,…）

という形であることです。上の例だと気分的には　（A1＞＝60）論理積（A2＞＝60）　とやりたくなるのですが、これは文法違反になります。
　「AもしくはB（論理和）…、」という条件にしたいときには論理和関数です。先の例を、英語の点数と数学の点数のうちどちらかが60点以上なら合格という激甘なものにしたければ、論理和（A1＞＝60,A2＞＝60）に差し替えるだ

ひと言

また、関数を使わずに、論理積を＊、論理和を＋として書くこともできる。この場合は、(A1＞＝60)＊(A2＞＝60)と書き換えが可能。

用語

マクロ機能
操作手順を記憶させてくり返す機能。定型作業に便利。

けで大丈夫です。ITパスポート試験は3つの分野をすべて30%以上とり、かつ全体の点数も60%以上とらねば合格になりませんが、試験センターのコンピュータがどこかでまちがえてくれないものでしょうか。

CSV

データとデータの間をカンマ（,）で区切るタイプの保存形式のことを言います。一般的に、表計算ソフトは独自のファイル保存形式を持っていますが、ほかの表計算ソフトや表計算ソフトがない環境でデータが確認できないのが難点です。

そんなときに使われるのが、CSV形式による保存です。単純にカンマで区切る形でデータが並びますので、ほかの表計算ソフトでも読みとれますし、メモ帳などのテキストエディタで中身を確認することも可能です。

ただし、マクロなど、その表計算ソフトに固有の機能は保存できない点に注意が必要です。

> スペル
> ・CSV（Comma Separated Values）

重要用語ランキング

①絶対参照 → p.448

②IF関数 → p.450

③相対参照 → p.447

④論理積、論理和 → p.451

⑤算術演算子 → p.445

用語を理解できているかおさらいしよう！

試 験 問 題 を 解 い て み よ う

📝 問題1　令和2年度　問71

　表計算ソフトを用いて、ワークシートに示す各商品の月別売上額データを用いた計算を行う。セルE2に式"条件付個数（B2:D2, ＞15000）"を入力した後、セルE3とE4に複写したとき、セルE4に表示される値はどれか。

	A	B	C	D	E
1	商品名	1月売上額	2月売上額	3月売上額	条件付個数
2	商品A	10,000	15,000	20,000	
3	商品B	5,000	10,000	5,000	
4	商品C	10,000	20,000	30,000	

ア 0　　**イ** 1　　**ウ** 2　　**エ** 3

解説1

　条件付個数（B2:D2, ＞15000）は、B2〜D2のセルの中に、15,000より大きい数値を格納しているセルがいくつあるかを返します。最初に書かれるのはE2ですが、これをE3、E4へコピペして使うわけです。　式中の"B2:D2"は相対参照になるので、E4にコピペされた式は"条件付個数（B4:D4, ＞15000）"になります。
"B4:D4"の範囲では、C4「20,000」とD4「30,000」が15,000を超える値になっているので、2が正答です。

	A	B	C	D	E
1	商品名	1月売上額	2月売上額	3月売上額	条件付個数
2	商品A	10,000	15,000	20,000	= 条件付個数（B2:D2, ＞15000）
3	商品B	5,000	10,000	5,000	= 条件付個数（B3:D3, ＞15000）
4	商品C	10,000	20,000	30,000	= 条件付個数（B4:D4, ＞15000）

相対参照で範囲が変化

この範囲で探すと、
15,000より大きい数が2個見つかる

答：ウ

問題2 平成31年度春期 問98

　表計算ソフトを用いて、二つの科目X、Yの成績を評価して合否を判定する。それぞれの点数はワークシートのセルA2、B2に入力する。合計点が120点以上であり、かつ、2科目とも50点以上であればセルC2に"合格"、それ以外は"不合格"と表示する。セルC2に入れる適切な計算式はどれか。

	A	B	C
1	科目X	科目Y	合否
2	50	80	合格

ア　IF（論理積（(A2＋B2)≧120,A2≧50,B2≧50),'合格','不合格'）

イ　IF（論理積（(A2＋B2)≧120,A2≧50,B2≧50),'不合格','合格'）

ウ　IF（論理和（(A2＋B2)≧120,A2≧50,B2≧50),'合格','不合格'）

エ　IF（論理和（(A2＋B2)≧120,A2≧50,B2≧50),'不合格','合格'）

解説2

ア　正答です。

イ　合格の条件を満たしたときに不合格、満たしていないときに合格を表示してしまっています。

ウとエは論理和になっているので、条件のうちどれかを満たせばいいことになってしまい、題意と異なります。

答：ア

コラム | ITパスポートを取ったあとはどうすればいいの？

　ぜひ、上位試験を取ってしまいましょうよ！　忘れちゃうともったいないです！

　情報処理試験のレベル分けは、こんなふうになっています。

レベル1	ITパスポート	新人
レベル2	基本情報、情報セキュマネ	アシスタント
レベル3	応用情報	一人前
レベル4	高度情報	社内の大物

　どんどん上がってレベル7まで行くと世界の頂点らしいのですが、その辺の力量はもはや資格試験では測れないことになっています。

　ITパスポートのあとには、まだまだ試験が控えていますから、ばりばり合格してしまうと吉です！

上位試験の難易度は？

　ある試験に合格したほどの人物であれば、その直近上位の試験（ITパスポートであれば、基本情報）で、40％くらいの得点はできると思います。

　もちろん、その40％を合格水準の60％に引き上げるのが産みの苦しみで激痛なわけですが、どうにもならない断絶があるわけではないです。むしろ、「手を伸ばせば届きそうな目標であるだけに苦しい」といったタイプの受験勉強になるでしょう。

情報セキュマネは狙いどころ

　情報セキュリティマネジメント試験（情報セキュマネ）は、その名前に反し意外ととっつきやすいと評判です。

　レベル2と位置づけられているのでハードルが高めに見えますが、ITパスポート試験合格レベルの知識がある方なら、セキュリティの知識を補強すれば手が届きます。範囲がやたらと広い基本情報技術者試験よりもずっと合格しやすい試験です。次をめざすなら、まず情報セキュマネです。

午前の免除措置もあるよ

応用情報に合格すると、なんとその上位の高度情報については、午前Ⅰ試験の受験が2年間も免除になります。午前Ⅱ、午後Ⅰ、午後Ⅱの試験が専門分野から出題されるのに対して、午前Ⅰは幅広く基礎的なことが問われますから、寝苦しい夜のヤブ蚊みたいに、ちょっと試験対策がめんどうなのです。午前Ⅰが免除になれば、専門の勉強に集中できますから、この制度はぜひ利用したいところです。

ITパスポートを勉強している頃は、高度試験の受験は遠い未来のように思えますが、しっかりキャリアを積んでいくと、意外とすぐに到達してしまいます。そのときは、免除制度でお得に合格してください。

ほかの資格はどう？

高度試験まで合格してしまって、情報処理試験に満足できなくなってきたら、ほかの資格試験を受験するのもいいかもしれません。情報処理試験は日本国内では圧倒的な知名度を持っていますが、海外（提携が進んでいますが）ではあまりアピールできません。海外での活躍やダイレクトに製品に連動したスキルの習得を考える場合は、マイクロソフトやシスコのようなグローバル企業が運用する資格も選択肢に入れてみましょう。ただし、受験費用が高額になりがちなので、会社のお金で取得したいところです。

索引

記号・数字

αエラー 68
βエラー 68
μ（マイクロ）.........................236
1次データ 61
2次データ 61
32ビットCPU 275
3C分析 101
3Dセキュア 133
3Dプリンタ 276
3層クライアントサーバシステム
....422
4C 121
4P 120
5G 320
64ビットCPU 275

A

ABC分析 64
AI 70
AI利活用ガイドライン 72
AND 227
Android 83
anonymousFTPサーバ 352
Apache 83
APIエコノミー 148
APT 393
AR 247
ASCIIコード 240
ASP 165
AVI 245

B

Bcc 344
BCM 381
BCP 381

BEC 377
BI 70
BIOS 287
BIOSパスワード 379
Bluetooth 282
Blu-ray Disc 280
BMP 245
BPM 161
BPMN 431
BPO 105
BPR 160
bps 355
BSC 102
BTO 111
B to B 154
B to C 154
B to E 154
B to G 154
BYOD 159

C

C++ 258
CA 413
CAD 158
CAM 158
CAPTCHA 390
CATV 315
Cc 344
CDN 165
CDP 47
CD-ROM 280
CEO 40
CFO 40
CG 246
CIA 367
CIDR 331

CIM 160
CIO 41
CMS 157
CMYK 240
COCOMO法 305
Cookie 348
CPRM 391
CPU 273
CRM 123
CSF 103
CSIRT 369
CSMA/CD 326
CSR 43
CSS 347
CSV 453
CTI 124
CTO 40
C to C 154
CTR 156
CUI 241
CVR 156
C言語 258

D

DaaS 167
DBMS 422
DDoS攻撃 387
DevOps 191
DFD 429
DHCP 351
DIMM 279
DMZ 388
DNS 350
DoS攻撃 387
dpi 276
DRAM 279

458

DRM.....................................81,391
DVD..280
DWH..69
DX 147
EA...162
EDI 161
ERD..429
ERP...162
E-R 図 428
ESSID 319
ETC...136
EUC...240
EVM..197
e- ラーニング 47

F

FairPlay 391
FAQ...208
FIFO..29
FinTech......................................134
Firefox..83
FMS 111
Fortran.......................................258
for 文 265
FP 法...305
FTP...352
FTTH...315

G

G (ギガ).......................................236
GIF..245
GPGPU.......................................275
GPS 135
GPU..275
GUI..241

H

H.265 245
HDMI 282
HRM 47
HR テック 47
HTML 346
HTML メール.................................345
HTTP..347
HTTPS 347
Hz (ヘルツ)...................................273

I

IaaS..167
IC タグ 136
IDS 388
IEEE 91
IEEE1394....................................282
IEEE802.11 92
IF 関数...450
if 文 264
IMP4..342
IoT 142
IoT エリアネットワーク...............145
IoT セキュリティガイドライン...143
IP...313
IPv4..334
IPv6..334
IP-VPN.......................................353
IP アドレス 329
IP スプーフィング 394
IP 電話 354
IrDA..282
ISBN 91
ISMS 214
ISO 91
ISO14000...................................92

J

ISO20000.....................................92
ISO26000.....................................92
ISO27000 92,214
ISO9000.......................................92
ISP 314
ITIL...206
ITU 91
IT ガバナンス 38
IT サービスマネジメント............205
IT 戦略...38
IT 統制...44

J

JAN コード 91
Java...258
JavaScript..................................258
Java アプレット..............................258
J-CRAT.......................................369
JIS 91
JIS Q 15001.................................86
JIS Q 20000...............................206
JIS Q 27001...............................366
JIS Q 27002...............................366
JIS Z 26000 92
JIT 110
JPEG...245
JSA 91
JVN 361

K

k (キロ)..235
KGI 103
KPI 103
KVS 59

459

L

L3 スイッチ	333
LAN	313
LIFO	29
Linux	83
LOC 法	305
LPWA	145
LTE	320

M

M & A	106
m (ミリ)	236
M (メガ)	235
MAC	411
MAC アドレス	326
MAC アドレスフィルタリング	318
MBO (経営陣買収)	107
MBO (目標管理)	48
MDM	375
MIDI	246
MIME	342
MITB 攻撃	385
MITM 攻撃	385
MNP	320
mod	264
MOT	126
MP3	246
MPEG	245
MRP	111
MTBF	301
M to M	142
MTTR	301
MVNO	320
MySQL	83

N

n (ナノ)	236
NAS	296
NAT	336
NDA	164
NFC	136
NIC	327
NoSQL	59
NOT	227
NTP	351

O

OEM	105
Off JT	47
OJT	47
OODA ループ	41
OR	227
OS	284
OSI 基本参照モデル	322
OSS	83
O to O	155

P

p (ピコ)	236
P (ペタ)	236
PaaS	167
PCIDSS	133
PCM	246
PDCA サイクル	41
PDF	245
PERT 図	200
PKI	414
PLC	315
PL 法	45
PMBOK	195
PNG	245

PoC

PoC	129
PoE	327
POP3	341
POS	135
PostgreSQL	83
ppi	276
PPM	101
Python	258

Q

QC7 つ道具	64
QC サークル	113
QR コード	92
QR コード決済	134

R

R	259
RAD	189
RAID	299
RAT	387
RCM	46
RFI	163
RFID	136
RFM 分析	124
RFP	162
RFQ	163
RGB	239
ROA	28
ROE	28
ROI	28
ROM	141
RPA	158
RSS	348
R 管理図	66

S

S/MIME 343
SaaS 167
SCM 112
SDGs 44
SEO 156
SFA 124
SGML 348
SI 163
SIM 320
S-JIS 240
SLA 205
SLCP 176
SMS 認証 386
SMTP 341
SNS 138
Society5.0 149
SQL 424
SQL インジェクション 391
SRAM 279
SSD 279
SSL/TLS 347
SSO 379
SWOT 分析 100

T

T (テラ) 236
TCO 305,306
TCP 337
TCP/IP 338
TCP/IP 階層モデル 322
Thunderbird 83
To 344
TOB 106
TOC 113
TPM 411

TQC 113
TQM 113

U

UML 191
Unicode 240
UPS 210
URL 350
USB 281
USB Type-C 281
UTM 388
UX 241

V

VLAN 313
VoIP 354
VPN 353
VR 246
VUI 243

W

W3C 91
WAN 313
WAV 246
WBS 197
Web 345
WebAPI 148
Web ビーコン 348
Web メール 344
WEP 318
while 文 266
Wi-Fi 317
Wi-Fi Direct 317
WPA2 318
WPA3 318
WPS 318

X・Z

XML 348
XOR 227,228
XP 190
x̄ 管理図 66
ZigBee 282

あ行

アーカイバ 245
アーリーアダプタ 122
アウトソーシング 105
アカウント 295
アクセシビリティ 243
アクセス権 374
アクセスログ分析 156
アクセス制御方式 326
アクチュエータ 144
アクティビティトラッカ 143
アクティベーション 84
アジャイル 190
アセンブリ言語 260
アダプティブラーニング 47
圧縮 244
アップセル 122
後入先出法 29
アドウェア 386
後判定 267
アドレス (メモリ) 279
アナログデータ 236
アフィリエイト 156
アフォーダンス 241
アプリケーション層 322,341
アプレット 284
アライアンス 105
粗利益 26
アルゴリズム 252

461

アローダイヤグラム	199	
暗号化	405	
暗号資産	157	
アンゾフの成長マトリクス	119	
アンチパスバック	380	
イーサネット	327	
移行計画書	185	
意匠権	82	
一意性制約	423	
イテレーション	190	
移動平均法	30	
イノベーションのジレンマ	128	
イノベータ理論	122	
入出力インターフェース	280	
因果関係	62	
インシデント及びサービス要求管理		
	208	
インセンティブ	195	
インターネット VPN	353	
インダストリー 4.0	146	
インタプリタ	259	
インデックス	424	
イントラネット	352	
インバウンドマーケティング	122	
インバスケット	47	
ヴァーチャルリアリティ	246	
ウイルス	399	
ウイルス作成罪	89	
ウイルス対策ソフト	400	
ウェアラブルデバイス	247	
ウェルノウンポート	338	
ウォーターフォールモデル	187	
受入れテスト	184,185	
請負	51	
売上	19	
売上総利益	26	

売掛金	24
運用・保守	186
運用コスト	305
営業秘密	89
営業利益	26
液晶ディスプレイ	276
エキスパートシステム	70
エクストラネット	353
エスカレーション	209
エスクローサービス	155
エスケープ処理	392
エッジコンピューティング	145
エネルギーハーベスティング	146
演算装置	272
エンタープライズサーチ	58
エンティティ	367
オートコンプリート	276
オープン API	148
オープンイノベーション	146
オープンソースソフトウェア	83
オープンデータ	61
オピニオンリーダ	122
オブジェクト指向	191
オフショア	105
オプトアウト	90
オプトイン	90
オペレーションズリサーチ	114
オムニチャネル	155
オンプレミス	167
オンラインストレージ	296
オンラインヘルプ	208

か行

買掛金	24
回帰分析	69
会計監査	210

会計監査人	37
会社法	44
回線交換	316
解像度	276
外部キー	427
外部設計	181,182
外部ブート	284
可逆圧縮	244
拡張現実	247
拡張子	245
確率	229
瑕疵担保責任	51
仮説検定	68
仮想移動体通信事業者	320
仮想化	296
仮想記憶	280
仮想専用線	353
仮想通貨	157
稼働率	300
カニバリゼーション	39
金のなる木	102
株式会社	36
カプセル化	191
株主	36
株主資本	24
株主総会	37
加法混色	239
可用性	367
カレントディレクトリ	284
関係演算	425
関係データベース	422
頑健性	67
監査	210
監査基準	212
監査証拠	212
関数	449

間接部門.............................26
完全性..............................367
ガントチャート....................203
カンパニー制組織................39
カンバン方式......................111
管理会計............................23
管理図..............................66
キーロガー........................390
記憶装置..................272,277
ギガ.................................236
機械学習............................75
機械語..............................257
機械のログ.........................59
企画プロセス.....................179
木構造..............................250
疑似相関............................62
技術経営...........................126
技術ポートフォリオ.......101,127
技術ロードマップ................127
基数.................................222
基数変換...........................222
期待値..............................232
機能要件...........................180
揮発性..............................277
規模の経済.......................109
基本計画...........................179
基本ソフトウェア.................284
基本統計量.........................67
機密性..............................367
キャズム...........................123
キャッシュフロー計算書......23, 26
キャッシュポイズニング.........394
キャッシュメモリ..................278
ギャップ分析......................162
キャリアアグリゲーション.......320
キュー..............................249

行.....................................422
脅威.................................361
強化学習............................76
供給者..............................179
教師あり学習......................75
教師なし学習......................75
競争対抗戦略.....................119
共通鍵暗号........................406
共通フレーム 2013..............176
共同レビュー......................187
業務運用テスト...................184
業務監査...........................210
業務処理統制......................44
業務フロー図......................161
業務要件...........................180
共有ロック........................435
キロ.................................235
金融商品取引法...................46
組.....................................422
クアッドコア......................274
クイックソート...................256
組込みシステム...................140
組み合わせ........................231
クライアント......................294
クライアント・サーバ・システム
......................................294
クラウドコンピューティング......165
クラウドファンディング...........140
クラス..............................330
クラスタシステム.................298
クラスレスサブネットマスク方式
......................................331
クラッカ...........................377
クリアデスク・クリアスクリーン
......................................377
グリーン IT.........................44

繰り返し構造......................261
グリッドコンピューティング......167
クリティカルパス.................202
クリプトジャッキング.............157
グループウェア...................137
クレジットカード..................133
グローバル IP アドレス...........336
クローラ...........................156
クロスサイトスクリプティング
......................................389
クロスサイトリクエストフォージェリ
......................................389
クロスセル.........................122
クロスライセンス..................84
クロック周波数...................273
経営資源...................162,360
経営戦略............................37
経営ビジョン.......................37
経営理念............................37
経験曲線...........................109
継承.................................191
経常利益............................26
系統図..............................42
ゲートウェイ......................333
ゲーミフィケーション.............49
ゲーム理論........................114
結合.................................426
結合テスト........................183
検疫ネットワーク.................400
減価償却............................30
検索アルゴリズム.................156
検収.................................185
検収テスト........................185
減法混色...........................240
コアコンピタンス..................104
広域イーサネット.................314

463

公益通報者保護法	45	
公開鍵暗号	408	
公開鍵基盤	414	
降順	255	
構成管理	208	
構造化データ	59	
構造化プログラミング	254	
公的個人認証	139	
コーチング	48	
コード署名	414	
コーポレートガバナンス	38, 43	
コーポレートブランド	120	
コールドスタンバイ	297	
コールバック	386	
互換 CPU	273	
顧客関係管理	123	
顧客生涯価値	124	
顧客満足度	124	
個人識別符号	85	
個人情報取扱事業者	85	
個人情報保護法	85	
五大機能	272	
固定資産	24	
固定費	20	
固定負債	24	
コネクテッドカー	143	
コミット	440	
コモディティ化	120	
コンカレントエンジニアリング	110	
コンタクト管理	124	
コンティンジェンシーコスト	305	
コンテンツ	244	
コンテンツフィルタリング	389	
コンパイラ	259	
コンピュータウイルス	399	

コンピュータグラフィックス	246	
コンプライアンス	44	

さ行

サージ防護	210	
サーバ	294	
サーバ証明書	413	
サービスデスク	208	
サービスマネジメント	205	
サービスレベル合意書	206	
債権	24	
在庫回転率	30	
最早結合点時刻	201	
在宅勤務	50	
最遅結合点時刻	202	
サイトライセンス	84	
サイバー攻撃	384	
サイバーセキュリティ基本法	88	
最頻値	68	
債務	24	
財務会計	23	
財務諸表	23	
裁量労働制	50	
差演算	424	
先入先出法	29	
サステナビリティ	44	
サテライトオフィス勤務	50	
サニタイジング	392	
サブスクリプション	84	
サブネットマスク	331	
サプライチェーン	112	
差分バックアップ	436	
差別化戦略	120	
産業機器	141	
産業財産権	81	
散布図	65	

サンプリング周期	237	
シーズ志向	125	
シェアウェア	82	
シェアリングエコノミー	148	
ジェスチャーインタフェース	243	
磁気テープ	279	
事業部制組織	39	
資金決済法	46	
シグニファイア	241	
シグネチャ	401	
自己資本	27	
自己資本比率	27	
自己資本利益率	28	
辞書攻撃	395	
システム移行	185	
システム開発プロセス	180	
システム化計画立案	179	
システム化構想立案	179	
システム監査	211	
システム監査基準	213	
システム管理基準	213	
システム結合テスト	183	
システム適格性確認テスト	184	
システムテスト	183	
システム方式設計	181	
システム要件定義	180	
下請法	52	
シックスシグマ	113	
実数型	262	
質的データ	60	
実用新案権	82	
シナリオライティング法	127	
死の谷	130	
シフト演算	223	
ジャーナル	437	
ジャストインタイム	110	

464

射影	425	ショルダーハッキング	377	スラッシング	280
シャドーIT	373	シリアルインターフェース	283	スループット	183
集合演算	424	シン・クライアント	295	スレッド	288
集中化戦略	119	シングルサインオン	379	正規化	426
集中処理	292	真正性	367	正規分布	65
重要業績評価指標	103	信頼性	367	制御装置	272
重要成功要因	103	信頼度成長曲線	184	脆弱性	361
重要目標達成指標	103	真理値表	228	整数型	262
十六進数	222	親和図法	42	製造物責任法	45
主キー	422	垂直統合	105	生体認証	380
主記憶装置	277	スイッチングハブ	333	制約理論	113
主成分分析	69	水平分業	105	積演算	424
受注生産	110	スーパーコンピュータ	293	積集合	227
出向	51	スキャナ	276	責任追跡性	367
出力装置	273,276	スキャビンジング	377	セキュリティ監査	211
取得者	179	スクラム	190	セキュリティ教育	369
受容水準	364	スクリプト	258	セキュリティホール	390
順構造	260	スケーラビリティ	165	セキュリティマネジメントの7要素	
純粋リスク	365	スケールアウト	308		367
順列	230	スケールアップ	308	セッション層	322
ジョイントベンチャ	105	スコープ	195	セッションハイジャック	394
昇順	255	スター型	326	絶対参照	447
承認テスト	184,185	スタック	250	絶対パス	285
商標権	82	スタッフ	26	セル	443
情報公開法	45	スタブ	185	セル生産方式	111
情報資産	360	ステークホルダ	43	ゼロデイ攻撃	398
情報セキュリティ監査基準	368	ストライピング方式	299	線形計画法	114
情報セキュリティ管理基準	368	ストリーミング	244	線形探索法	256
情報セキュリティ方針	368	スパイウェア	387	センサ	144
情報提供依頼書	163	スパイラルモデル	189	全社的品質管理	113
情報デザイン	241	スパムメール	345	選択	425
情報リテラシ	150	スプール	278	選択構造	261
初期コスト	305	スプリント	190	選択ソート	256
職能別組織	38	スマートエネルギーマネジメント		全般統制	44
職務分掌	44		146	総当たり攻撃	395
ジョブ	288	スマートシティ	150	相関関係	62, 65

465

総コスト	108	
総資産回転率	27	
総資本利益率	28	
相対参照	445	
相対パス	286	
増分バックアップ	437	
総平均法	30	
層別	66	
ソーシャルエンジニアリング	377	
ソースコード	257	
ゾーニング	379	
属性	422	
ソフトウェア受け入れ	185	
ソフトウェア結合テスト	183	
ソフトウェアコード作成	182	
ソフトウェア実装プロセス	182	
ソフトウェア詳細設計	182	
ソフトウェア適格性確認テスト	183	
ソフトウェアの品質管理	187	
ソフトウェアの品質特性	186	
ソフトウェアパッケージ	176	
ソフトウェア方式設計	182	
ソフトウェアユニットテスト	183	
ソフトウェア要件定義	182	
ソフトウェアライフサイクル	176	
ソリューションビジネス	164	
損益計算書	23, 25	
損益分岐点売上高	20, 22	
損益分岐点比率	20	

た行

ダーウィンの海	130
ダークウェブ	384
ターボブースト	274
ターンアラウンドタイム	183

第1種の過誤	68
第2種の過誤	68
第4次産業革命	146
貸借対照表	23
対称鍵暗号	406
耐タンパ性	385
ダイバシティ	49
代表値	67
対話型処理	297
タグ	347
タプル	422
タブレット	275
ダミー	201
タレントマネジメント	48
単体テスト	183
断片化	280
担保	24
チェーンメール	345
チェックシート	65
チェックディジット	91
知的財産権	80
チャットボット	209
チャレンジレスポンス	411
中央処理装置	273
中央値	67
帳票	181
直接部門	26
著作権	80
著作財産権	80
著作者人格権	80
提案依頼書	162
ディープラーニング	76
定額法	31
定期発注	30
ディシジョンツリー	69
ディスクキャッシュ	278

定性的データ	60
定率法	32
定量的データ	60
定量発注	30
ディレクトリ	284
データウェアハウス	69
データ駆動型社会	57
データサイエンス	57
データベース	421
データベース管理システム	422
データマイニング	68
データリンク層	322, 325
テーブル	422
テキストデータ	92
テキストマイニング	68
テキストメール	345
テクニカルプロセス	177
デザイン思考	128
テザリング	319
デジタルエコノミー	157
デジタルサイネージ	139
デジタル証明書	414
デジタル署名	386, 411
デジタルディバイド	150
デジタルデータ	236
デジタルフォレンジックス	398
デジュール標準	90
テスト駆動開発	190
テストケース	178
テスト手法	184
デッドロック	435
デバイスドライバ	288
デバッグ	259
デファクトスタンダード	93, 322
デフォルトゲートウェイ	329
デュアルコア	274

デュアルシステム	297	トランスポート層	322,337	排他制御	434
デューデリジェンス	107	トレーサビリティ	137	排他的論理和	227
デュプレックスシステム	297	トロイの木馬	399	排他ロック	435
テラ	236			バイト	235
デルファイ法	126	**な行**		バイナリデータ	92
テレワーク	50	内部設計	182	ハイパーテキスト	346
テンキー	276	内部統制	43	ハイパーリンク	346
電子計算機使用詐欺罪	88	内部統制報告書	46	ハイブリッド暗号	410
電子計算機損壊等業務妨害	88	内部統制報告制度	46	配列	252
電子透かし	391	内部犯	376	ハウジングサービス	165
電磁的記録不正作出及び併用	88	ナノ	236	パケット交換	316
伝送効率	355	名前解決	350	派遣	52
投機リスク	365	なりすまし	385	バス型	326
統合的品質管理	113	ニーズ志向	125	バズセッション	42
投資利益率	28	二次キャッシュ	278	バスタブ曲線	304
盗聴	385	二重派遣	53	バスパワー	281
トータルコスト	108	二進数	221	外れ値	67
ドキュメント指向 DB	59	二段階認証	396	パスワードクラック	395
特性要因図	64	二分探索法	256	パスワードリスト攻撃	396
特徴量	74	入退室管理	379	パターンファイル	401
特定商取引法	89	ニューラルネットワーク	77	八進数	225
特定電子メール法	90	入力装置	273,275	ハッカソン	129
匿名加工情報	73	二要素認証	396	バックアップ	435
特化型 AI	73	人間中心設計	242	バックドア	398
特許権	82	人間中心の AI 社会原則	72	バックプロパゲーション	76
ドットインパクトプリンタ	276	認証局	413	バックワードリカバリ	438
トップダウンテスト	185	ネットワーク	313	パッケージソフト	284
トポロジ	326	ネットワークアドレス部	330	ハッシュ	410
ドメイン名	349	ネットワーク層	322,328	バッチ	390
共連れ	380	ネットワーク組織	40	バッチ処理	297
ドライバ	185	ノーコード	257	バッファオーバフロー	398
ドライブバイダウンロード	393			バナー広告	156
トラックバック	346	**は行**		花形製品	102
トラックパッド	276	バーコード決済	134	ハニーポット	398
トラッシング	377	ハードディスク	279	ハブ	333
トランザクション	439	バイオメトリクス	380	ハフマン法	244

467

パブリシティ権	81	
パブリックドメインソフトウェア	83	
バブルソート	255	
パラレルインターフェース	283	
バランススコアカード	102	
パリティデータ	299	
バリューエンジニアリング	108	
バリューチェーン	112	
パルス式符号変調	246	
パレート図	64	
範囲の経済	109	
汎用 AI	73	
ピア・ツー・ピア	295	
ヒートマップ	65	
引数	264,449	
非機能要件	180	
ピコ	236	
非構造化データ	59	
ビジネスメール詐欺	377	
ビジネスモデルキャンバス	101	
ビジネスモデル特許	82	
ヒストグラム	65	
非対称鍵暗号	408	
ビッグデータ	58	
ビックバンテスト	185	
ビット	222	
否定	227	
人の行動ログ	59	
否認防止	367	
ピボットテーブル	445	
秘密鍵暗号	406	
ヒューマンインタフェース	241	
ヒューリスティック法	401	
表	422	
費用	19	

標準化	90	
標準偏差	68	
標的型攻撃	393	
平文	405	
頻度	65	
ファームウェア	141	
ファイアウォール	388	
ファイル拡張子	245	
ファイルレスマルウェア	387	
ファシリティマネジメント	209	
ファシリテータ	42	
ファブレス	105	
ファンクションキー	276	
ファンクションポイント法	305	
フィード	348	
フィールド	422	
フィッシュボーン図	64	
フィッシング攻撃	392	
フィルタリングソフト	389	
フールプルーフ	243	
フェールセーフ	303	
フェールソフト	303	
フォーラム標準	90	
フォールト・アボイダンス	303	
フォールト・トレラント	303	
フォワードリカバリ	438	
不可逆圧縮	244	
復号	405	
輻輳	314	
不正アクセス禁止法	87	
不正競争防止法	89	
不正指令電子的記録に関する罪	89	
不正のトライアングル	377	
プッシュ戦略	122	
物理層	322	

部分集合	227	
プライベート IP アドレス	335	
プラグアンドプレイ	281,288	
プラグイン	284	
フラグメンテーション	280	
プラズマディスプレイ	276	
ブラックボックステスト	185	
フラッシュメモリ	280	
フランチャイズチェーン	105	
ブランド戦略	120	
フリーソフト	82	
ブリッジ	333	
ブルーオーシャン	124	
ブルートフォースアタック	395	
フルカラー	239	
プル戦略	122	
フルバックアップ	436	
プレースホルダ	392	
ブレードサーバ	295	
フレームレート	245	
ブレーンストーミング	42	
フレキシブル生産システム	111	
プレゼンテーション層	322	
フレックスタイム制	51	
フローチャート	252	
ブロードバンド	314	
プロキシ	350	
ブログ	346	
プログラミング	182,257	
プログラミング言語	257	
プログラム	260	
プログラム設計	182	
プロジェクト憲章	195	
プロジェクト組織	39	
プロジェクト統合マネジメント	195	

プロジェクトマネジメント.........195	ポジショニング............................121	マルチタスク OS.....................288
プロジェクトマネジメントオフィス	補助記憶装置..............277,279	マルチブート............................284
...........195	ホスティングサービス 165	マルチメディア............................244
プロセス........................288	ホストアドレス部..................330	見込生産.....................110
プロセスイノベーション 127	ボット.........................387	水飲み場型攻撃........393
プロセス図........................161	ホットスタンバイ................297	見積依頼書 163
プロダクトイノベーション........128	ホットプラグ...................281	ミラーリング方式...........299
プロダクトライフサイクル........107	歩留り..............................113	ミリ...........................236
ブロックチェーン.....................157	ボトムアップテスト.............185	民生機器....................140
プロトコル..........................321	ボリュームライセンス 84	無線 LAN......................317
プロトタイプモデル.................188	ホワイトボックステスト 185	無停電電源装置 210
プロバイダ 314	本調査............................215	迷惑メール...............345
プロバイダ責任制限法 87		メインフレーム..........293
プロプライエタリソフトウェア 83	**ま行**	メーリングリスト 345
分散..............................65，68	マークアップ言語.................347	メールアドレス...........343
分散処理 292	マーチャンダイジング............121	メガ..............................235
紛失...............................373	マイクロ..............................236	メジアン.........................67
ペアレンタルコントロール........389	マイクロコンピュータ 140	メタデータ 61
平均値.............................67	マイナンバー.......................139	メッシュ Wi-Fi 317
ベクタ情報.........................246	マイルストーン....................203	メンタリング.................48
ベストプラクティス 106	前処理..............................62	メンタルヘルス............49
ペタ..............................236	前判定.............................267	モード...........................68
ペネトレーションテスト............215	マクロウイルス...................400	文字型...........................263
ヘルツ..............................273	マクロ機能.........................452	文字コード...................240
変更管理 208	負け犬 102	モニタリング...............46
偏差値..............................68	マシン語.............................257	モバイルワーク............50
ベン図.............................226	マス・カスタマイズ生産 147	問題管理 208
変数..............................262	マス・ラピッド生産 147	問題児...........................102
ベンダ.............................164	マトリクス認証................378	
ベンチマーキング.....................106	マトリックス図................43	**や行**
ベンチマークテスト 273	マトリックス組織.............40	有意水準........................68
ベンチャーキャピタル...............107	魔の川..............................130	有機 EL......................276
変動費.............................20	マルウェア........................386	ユーザビリティ 243
変動費率.............................21	マルチキャスト...................333	ユースケース図 180
ポート番号 337	マルチコアプロセッサ 274	ユニバーサルデザイン...............242
ポートフォリオ図......................66	マルチスレッド................288	要件定義...........................179

469

要件定義プロセス......................179	流動資産 24	論理型.............................263
要配慮個人情報 86	流動比率 28	論理積.............................227
与信限度額 24	流動負債 24	論理積関数 451
予備調査 215	量子化段階数 237	論理和.............................227
予防保守...............................186	量的データ 60	論理和関数 451

ら行

ライブマイグレーション 296	リリース及び展開管理................208	**わ行**
ライブラリ 257	リレーショナルデータベース.....422	ワークフローシステム................160
ライン 26	リンクアグリゲーション 321	ワークライフバランス 49
ライン生産方式..........................111	リング型.............................326	ワーム.............................399
ラスタ情報 246	類推見積法 305	ワイルドカード 426
ランサムウェア 397	ルータ..........................328,333	和演算.............................424
ランレングス法...........................244	ルートディレクトリ 284	和集合.............................227
リーンスタートアップ................130	ルールベース型 AI 74	ワンクリック詐欺 392
リーン生産方式 111	レーザプリンタ 276	ワンタイムパスワード...............378
利益.....................................19	レコード.............................422	
リカバリ機能 437	レコメンデーション 156	
リグレッションテスト 184	レジスタ.............................277	
リスク 362	レスポンスタイム 183	
リスクアセスメント 363,365	列.................................422	
リスク移転（リスク転嫁）...........364	レッドオーシャン.....................124	
リスク回避 365	レビュー.............................187	
リスク対応 364,365	レピュテーションリスク 138	
リスク対応計画 365	レプリケーション 298	
リスク低減（リスク軽減）...........364	連関規則.............................68	
リスクの特定 365	連結決算 23	
リスクの評価 365	漏えい.............................373	
リスクの分析 365	労働基準法 50	
リスク保有（リスク受容）...........364	労働契約法 50	
リスティング広告 156	ローコード.............................257	
リスト 251	ロードモジュール 257	
リストア 436	ロールバック.........................438	
リバースエンジニアリング.........192	ロールフォワード 438	
リピータ...............................333	ロールプレイング 47	
リファクタリング 190	ロジスティクス 112	
	ロボティクス 142	
	ロングテール 157	

DEKIDAS-Webについて

　本書の読者の方の購入特典として、DEKIDAS-Webを利用できます。DEKIDAS-Webは、スマホやPCからアクセスできる、問題演習用のWebアプリです。ITパスポート試験の本試験問題や予想問題を収録し、弱点を分析したり、誤答や未解答の問題だけ演習したりすることができます。

　令和04年版のITパスポート合格教本の読者の方は、平成21年春期～令和03年までの全問題を解くことができます。

　なお、平成27年度秋期以前の問題に含まれていた「中問」は、試験制度の改訂により出題されなくなりました。本アプリでは、中問を削除し、新たに用意した小問で補完しています（平成21～23年度の問89～100、平成24～27年度の問85～100が該当します）。

ご利用方法

　スマートフォン・タブレットで利用する場合は、以下のQRコードを読み取り、エントリーページへアクセスしてください。

　PCなどQRコードを読み取れない場合は、以下のページから登録してください。

- URL　　　　https://entry.dekidas.com/
- 認証コード　gd04kkHn2320itNc

　なお、ログインの際に、メールアドレスが必要になります。

有効期限

　本書の読者特典のDEKIDAS-Webは、2023年11月16日まで利用できます。

●装丁
小島トシノブ

●キャラクター作成／装丁・本文イラスト
くにともゆかり

●本文デザイン
大場君人

●レイアウト
SeaGrape

●編集
佐久未佳

本書に関するご質問は、Eメールか FAX、書面でお願いいたします。電話による直接のお問い合わせにはお答えできませんので、あらかじめご了承ください。下記の Web サイトに質問フォームを用意しておりますのでご利用ください。
ご質問の際には、書籍名と該当ページ、返信先を明記してくださいますようお願いいたします。
お送りいただいたご質問には、できる限り迅速にお答えするよう努力しておりますが、場合によっては時間がかかることもございます。また、回答の期日を指定されても、ご希望にお応えできるとは限りません。本書の内容を超えるご質問には、お答えできません。あらかじめご了承くださいますようお願い申し上げます。

●お問い合わせ先
〒 162-0846
東京都新宿区市谷左内町 21-13
株式会社技術評論社　書籍編集部
「令和 04 年 IT パスポート合格教本」係
FAX：03-3513-6183
Web：https://gihyo.jp/book

令和 04 年
IT パスポート合格教本

2009 年 1 月 10 日　初　版　第 1 刷発行
2021 年 12 月 10 日　第 14 版　第 1 刷発行

著　者　　　岡嶋　裕史

発行者　　　片岡　巌

発行所　　　株式会社技術評論社
　　　　　　東京都新宿区市谷左内町 21-13
　　　　　　電話　03-3513-6150　販売促進部
　　　　　　　　　03-3513-6166　書籍編集部

印刷 / 製本　昭和情報プロセス株式会社

定価はカバーに表示してあります。

本書の一部または全部を著作権法の定める範囲を越え、無断で複写、複製、転載、あるいはファイルに落とすことを禁じます。

©2009-2021　岡嶋裕史

造本には細心の注意を払っておりますが、万一、乱丁（ページの乱れ）や落丁（ページの抜け）がございましたら、小社販売促進部までお送りください。送料小社負担にてお取り替えいたします。

ISBN978-4-297-12421-2 C3055
Printed in Japan